Wissenschaftliche Taschenbücher WTB

Chemie

Burkart Philipp
Gerhard Reinisch

Grundlagen der makromolekularen Chemie

Akademie-Verlag · Berlin

WTB Wissenschaftliche Taschenbücher

GÜNTHER WAGNER
HANS KÜHMSTEDT
Pharmazeutische Chemie

ROLF SCHÖLLNER
Die Oxydation organischer Verbindungen mit Sauerstoff

ULRICH BEHRENS
MANFRED RINGPFEIL
Mikrobielle Polysaccharide

MARTIN FINKE
WALTER LEIPNITZ
Moderne Methoden der Erdölanalyse

ERICH GUNDERMANN
Chemie und Technologie des Braunkohlenteers

GERHARD KEMPTER
Struktur und Synthese von Vitaminen

FRIEDRICH JACOB
Bewegungsphysiologie der Pflanzen

HELLMUTH GÄBLER
Forstschutz

ALFRED PALISSA
Bodenzoologie in Wissenschaft, Naturhaushalt und Wirtschaft

LUDWIG SPANNHOF
Zellen und Gewebe der Tiere

JOACHIM RIEMER
Quantitative organische Mikroanalyse

ALFRED FRIESER
Mikrowellenmeßtechnik

HANS-WERNER NOLTE
Pflanzenschutz in der Landwirtschaft

WERNER HABERDITZL
Magnetochemie

HARRY PAUL
Lasertheorie, Teil I und II

D. TER HAAR
Quantentheorie

J. H. SANDERS
Die Lichtgeschwindigkeit

JEAN KUNTZMANN
Unendliche Reihen

JEAN KUNTZMANN
Systeme von Differentialgleichungen

JEAN KUNTZMANN
Komplexe Veränderliche

FERDINAND CAP
Einführung in die Plasmaphysik
I. Theoretische Grundlagen

FERDINAND CAP
Einführung in die Plasmaphysik
II. Wellen und Instabilitäten

FERDINAND CAP
Einführung in die Plasmaphysik
III. Magnetohydrodynamik

J. A. ROSANOW
Wahrscheinlichkeitstheorie

HARRY PFEIFER
Theorie linearer Bauelemente
Elektronik für den Physiker I

HARRY PFEIFER
Die Elektronenröhre
Elektronik für den Physiker II

HARRY PFEIFER
Schaltungen mit Elektronenröhren
Elektronik für den Physiker III

HARRY PFEIFER
Leitungen und Antennen
Elektronik für den Physiker IV

HARRY PFEIFER
Mikrowellenelektronik
Elektronik für den Physiker V

HARRY PFEIFER
Halbleiterelektronik
Elektronik für den Physiker VI

HARRY PFEIFER
Schaltungen mit Transistoren
Elektronik für den Physiker VII

STEPHEN G. BRUSH
Kinetische Theorie, Teil I und II

EBERHARD HOFMANN
Eiweiße und Nucleinsäuren als biologische Makromoleküle
Dynamische Biochemie, Teil I

EBERHARD HOFMANN
Enzyme und energiebereitstellende Reaktionen des Stoffwechsels
Dynamische Biochemie, Teil II

EBERHARD HOFMANN
Der Stoffwechsel lebendiger Systeme und seine Regulation
Dynamische Biochemie, Teil III

EBERHARD HOFMANN
Grundlagen der Molekularbiologie und Regulation des Zellstoffwechsels
Dynamische Biochemie, Teil IV

HERBERT GOERING
Elementare Methoden zur Lösung von Differentialgleichungsproblemen

PETER KRUMBIEGEL
Isotopieeffekte

D. M. BRINK
Kernkräfte

DIETER ONKEN
Steroide

DIETER KLAUA
Elementare Axiome der Mengenlehre
Einführung
in die Allgemeine Mengenlehre I

GÜNTER TEMBROCK
Grundlagen der Tierpsychologie

J. F. VINSON
Optische Kohärenz in der klassischen Theorie und in der Quantentheorie

W. R. HINDMARSH
Atomspektren

GÜNTER TEMBROCK
Biokommunikation
Informationsübertragung
im biologischen Bereich
Teil I und II

DIETER MERKEL
Riechstoffe

JOHN CUNNINGHAM
Vektoren

ERNST SCHMUTZER
Symmetrien und Erhaltungssätze der Physik

GERHARD LERCH
Pflanzenökologie

MICHAEL GÖSSEL
Angewandte Automatentheorie,
Band I

MICHAEL GÖSSEL
Angewandte Automatentheorie,
Band II

HEINRICH KINDLER
Der Regelkreis

A. R. Kessel
Akustische Kernresonanz

Wolfram Brauer
Hans-Waldemar Streitwolf
Theoretische Grundlagen der Halbleiterphysik

Harry Paul
Nichtlineare Optik, Teil I und II

Dietrich Bender
Ernst-Egon Pippig
Einheiten — Maßsysteme — SI

Dieter Klaua
Grundbegriffe der axiomatischen Mengenlehre
Teil 1 und 2
Einführung
in die Allgemeine Mengenlehre II

E. G. Golstein
Konvexe Optimierung

Eberhard Teuscher
Pharmakognosie, Teil I und II

Siegfried Hauptmann
Über den Ablauf organisch-chemischer Reaktionen

A. S. Sonin
B. A. Strukow
Einführung in die Ferroelektrizität

L. A. Skornjakow
Elemente der Verbandstheorie

Hans-Martin Barchet
Chemie photographischer Prozesse

R. A. R. Tricker
Frühe Elektrodynamik

N. D. Shewandrow
Die Polarisation des Lichtes

A. A. Smirnow
Metallphysik

Volker Kempe
Theorie stochastischer Systeme

Rolf Borsdorf
Manfred Scholz
Spektroskopische Methoden in der organischen Chemie

Klaus Odening
Parasitismus

Wolfgang Pauli
Vierpoltheorie und ihre Anwendung auf elektronische Schaltungen

Dieter Klaua
Kardinal- und Ordinalzahlen
Teil 1 und 2
Einführung
in die Allgemeine Mengenlehre III

R. A. R. Tricker
Die Beiträge von Faraday und Maxwell zur Elektrodynamik

Hans Dawczynski
Temperaturbeständige Faserstoffe aus organischen Polymeren

Hans Dawczynski
Temperaturbeständige Faserstoffe aus anorganischen Polymeren

Helmut Friemel
Josef Brock
Grundlagen der Immunologie

Gerald Wolf
Neurobiologie

Horst Kehlen
Frank Kuschel
Horst Sackmann
Grundlagen der chemischen Kinetik

Hans Bergner
Tierernährung

Ulrich Sedlag
Biologische Schädlingsbekämpfung

Martin Schmidt
Pflanzenschutz im Gartenbau

Wolfgang Wagner
Chemische Thermodynamik

Hannelore Fischer
Joachim Piehler
Modellsysteme der Operationsforschung

Albert Einstein
Grundzüge der Relativitätstheorie

Albert Einstein
Über die spezielle und die allgemeine Relativitätstheorie

Michael Gössel
Wahrscheinlichkeitsautomaten und Zufallsfolgen

Hans-Jürgen Treder
Elementare Kosmologie

Peter Paufler
Dieter Leuschner
Kristallographische Grundbegriffe der Festkörperphysik

Paul Hoffmann
Photosynthese

Wolfgang Meiling
Kernphysikalische Elektronik

Heinz Geiler
Ökologie der Land- und Süßwassertiere

Joachim Nitschmann
Entwicklung bei Mensch und Tier

Konrad Kreher
Festkörperphysik

Hans Bandemer
Andreas Bellmann
Wolfhart Jung
Klaus Richter
Optimale Versuchsplanung

Dieter König
Dietrich Stoyan
Methoden der Bedienungstheorie

Klaus Kühne
Werkstoff Glas

Werner Döpke
Stereochemie organischer Verbindungen

Siegfried Brehmer
Einführung in die Maßtheorie

Ulrich Röseberg
Determinismus und Physik

I. S. Sheludew
Elektrische Kristalle

Burkart Philipp
Gerhard Reinisch
Grundlagen der makromolekularen Chemie

Vorschau auf die nächsten Bände:

Volker Kempe
Analyse stochastischer Systeme, Teil I

Regine Witkowski
Falko H. Herrmann
Einführuug in die klinische Genetik

WTB

BAND 18

Burkart Philipp
Gerhard Reinisch

Grundlagen der makromolekularen Chemie

Mit 53 Abbildungen und 9 Tabellen

AKADEMIE-VERLAG · BERLIN

Reihe CHEMIE

Herausgegeben im Auftrage
der Akademie der Wissenschaften der DDR

von:
Prof. Dr. H. Klare, Berlin
Prof. Dr.-Ing. Dr. h. c. E. Leibnitz, Berlin
Prof. Dr.-Ing. Dr. h. c. mult. K. Schwabe, Meinsberg
Prof. Dr. Dr. h. c. E. Thilo, Berlin

Verantwortlicher Herausgeber dieses Bandes:
Prof. Dr. H. Klare

Verfasser:
Prof. Dr. B. Philipp
Prof. Dr. G. Reinisch
Institut für Polymerenchemie
der Akademie der Wissenschaften der DDR
Teltow-Seehof

1976
2., bearbeitete Auflage
Erschienen im Akademie-Verlag, 108 Berlin, Leipziger Straße 3—4

Lizenznummer: 202 · 100/483/76
Herstellung: VEB Druckhaus „Maxim Gorki“, 74 Altenburg
Bestellnummer: 760 014 2 (7018) · LSV 1274
Printed in GDR
12,50

Inhalt

Vorwort zur 2. Auflage

Der rasche Erkenntnisfortschritt auf dem Gesamtgebiet der organischen Hochpolymeren und die damit verbundene zunehmend engere Verflechtung chemischer, physikalischer und neuerdings auch biologischer Aspekte der Polymerforschung wie auch die immer breitere Anwendung solcher Erkenntnisse in vielen Zweigen der Volkswirtschaft, insbesondere auch der Konsumgüterindustrie, machten für die jetzt vorgelegte zweite Auflage eine völlige Neubearbeitung erforderlich, bei der zugleich die vielfältigen Anregungen und kritischen Hinweise zahlreicher Fachkollegen zur 1. Auflage berücksichtigt werden konnten. Beibehalten wurde dabei die Zielstellung des Buches als einer Einführung in das Gesamtgebiet unter noch stärkerer Betonung der interdisziplinären Aspekte wie auch die durch langjährige Vorlesungstätigkeit in ihrer Zweckmäßigkeit bestätigte grundsätzliche Gliederung in Syntheseprozesse, Systematik der Stoffklassen, physikalische und physikochemische Grundlagen des Polymerfestkörpers und physikalische Chemie der Polymerlösungen. Wesentlich erweitert hinsichtlich der theoretischen Fundierung wie auch hinsichtlich aktueller Beispiele wurde der Abschnitt über Syntheseprozesse organischer Polymerer unter besonderer Betonung neuerer Entwicklungen auf dem Gebiet der Polymerisation. Notwendige Ergänzungen bei der systematischen Beschreibung der wichtigsten Stoffklassen organischer Polymerer ließen sich ohne wesentliche Umfangserweiterung durch Fortlassen der Monomersynthesen einfügen, womit gleichzeitig eine Straffung dieses Teils angestrebt wurde. Wie in der 1. Auflage wurde eine gewisse Betonung der Cellulosechemie als des speziellen Arbeitsgebietes eines der Verfasser beibehalten, während die in der 1. Auflage erfolgte Betonung der faserbildenden Polymeren zugunsten einer ausgewogeneren Betrachtung des Gesamtgebietes aufgegeben wurde. Die Ausführungen zur Physik und physikalischen Chemie des Polymerfestkörpers mußten sich wie in der 1. Auflage im wesentlichen auf den vereinfachten Modellfall beschränken; sie erfuhren einen Ausbau durch Aufnahme eines Abschnittes über die Strukturdynamik und durch eine stärkere Hervorhebung der immer enger werdenden Beziehungen zwischen Polymerphysik und Technologie der Polymerverarbeitung. Der gleiche Gesichtspunkt war auch maßgebend für die Aufnahme eines Abschnitts über Polymerdispersionen im Rahmen des Kapitels über die physikalische Chemie der Polymerlösungen. Eine Erweiterung des Abschnitts über Polyelektrolyte erwies sich als notwendig nicht nur auf Grund des großen Erkenntnisforschrittes der letzten Jahre, sondern auch, um im Sinne der interdisziplinären Zielstellung des Buches notwendige Anschlußstücke zu anderen, biochemischen und biologischen Problemen gewidmeten, Bänden dieser Reihe zu liefern. Die einschlägige Literatur konnte im allgemeinen bis zum Jahre 1973 berücksichtigt werden, wobei eine bewußte Beschränkung auf Übersichtsarbeiten und ausgewählte neue Experimentalergebnisse unter angemessener Betonung von Arbeiten des Instituts für Polymerenchemie der Akademie der Wissenschaften der DDR erfolgte. Insgesamt ließ sich aus den dargelegten Gründen eine erhebliche Umfangserweiterung nicht vermeiden; dem Akademie-Verlag Berlin sei an dieser Stelle herzlich gedankt für das dafür aufgebrachte Verständnis und für die trotz dieser Erweiterung sehr zügig vorgenommene Bearbeitung und Drucklegung.

Hinsichtlich des mit diesem Buch angesprochenen Leserkreises gilt in vollem Umfange das im Vorwort zur 1. Auflage Gesagte: Das vorliegende Taschenbuch soll eine Einführung in das Fachgebiet für Studierende naturwissenschaftlicher und technischer Fächer auf Basis der Grundvorlesungen in organischer und physikalischer Chemie sowie in Physik geben und wendet sich dabei besonders auch an Hochschulabsolventen, die ihre berufliche Tätigkeit auf dem Gebiet der organischen Hochpolymeren beginnen und sich dafür in das Gesamtgebiet einarbeiten wollen. Gleichzeitig soll das Buch dem in der Praxis stehenden Naturwissenschaftler und Ingenieur die Möglichkeit bieten, sich über die Grundlagen des heute erreichten Erkenntnisstandes bei der Herstellung, Charakterisierung und im gewissen Umfange auch der Verarbeitung organischer Hochpolymerer zu orientieren.

Für anregende Aussprachen und wertvolle Hinweise sind die Verfasser einer Reihe von Fachkollegen zu Dank verpflichtet, insbesondere dem Herausgeber dieser Serie, Herrn *Prof. Dr. Dr. hc. H. Klare*, der die Fertigstellung des Buches in jeder Weise förderte. Den Herren *Prof. Dr. sc. Ruscher*, *Dr. sc. Winkler*, *Dr. Zimmermann*, *Dr. sc. Dechant*, *Dr. Hirte*, *Dr. Schulz* und *Dr. Horst Dautzenberg* vom Institut für Polymerenchemie der AdW sei für Bildmaterial und kritische Diskussion gedankt. Für zahlreiche ergänzende und kritische Hinweise gilt unser Dank Frau *Prof. Dr. Elisabeth Schröder* und Herrn *Prof. Dr. J. Ulbricht*, Technische Hochschule Merseburg. Herrn *Dr. Schneider* danken die Verfasser für die Anfertigung des Sachverzeichnisses, für nützliche Hinweise und für die tatkräftige Unterstützung beim Lesen der Korrekturen.

Teltow-Seehof, im Juni 1975

B. Philipp

0. Einführung

Makromoleküle sind die molekularen Bausteine einer großen Gruppe von Verbindungen, die man als Polymere, Hochpolymere oder hochmolekulare Verbindungen bezeichnet. Die organischen Polymeren haben große Bedeutung in der belebten Natur, für weite Bereiche der Volkswirtschaft und des menschlichen Lebens. So sind die Eiweißstoffe materielle Grundlage aller Lebensprozesse und der Erscheinungsformen tierischer Organismen. Die Nucleinsäuren sichern die Regeneration im zellulären Bereich und die Arterhaltung über lange Zeiträume. Die Gerüstsubstanzen der Pflanzen sind makromolekulare Stoffe. Das Poly-β-glucosid Cellulose ist die am weitesten verbreitete organische Verbindung überhaupt. Die Stärke, das isomere Poly-α-glucosid, gehört zu unseren Hauptnahrungsmitteln.

Kleidung und Schuhwerk sind seit altersher Polymerprodukte. Das Holz, einer der ältesten Baustoffe, ist eine molekulare Polymermischung mit partieller Verknüpfung der Komponenten Cellulose und Lignin. Unser ältestes Massenmedium, das Papier, verdankt seine wesentlichen Eigenschaften als Informationsträger der zugrundeliegenden Polymersubstanz.

In knapp einem halben Jahrhundert wurden nun in unserer Zeit den existentiell und zivilisatorisch so bedeutsamen Biopolymeren Produkte der Synthese an die Seite gestellt, die insbesondere das Angebot an Werkstoffen und Konsumgütern wesentlich vergrößerten und verbreiterten. So ergänzen heute Duromere, Plaste, Elaste, Synthesefasern und Lackharze die Naturprodukte. Es ist eine Polymersyntheseindustrie entstanden, die zumeist mit Einrichtungen zur industriellen Verarbeitung der Polymeren gekoppelt ist oder durch diese in Kooperation ergänzt wird.

Ein Vergleich des Produktionsumfanges einiger ausgewählter Polymerprodukte und einiger anderer wichtiger Erzeugnisse mag verdeutlichen, welche bemerkenswerte Entwicklung sich auf dem Gebiet der Polymerherstellung und Verarbeitung vollzogen hat (verglichen wird jeweils die Jahres-Weltproduktion, wobei Zahlenwerte aus dem Zeitraum 1970–1974 angegeben werden):

Erdöl	2,3 Mrd. t	Papier	123 Mio. t
Steinkohle	2,1 Mrd. t	Plaste/Duromere	25 Mio. t
Braunkohle	770 Mio. t	Baumwolle	12 Mio. t
Rohstahl	600 Mio. t	Chemiefasern	9 Mio. t
Zement	555 Mio. t	Naturkautschuk	3 Mio. t
Schwefelsäure	100 Mio. t	Synthesekautschuk	6 Mio. t
Zucker	73 Mio. t	Lackharze	14 Mio. t
Holz	1,5 Mrd. t		

Die makromolekulare Chemie beschreibt und entwickelt die wissenschaftlichen Grundlagen der molekularen und übermolekularen Struktur der Polymeren, deren Syntheseprinzipien und -prozesse, die Grundlagen ihrer Verarbeitung und Anwendung sowie die Analytik der gelösten Makromoleküle und die Charakterisierung von Polymerschmelzen und Polymerfestkörpern. Gezielte und unwillkürliche Reaktionen und Prozesse, die zur Veränderung der chemischen oder der übermolekularen Struktur der Polymeren führen, gehören ebenfalls zum Arbeitsgebiet des Polymerchemikers. Dabei ist die Polymerchemie in ständiger Wechselwirkung mit physikalischen Arbeits- und Denkmethoden entstanden. Sie ist heute mit der Physik der Polymeren untrennbar verbunden. Die makromolekulare Chemie geht in ihren Strukturbetrachtungen von der organischen und anorganischen Chemie aus, sie bedient sich aller Erfahrungen der physikalischen Chemie und nutzt die auf dem Gebiet der Reaktionstheorie erzielten Fortschritte. In diesem Sinne ist sie stets Teil des Wissenschaftsgebiets Chemie gewesen und geblieben, wobei sie zur Weiterentwicklung des Erkenntnisstandes der Chemie spezifisch und wesentlich beiträgt.

Der Begriff des Makromoleküls wurde 1922 von STAUDINGER geprägt. STAUDINGER erkannte als erster das Prinzip der Hauptvalenzverknüpfung einer Vielzahl gleichartiger monomerer Bausteine zu linearen Makromolekülen von kolloiden Dimensionen als das Bauprinzip beispielsweise von Cellulose oder Naturkautschuk. Mit zahlreichen bahnbrechenden Arbeiten auf dem Gebiet der präparativen und der physikalischen makromolekularen Chemie verhalf er dieser Erkenntnis bald zur allgemeinen Anerkennung. So wurden die gedanklichen Voraussetzungen für die nun rasch einsetzende und stürmisch verlaufende Entwicklung sowohl in der Strukturaufklärung und Modifizierung hochmolekularer Naturstoffe wie in der gezielten Synthese und der technischen Anwendung synthetischer Polymerer geschaffen. Tab. 1 spiegelt diese Entwicklung anhand einiger ausgewählter Daten wider.

Tabelle 1

Anhaltspunkte zur historischen Entwicklung der Polymerindustrie und der makromolekularen Chemie

a) Technische Prozesse

Kautschukvulkanisation	um 1840
Viskoseprozeß	um 1900
Großtechnische Herstellung von Phenol-Formaldehyd-Polymeren	um 1910
Technische Herstellung von Ionenaustauschern	etwa 1936
Großtechnische Emulsionspolymerisation von Buna S (Poly-butadien-co-styrol)	1937
Großtechnische Herstellung von Polyvinylchlorid	1937
Schmelzspinnfasern aus Polyamiden	1939
Großtechnische Herstellung von Hochdruck-Polyäthylen	1942
Herstellung von Silikonen	1943
Technische Herstellung von Poly-tetrafluoräthylen	1943
Synthesefasern aus Polyacrylnitril-Lösungen	1948
Großtechnische Herstellung von Polyurethan-Weichschaum	1952
Schmelzspinnfasern aus Polyäthylenterephthalat	1953

Fortsetzung Tabelle 1

Großtechnische Herstellung von Polyvinylchlorid-Schaumkunstleder	1955
Großtechnische Herstellung von „synthetischem Naturkautschuk“ (cis-1.4-Polyisopren)	1959
Technische Herstellung von Polyimiden	1961

b) Wissenschaftliche Erkenntnisse

Einführung des Begriffs „Makromolekül“ durch STAUDINGER	1922
Systematische Arbeiten über Polykondensate	ab 1929
Röntgenographische Strukturaufklärung von Polymeren	ab 1930
Grundlagen der Kinetik von Polymersynthesen und -abbaureaktionen	seit etwa 1936
Systematische Arbeiten über Polyurethane	ab 1937
Grundlagen der streulichtphotometrischen Molmassenbestimmung von Polymerlösungen	ab 1944
Statistische Thermodynamik von Polymerlösungen	ab 1945
Theorien der Emulsionspolymerisation	1947
Quantitative Behandlung von Copolymerisationsreaktionen	1948
Strukturaufklärung von Proteinen	1952–1960
Komplexkatalytische Polymerisationen	1953
Stereoselektive Polymerisationen	1954
Aufklärung der Doppelhelixstruktur und des Replikationsmechanismus der Desoxiribonucleinsäuren	1953–1963
Anionische Blockcopolymerisation	ab 1956
Systematische Synthese von Polymeren mit elektronischer Leitfähigkeit	ab 1958
Oxidativ-kationische Polymerisation von Benzol	etwa 1960
Aufklärung der Erbinformationsübertragung bei der Proteinsynthese (Aminosäurecode)	1961–1965
Piezodialyse an Polymer-Ladungsmosaik-Membranen	1970

Unter makromolekularen Substanzen oder Polymeren verstehen wir Stoffe, die vorzugsweise durch Hauptvalenzverknüpfung einer großen Anzahl gleichartiger Grundbausteine, der Monomeren, entstanden oder aufgebaut zu denken sind. Zur zahlenmäßigen Abgrenzung des Bereichs der makromolekularen Stoffe von den niedermolekularen wird im allgemeinen eine Molmasse von 1000, entsprechend größenordnungsmäßig 10 monomeren Bausteinen, angegeben. Dabei muß man sich darüber im klaren sein, daß eine solche Feststellung willkürlich und schematisch ist. Selbstverständlich sind die Übergänge fließend. Das Einsetzen eines „typisch makromolekularen Verhaltens“ ist beispielsweise nicht allein von der Molmasse, sondern auch von der Art der monomeren Bausteine und den sich daraus ergebenden zwischenmolekularen Kräften abhängig.

Alle Polymeren (mit Ausnahme einiger polymerer Naturstoffe) sind Gemische aus einer ununterbrochenen Reihe von polymerhomologen Makromolekülen. Der Anteil jedes einzelnen Polymerhomologen an der Zusammensetzung dieser Mischungen hängt gesetzmäßig von den Synthese-, Modifizierungs- oder Abbaubedingungen ab, die zur Bildung eines Polymeren mit einer gegebenen „Molmassenverteilung“ geführt haben. Wir lernen damit ein weiteres, wichtiges Merkmal makromolekularer Stoffe kennen. An die Stelle der nach Elementarzusammensetzung, chemischer Konstitution und Molmasse definierten und in diesem Sinne einheitlichen chemischen Individuen der Chemie niedermolekularer Verbindungen treten die hinsichtlich ihrer Molmasse uneinheitlichen Polymeren. Ihrer Konstitution nach sind sie meist einer „Idealformel“ weitgehend zuzuordnen. Ihre Molmasse wird mit physikalischen und mit chemischen Methoden aber nur noch als Mittelwert erfaßt. Die Molmassenverteilung muß durch Trennmethoden bestimmt werden, die auf die Molekülgröße ansprechen (fraktionierte Fällungen, Elutionstechniken, Adsorptions- und Gelchromatographie). Solche Trennmethoden sind nie so selektiv, daß sie Anteile von nur einer Molmasse (z. B. Makromoleküle mit 100 und 101 Grundbausteinen nebeneinander) diskret zu erfassen vermögen. Alle Fraktioniertechniken führen nur zu neuen Gemischen mit meist enger Verteilung der entsprechenden Polymerhomologen. Die Trennprozesse bei einigen Fraktioniermethoden werden theoretisch so gut beherrscht, daß man aus den Fraktionierergebnissen anhand von 10—100 Fraktionen (je nach Methode) die Molmassenverteilung des untersuchten Polymeren berechnen kann.

Die Molekülgröße führt bei allen makromolekularen Stoffen dazu, daß die zwischenmolekularen Kräfte (Dispersionskräfte, H-Brücken, Dipolkräfte) sich zu beträchtlich hohen Werten summieren. Daher und infolge der Molekülgröße selbst lassen sich Polymere nicht mehr unzersetzt verdampfen. Verarbeitung und Untersuchung von Polymeren sind also nur in fester Phase, im plastischen bzw. schmelzflüssigen Zustand oder in Lösung möglich.

Die Materialeigenschaften der festen Polymeren werden durch die chemische Konstitution, durch Ordnung und Orientierung der Makromoleküle und durch die Morphologie der Produkte bestimmt. Auf Grund der breiten Palette von Werkstoffeigenschaften, die man über die Konstitution prinzipiell festlegen kann (Härte, Energie- oder Entropieelastizität, dynamische Beanspruchbarkeit, chemische Beständigkeit) finden die Polymeren heute vielfältige Anwendungen. Sie werden beispielsweise eingesetzt im Bauwesen, in der Innenarchitektur, im Maschinen- und Gerätebau, im Apparatebau, im Fahrzeugbau, in der Reifen- und Transportbänderindustrie, in der Elektrotechnik/Elektronik, in der Verpackungsindustrie, in der Landwirtschaft, im Haushalt, in der Textil-, Bekleidungs- und Papierindustrie, in der Kunst- und Syntheseledererzeugung. An der Verbesserung ihrer Gebrauchseigenschaften, die für jeden Einsatzzweck und für die verschiedenen Anwendungsformen die Optimierung einer beträchtlichen Zahl von Eigenschaftsparametern erfordert, wird ständig gearbeitet. Durch geeignete Wahl der Konstitution werden weitere Einsatzrichtungen erschlossen (optische Medien, optoelektronische Anwendungen, temperatur- und wärmebeständige Polymere).

Die Eignung von Polymerprodukten der verschiedensten geometrischen Formen (kompakte Materialien, Schaumstoffe, Folien, Fäden, Überzüge, kompakte oder flächenförmige Verbunde) für den jeweiligen Einsatzzweck und die Qualität der Produkte werden durch physikalisch fundierte praxisorientierte Materialprüfung beurteilt. Die Erforschung der übermolekularen Struktur der Polymeren, ihre Morphologie und die Wechselbeziehung zwischen diesen Größen und verschiedenen Eigenschaftsparametern ist Gegenstand der heute methodisch hochentwickelten polymerphysikalischen Forschung. Auch eine Charakterisierung der chemischen Struktur und von molekularen Parametern fester Polymerer mit physikalischen Methoden ist bereits möglich.

Für einen großen Teil der synthetischen Polymeren erfolgt die Formgebung aus der Schmelze oder aus dem plastischen Zustand. Struktur, Rheologie und Verarbeitungstechnik von Polymerschmelzen sind darum Gegenstand eingehender physikochemischer, physikalischer und technologischer Untersuchungen.

Polymere, die nicht unzersetzt schmelzbar sind (z. B. Celluloseprodukte, Elaste, Acrylpolymere), werden als Lösungen oder Dispersionen verarbeitet. Bei Polyvinylchlorid gibt die großtechnisch vorzugsweise angewandte Herstellungstechnologie (Emulsions- oder Suspensionspolymerisation) den Ausschlag auch für die Verarbeitung eines Teils dieser Polymeren in Form von Dispersionen. Aus Lösungen oder Dispersionen werden vorzugsweise Gebilde mit großer spezifischer Grenzfläche gewonnen (Lackierungen, Überzüge, Beschichtungen, Folien, Fäden).

Polymerlösungen zeigen ausgeprägt „kolloiden" Charakter (hohe Viskosität schon bei geringen Konzentrationen, oftmals Strukturviskosität und gute Verspinnbarkeit; Sedimentierbarkeit des gelösten Polymeren im Schwerefeld der Ultrazentrifuge; Abtrennbarkeit von niedermolekularen Substanzen an semipermeablen Membranen). Dieses Verhalten wird sehr stark durch die Größe der Einzelmoleküle bestimmt und nicht, wie beispielsweise bei Seifenmicellen, durch Assoziate zahlreicher kleiner Moleküle.

Die über Polymersynthese- und verarbeitungsprozesse gewonnenen kompakten Werkstoffe sowie Produkte mit verschiedenartigen Schutz- und Isolierfunktionen spielen eine beträchtliche Rolle in der Volkswirtschaft. Insbesondere in den letzten beiden Jahrzehnten sind diesen Polymerprodukten laufend neue Anwendungsgebiete erschlossen worden. Eine weitere wichtige Arbeitsrichtung bei der Anwendung von Polymeren ist die Erforschung ihres Einsatzes als Ionenaustauscher, als Trennmedien, als Halbleitermaterialien, für photoelektrische Anwendungen und als Katalysatoren. An einem weitgehend inerten Gerüst aus Makromolekülen, dessen chemischer und räumlicher Aufbau in weiten Grenzen variiert werden kann, lassen sich beinahe beliebig zu wählende reaktive Gruppen anbringen, die dann für Umsetzungen in Lösung oder für Trennprozesse von Gasmischungen oder Lösungen quantitativ zur Verfügung stehen, wobei jedoch das Polymere als separate Phase erhalten bleibt. Eine jedem Chemiker aus der Laborpraxis geläufige Anwendung sind die Ionenaustauscher mit sauren bzw. basischen Gruppen abgestufter Acidität bzw. Basizität an einem gequollenen Netz von Makromolekülen. In ähnlicher Weise werden heute bereits sogenannte Redox- oder Elektronenaustauscher mit reaktiven Gruppen definierten p_H-Wertes hergestellt, sowie „Komplex-Austauscher", bei denen einzelne Kationen durch Komplexbildung mit chelatisierenden Gruppen viel selektiver entfernt werden können, als dies bei normalen Kationenaustauschern der Fall ist.

In der Natur finden wir das gleiche Prinzip, nämlich die Festlegung der als „Reagenz" benötigten funktionellen Gruppe bzw. kleinen Molekel an einer makromolekularen Matrix vorgegebener Struktur, in höchster Vollendung verwirklicht bei den Fermenten (reaktive Gruppen an Protein gebunden) und bei den Nukleinsäuren, die ja als Träger der Erbanlagen und beim Aufbau der arteigenen Eiweiße eine so bedeutende Rolle spielen. Hier tritt dann die vom Synthetiker heute noch nicht beherrschbare zusätzliche Reaktionsvariable einer genau festgelegten Reihenfolge und Anordnung der reaktiven Gruppen an einem Makromolekül hinzu. Sie ermöglicht in der lebenden Zelle die Reproduktion, also den Aufbau gleichartiger Makromoleküle oder spezifischer Peptidstrukturen durch eine gewissermaßen als „Vorlage“ dienende Polymerstruktur.

Wenn auch die makromolekulare Chemie von der organischen Chemie ihren Ausgang nahm, so ist doch die Bildung langer kettenförmiger Makromoleküle durch Verknüpfung einer Vielzahl gleicher monomerer Grundbausteine keineswegs auf die Kohlenstoff-Verbindungen beschränkt. Wir kennen ebenso „anorganische Polymere“, wie beispielsweise

den sogenannten „plastischen“ Schwefel mit langen Ketten

$$-\mathrm{S}-\mathrm{S}-\mathrm{S}-\mathrm{S}\,.....$$

das polymere Phosphornitrilchlorid

$$\begin{array}{ccccccc} & \mathrm{Cl} & & \mathrm{Cl} & & \mathrm{Cl} & \\ & | & & | & & | & \\ - & \mathrm{P}{=}\mathrm{N} & - & \mathrm{P}{=}\mathrm{N} & - & \mathrm{P}{=}\mathrm{N}\,\ldots & \\ & | & & | & & | & \\ & \mathrm{Cl} & & \mathrm{Cl} & & \mathrm{Cl} & \end{array}$$

oder die Polyphosphate

$$\begin{array}{cccccc} & \mathrm{O} & & \mathrm{O} & & \mathrm{O} \\ & \| & & \| & & \| \\ - & \mathrm{P} & -\mathrm{O}- & \mathrm{P} & -\mathrm{O}- & \mathrm{P}\,..... \\ & | & & | & & | \\ & \mathrm{O} & & \mathrm{O} & & \mathrm{O} \end{array}$$

und die große Gruppe der Polysilikate, unter denen die technischen Silikate (Zement, Keramik, Glas, Email) eine besonders große Rolle als Bau- und Werkstoffe spielen [1]. Umfassende Untersuchungen über Reaktionen und Strukturgruppen von Polyphosphaten und Polysilikaten wurden von E. Thilo und seiner Schule durchgeführt [1a]. Zur Systematik der anorganischen und der metallorganischen Polymeren verweisen wir auf zusammenfassende Darstellungen [1b].

Für eine übersichtliche und vom didaktischen Standpunkt aus geeignete Gliederung des ganzen umfangreichen Stoffgebietes erscheint es dabei zweckmäßig, zunächst das einzelne Makromolekül von seiner chemischen Struktur her zu betrachten. Von den beträchtlichen Wechselwirkungen, die Makromoleküle im festen, plastischen oder schmelzflüssigen Zustand aufeinander ausüben oder die zwischen Makromolekül und Lösungsmittel in Lösungen bestehen und die wesentlich die tatsächliche Molekülgestalt mitbestimmen, wird zunächst abgesehen. Unter diesem Gesichtspunkt erläutern wir einige Grundbegriffe, geben dann einen systematischen Überblick über Syntheseprinzipien, Umsetzungen am Makromolekül und über Abbauvorgänge. Anschließend erfolgt die Beschreibung einiger technisch und praktisch wichtiger Polymersyntheseprozesse und der dabei erhaltenen Produkte sowie die Behandlung wichtiger makromolekularer Naturstoffe und ihrer Verarbeitungsprodukte. In einem dritten Abschnitt wird die Anordnung der einzelnen Makromoleküle im festen Aggregatzustand und der Einfluß dieses Ordnungszustandes auf die mechanisch-technologischen Eigenschaften und den Verlauf chemischer Umsetzungen am Makromolekül behandelt, wobei diese physikalischen und physikalisch-chemischen Gesetzmäßigkeiten durch ausgewählte Beispiele erläutert werden. Ein vierter Teil bringt dann einige Grundtatsachen über Makromoleküle in Lösung, wobei die Thermodynamik verdünnter Lösungen, die Bestimmung von Molmasse, Molmassenverteilung und Gestalt der Makromoleküle in verdünnter Lösung sowie die besonderen Gesetzmäßigkeiten gelöster Polyelektrolyte einer weitgehend exakten Behandlung zugänglich sind. Bei den technisch so wichtigen „konzentrierten Lösungen" und den damit zusammenhängenden Fragen der Quellung und Fadenbildung muß noch eine vorwiegend beschreibende Darstellungsweise gewählt werden. Von besonderen „technischen Kapiteln" wurde abgesehen; es erschien zweckmäßiger, das gewonnene Grundlagenwissen durch häufige, über den ganzen Text verstreute Hinweise auf eine technische Anwendung zu ergänzen. Der begrenzte Umfang des Taschenbuches erforderte eine Beschränkung auf wesentliche Grundtatsachen, wobei vieles Wichtige und Interessante nur gestreift werden kann. Zum Abschluß dieser Einleitung seien daher einige Nachschlagewerke, Bücher und Zeitschriften aufgeführt, die dem interessierten Leser für ein vertieftes Studium und für das fortlaufende Verfolgen der wissenschaftlichen Entwicklung empfohlen werden können. Es sind gleichzeitig die wichtigsten Informationsquellen, die wir für die Abfassung des Taschenbuches verwendet haben:

a) Handbücher, Lehrbücher, Monographien:

H. F. Mark, N. G. Gaylord u. N. M. Bikales: „Encyclopedia of Polymer Science and Technology", Vol. 1–15. J. Wiley, New York, 1964–1971
3 Bände 1972
В. А. Каргин: „Энциклопедия Полимеров", 3 Bände Изд. „Советская Энциклопедия", Москва, 1972
E. Müller: „Methoden der Organischen Chemie (Houben-Weyl)", Bd. XIV, Teil 1 u. 2 „Makromolekulare Stoffe". Thieme, Stuttgart/BRD, 1963
K. Vieweg: „Kunststoff-Handbuch", Bd. I–XII. Hanser, München/BRD, 1963
Ю. С. Липатов: „Справочник по химии полимеров". Наукова Думка, Киев
J. Brandrup u. E. H. Immergut: „Polymer Handbook". Wiley, New York, 1965
H. Staudinger: „Arbeitserinnerungen". Hüthig-Verlag, Heidelberg/BRD, 1961
F. Runge: „Einführung in die Chemie und Technologie der Kunststoffe". Akademie-Verlag, Berlin, 1963
R. Houwink u. A. J. Staverman: „Chemie und Technologie der Kunststoffe", 2 Bd. Geest u. Portig, Leipzig, 1963
B. Vollmert: „Grundriß der makromolekularen Chemie". Springer, Berlin-West 1962
H.-G. Elias: „Makromoleküle". Hüthig u. Wepf, Basel, 1972
P. J. Flory: „Principles of Chemistry". Cornell University Press, Ithaca, N. Y.

A. D. JENKINS u. A. LEDWITH (Hrsg.): „Reactivity, mechanism and structure in Polymer Chemistry". Wiley, New York 1974
R. W. LENZ: „Organic chemistry of High Polymers". Wiley, New York, 1967
W. R. SORENSEN u. T. W. CAMPBELL: „Präparative Methoden der Polymeren-Chemie". Verlag Chemie, Weinheim/BRD, 1962
A. A. ТАГЕР „Физико-химия Полимеров". Изд. „Химия", Москва 1969
H. A. STUART: „Die Physik der Hochpolymeren", 4 Bd. Springer, Berlin-West, 1952—1956
W. HOLZMÜLLER u. K. ALTENBURG: „Physik der Kunststoffe". Akademie-Verlag, Berlin, 1961
D. W. VAN KREVELEN u. P. J. HOFTYZER: Properties of polymers. Correlations with chemical structure". Elsevier, Amsterdam 1972

b) Zeitschriften:

„Advances in Polymer Science/Fortschritte der Hochpolymeren-Forschung". Springer, Berlin-West
„Die Angewandte Makromolekulare Chemie". Hüthig u. Wepf, Basel
„Высоколскулярные соединения". Изд. „Наука", Москва
„Chemistry of High Polymers (Kobunshi Kagaku)". The Society of Polymer Science Japan, Tokyo
„European Polymer Journal". Pergamon Press, Oxford
„Faserforschung und Textiltechnik/Zeitschrift für Polymerforschung". Akademie-Verlag, Berlin
„Journal of Applied Polymer Science". Wiley, New York
„Journal of Macromolecular Science". Dekker, New York
„Journal of Polymer Science". Wiley, New York
„Macromolecules". American Chemical Society, Washington
„Die Makromolekulare Chemie". Hüthig u. Wepf, Basel
„Plaste und Kautschuk". VEB Deutscher Verlag für Grundstoffindustrie, Leipzig
„Polymer". IPC Science and Technology Press Guildford/England
„Macromolecular Reviews". Interscience New York, ab 1967. Hrsg. A. PETERLIN, M. GOODMAN, S. OKAMURA, B. H. ZIMM, H. F. MARK
„Progress in Polymer Science". Pergamon Press, Oxford, ab 1967. Hrsg. A. D. JENKINS
„Progress in Polymer Science Japan". Kodansha, Tokyo u. Wiley, New York, ab 1971. Hrsg. M. IMOTO u. S. ONOGI

1. Chemische Grundlagen

1.1. *Systematik der Polymerstrukturen*

Die molekularen Grundbausteine aller polymeren Stoffe sind die *Makromoleküle* (Polymerketten). Sie haben, wie einleitend festgestellt wurde, keine einheitliche Länge. In diesem und nur in diesem Sinne werden die Polymeren als molekular uneinheitlich (polydispers) bezeichnet. Im Hinblick auf ihre chemische Struktur sind die allermeisten Polymeren struktureinheitlich. Jedes ihrer Makromoleküle gleicht (bis auf die Anzahl der Monomereinheiten) jedem anderen in seiner chemischen Struktur. Die Konstitution der Makromoleküle wird bestimmt durch die Struktur der Monomereinheiten, durch die Art ihrer Verknüpfung und durch die Art der Abfolge oder Verteilung der Monomereinheiten längs der Polymerkette.

Polymere, die aus nur einer Art von Monomereinheiten bei gleichartiger Verknüpfungsweise der Monomeren aufgebaut sind, werden *Homopolymere* genannt. Die Struktur ihrer Makromoleküle kann in folgender einfachen Weise beschrieben werden (Tab. 2).

Aus den Formeln der (konventionellen) Monomereinheiten ist das Ausgangsmonomere nicht in allen Fällen sofort zu erkennen. Vor allem durch Ringschlußreaktionen während der Polymersynthese können neue Strukturelemente entstehen. Zu den Homopolymeren zählen auch alle jene Stoffe, deren Synthese von einem Monomerenpaar ausgehen muß (vgl. Beispiele in Tab. 2).

Andererseits können aus nur einem Monomeren je nach seiner Struktur und den Polymerisationsbedingungen *Makromoleküle mit stellungsisomeren Gruppierungen* entstehen. Solche Polymere sind, wie die Isomeren niedermolekularer organischer Verbindungen, verschiedenartige

Tabelle 2

Strukturbeispiele für Homopolymere

Polymeres	Struktur	Monomeres (Monomerenpaar)
Polyäthylen	$-[CH_2-CH_2]_n-$	$CH_2=CH_2$
Polytetra-flouräthylen	$-[CF_2-CF_2]_n-$	$CF_2=CF_2$
Poly-1.4-butadien	$-[CH_2-CH=CH-CH_2]_n-$	$CH_2=CH-CH=CH_2$
Poly-pentenamer	$-[CH_2-CH_2-CH_2-CH=CH]_n-$	
Poly-(3.5-piperidinium-diyl-methylen)-chlorid	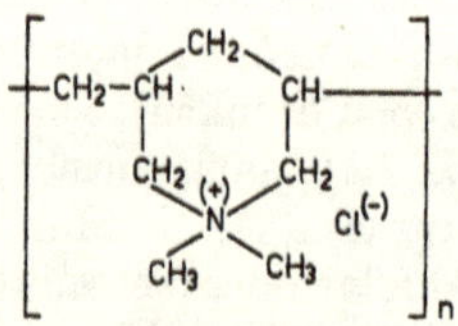	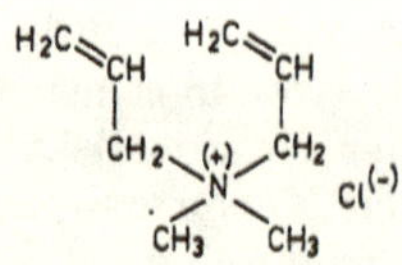
Subst. Polyphenylene	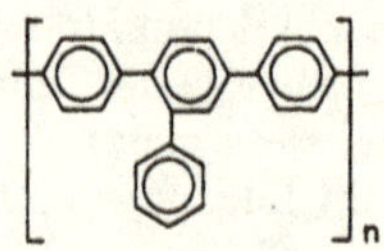	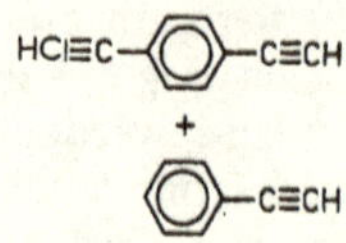
Poly-(4.4'-Bis-acetoacetyl-benzol-Zink)	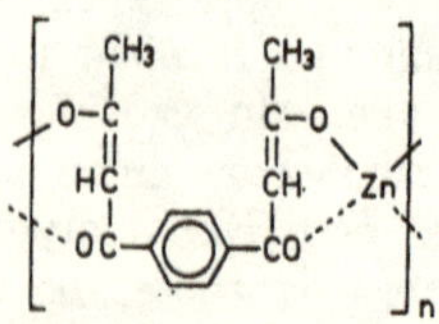	Bis-4-acetoacetyl-benzol + Zn-Salz
Poly-(2.6-Dimethyl-phenylenoxid)	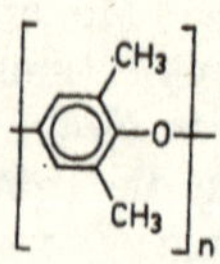	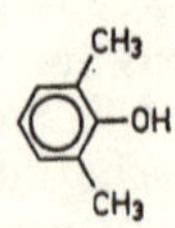

Fortsetzung Tabelle 2

Polymeres/ Struktur	Monomeres (Monomerenpaar)
Polyäthylen-terephthalat	
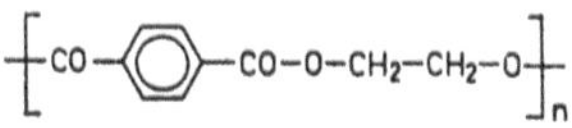	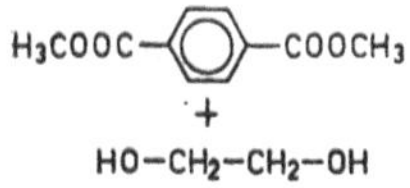
Polycaprolactam	
$\{HN-(CH_2)_5-CO\}_n$	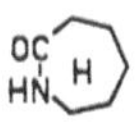
Poly-β-alanin	
$\{HN-CH_2-CH_2-CO\}_n$	$CH_2=CH-CONH_2$
Poly-(m-phenylen-isophthalamid	
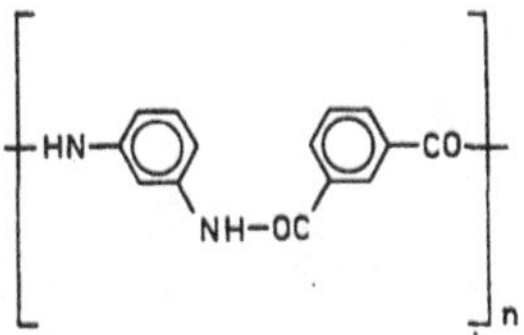	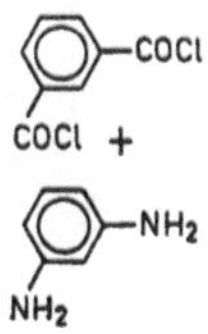
Poly-(Benzimidazo-pyrolon)	
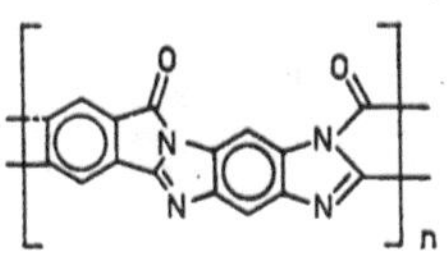	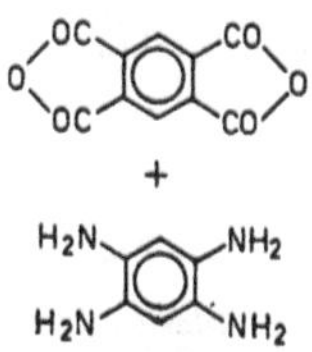
Poly-(α-1.4-glucosid)	
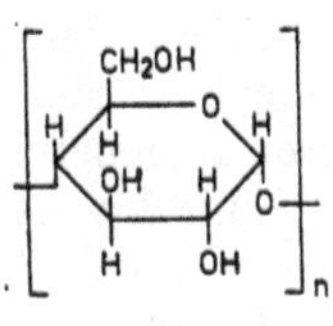	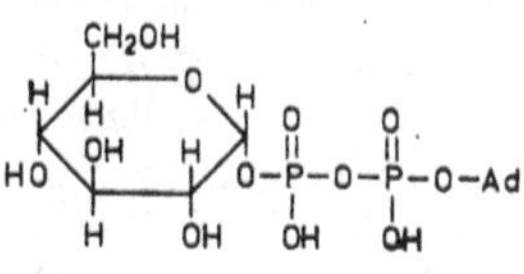 Ad = Adenosin

Stoffe mit unterschiedlichen Eigenschaften. Beispielsweise sind folgende Polyisoprene denkbar:

Polyisopren-Isomere

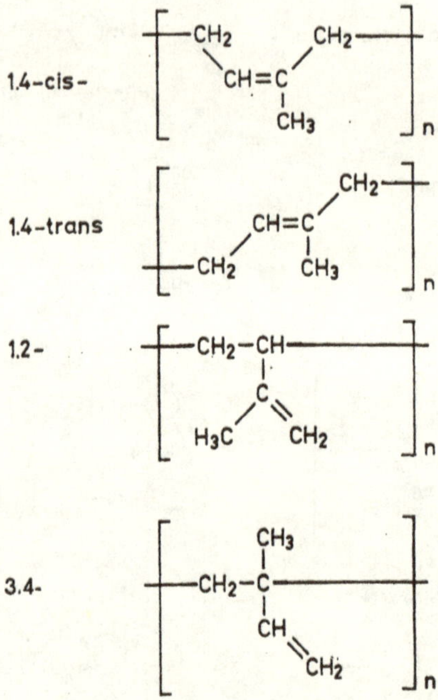

In der Synthesepraxis erhält man durchweg Polymere, in deren Makromolekülen diese Strukturen, statistisch verteilt, nebeneinander vorliegen. Entsprechend dem Konstitutionsbegriff der organischen Chemie werden solche Polymere, die aus nur einem Monomeren aufgebaut sind, in denen aber die Verknüpfungsweise der Monomeren unterschiedlich ist, zu den Copolymeren gezählt. Man könnte sie als Isomerie-Copolymere bezeichnen.

Eine weitere, wichtige Isomerie ist die *Taktizität*. Sie wird durch die sterischen Verhältnisse im Übergangszustand der Monomeranlagerung bei Vinylpolymerisationen eingestellt. Vinylmonomere der Struktur $CH_2{=}CH{-}R$ bzw. $CH_2{=}CR{-}R$ können so auf dreierlei Weise im Makromolekül verknüpft sein:

ataktisch (Normalfall)

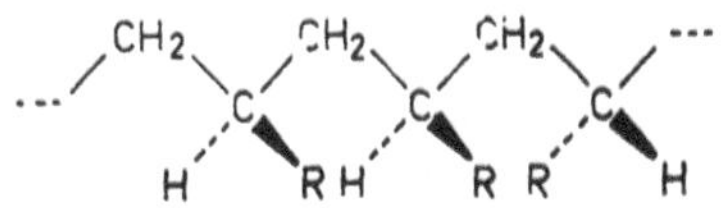

syndiotaktisch (Tieftemperaturpolymerisation)

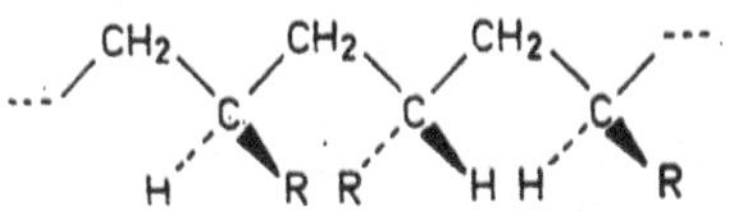

isotaktisch (spezielle Katalysatoren)

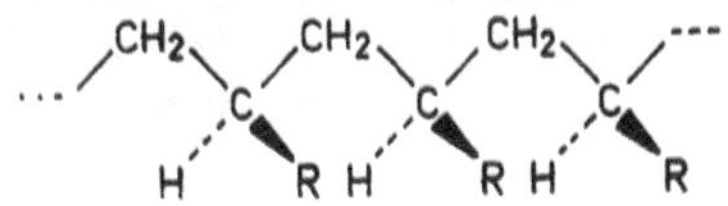

Bei einem ataktischen Polymeren sind die 2 möglichen Triaden (diese Einheit ist willkürlich gewählt, um die Effekte demonstrieren zu können) statistisch über jedes Makromolekül verteilt. Die höhere Regularität des Baues der Makromoleküle bei den syndiotaktischen und isotaktischen Polymeren führt zur Ausbildung einer höheren übermolekularen Ordnung im festen Polymeren und zumeist zu einer erwünschten Verbesserung einiger Werkstoffeigenschaften, insbesondere bei Polypropylen und Polyvinylchlorid. Die Taktizität wurde 1954 von NATTA anhand von Schmelzpunkts- und Löslichkeitsunterschieden von Polystyrolen entdeckt, durch Röntgenstrukturanalyse erkannt und wird durch systematische

Erforschung der Katalysatoren und der Bedingungen für die stereospezifische (stereoselektive) Polymerisation seither als eine Zielfunktion von Polymersynthesen erfolgreich genutzt.

Bei den *Copolymeren* unterscheidet man nach der Anzahl der an ihrem Aufbau beteiligten Monomeren binäre, ternäre, quaternäre usw. Copolymere. Die Nucleinsäuren beispielsweise sind quaternäre Copolymere, die sich durch die Basen-Substituenten an ihren Ribose-(oder 2-Desoxiribose-)Phosphat-Einheiten unterscheiden (vgl. S. 145). Bei Polymerisationsgraden von ca. 10^3—10^6 können durch die Anordnungsmöglichkeiten der vier Monomereinheiten längs einer Polymerkette sämtliche Erbanlagen festgelegt werden. Bei den Eiweißstoffen, die zusammen mit den Nucleinsäuren die Grundlage des Lebens bilden, aber auch seine vielfältigen Erscheinungsformen erst ermöglichen, ist die Vielfalt bei ca. 25 zugrundeliegenden Aminosäuren entsprechend größer.

Bei den industriell erzeugten synthetischen Polymeren werden durch Copolymerisation halbempirisch Eigenschaftsparameter eingestellt. So war es beispielsweise erst durch Copolymerisation mit Styrol möglich, aus Butadien einen mit dem Naturkautschuk konkurrenzfähigen Synthesekautschuk zu gewinnen. Die Anordnung der Monomeren bei der Copolymerisation kann durch die Polymerisationsbedingungen in verschiedener Weise variiert werden. Wir stellen dies am Beispiel von binären Copolymeren dar. Hierzu muß man sich einer sehr weitgehenden Vereinfachung der Konstitutionsdarstellung bedienen. Mit den Strukturformeln der organischen Chemie kann aus Gründen der Übersichtlichkeit hier nicht mehr gearbeitet werden. Man unterscheidet (Monomerenarten *A* und *B*):

a) statistische Copolymere

innerhalb eines jeden Makromoleküls sind die Triaden -*AAA*-, -*BBB*-, -*AAB*-, *BBA*-, -*ABA*-, *BAB*-, -*ABB*-, *BAA*- in statistischer Verteilung miteinander verknüpft

b) alternierende Copolymere
... *ABABAB* ...

c) Block-Copolymere
$\text{-}(A)_n\text{—}(B)_m\text{-}$

d) Pfropf-Copolymere
auf ein Grundgerüst von *A*-Einheiten sind *B*-Ketten (gleicher bzw. unterschiedlicher Länge) in gleichen Abständen bzw. statistisch „aufgepfropft" (Hauptvalenzverknüpfung).

Ein anderes Ordnungsschema für makromolekulare Strukturen gründet sich auf eine einfache geometrische Betrachtung der Polymerkette, wobei Valenzwinkel, Wechselwirkungen der Kettenglieder untereinander (intracatenar) oder zwischen verschiedenen Makromolekülen sowie Wechselwirkungen mit Lösungsmitteln außer acht bleiben. In diesem Sinne unterscheiden wir zwischen *unverzeigten, verzweigten* und *vernetzten Makromolekülen.*

Das *unverzweigte Makromolekül* gilt seit den klassischen Untersuchungen STAUDINGERS allgemein als Prototyp der Polymer-Molekularstruktur. Bei allen faden- und filmbildenden und bei den meisten aus der Schmelze verarbeitbaren Polymeren ist diese Struktur weitgehend verwirklicht. Voraussetzung für die Entstehung unverzweigter Makromoleküle ist das Vorliegen ausschließlich bifunktioneller oder bifunktionell reagierender Monomerer und eine Wachstumsreaktion, die nur an den Kettenenden abläuft.

Unverzweigte Polymere können natürlich verschiedenartige Ringstrukturen in der Polymerkette enthalten, wie z. B.:

Poly-norbornen-sulfon

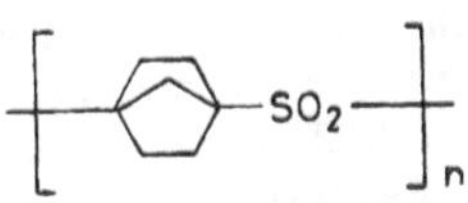

Poly-(phenylen-1.4-1.3.4-oxadiazol-2.5)

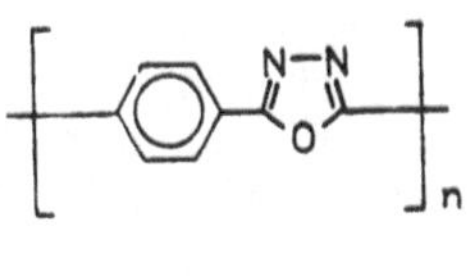

Poly-[2.2′-(1.3-phenylen)-6.6′-dichinoxalin]

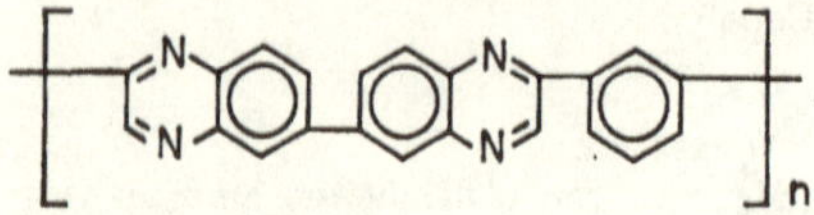

Auch „Leiter"-Strukturen sind unter den unverzweigten Polymeren zu finden:

Poly-Benzimidazobenzophenanthrolin

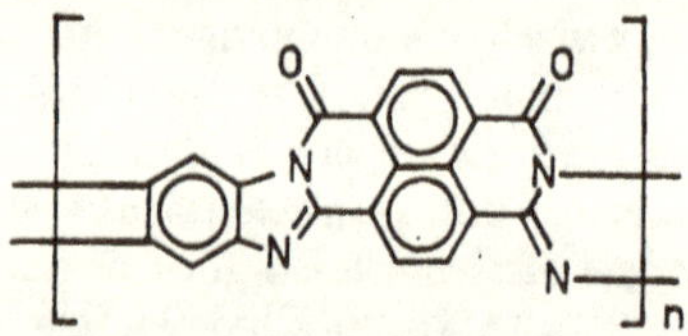

Kurzketten*verzweigungen* findet man bei synthetischen Polymeren relativ häufig. Sie entstehen durch Übertragungsreaktionen bei der Synthese (Übertragung des Wachstumszentrums vom Kettenende auf eine Atomgruppe in der Polymerkette, vgl. S. 52). Besonders charakteristisch sind Kurz- und Langkettenverzweigungen für Hochdruckpolyäthylen, das dadurch eine regelrechte „Aststruktur" erhält. Stark verzweigt sind auch die Biopolymeren Amylopektin (Bestandteile des Stärkekorns) und Leberglykogen, wobei die Verzweigung dieser Poly-α-1.4-glucoside über α-1.6-glykosidische Bindungen erfolgt. Gezielt können verzweigte Polymere durch Pfropfung oder durch Zusatz sehr geringer Mengen an trifunktionellen Monomeren bei einer Polymersynthese mit bifunktionellen Monomeren (z. B. Glycerin statt Glykol bei Polyestersynthesen) gewonnen werden.

Beim Vorliegen von nur wenigen Verzweigungsstellen ist die Wahrscheinlichkeit recht gering, daß ein wachsender Zweig sich mit einem solchen des Nachbarmoleküls verbindet, bzw. daß er auf eine reaktionsbereite Stelle im Nachbarmolekül trifft. In diesen Fällen bleiben also die einzelnen verzweigten Makromoleküle als solche bestehen. Sind dagegen ausschließlich oder überwiegend tri- oder mehrfunktionelle Bausteine vorhanden, so tritt, wieder über das Zwischenstadium der Verzweigung, eine intensive *Vernetzung* der wachsenden Ketten ein. Das Reaktionsprodukt ist ein dreidimensional vernetztes Gebilde ohne individuelle Makromoleküle, wie es das als Beispiel angeführte Formelbild eines Alkydharzes aus Phthalsäure und Glycerin veranschaulicht.

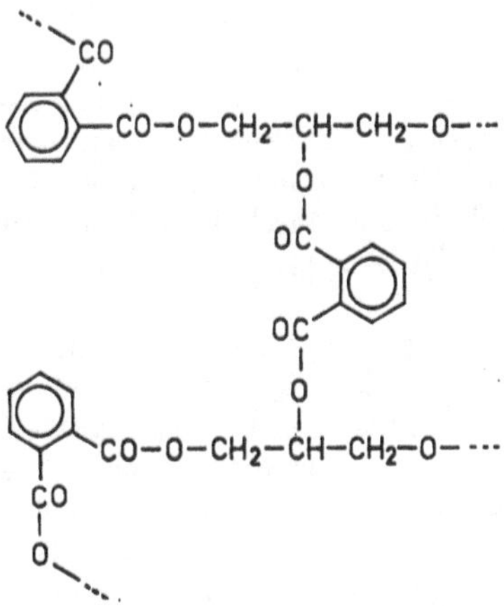

Engmaschig vernetzt sind auch Harnstoff- und Melamin-Formaldehyd-Harze und Epoxidharze. Zur Gewinnung schlagzäher Polystyrole wird das Monomere in Gegenwart von Butadien-Acrylnitril-Copolymeren polymerisiert, wobei ein Teil der isolierten Doppelbindungen dieses Copolymeren in die wachsenden Polystyrolketten einbezogen wird (*ABS*-Polymer). Zu den klassischen engmaschig vernetzten Polymeren gehören schließlich die Ionenaustauscherharze mit ihrem Styrol-Divinylbenzol-Grundgerüst. Das Divinylbenzol wird dabei als tetrafunktionelles Monomeres eingebaut. Unter den natürlichen Polymeren sind Lignin (vgl. S. 131) und die über Disulfidbrücken von Cystein oder Methionin vernetzten Eiweißstoffe am weitesten verbreitet. Statistisch verteilte Vernetzungen kann man bei unverzweigten Polymeren durch Einwirkung energiereicher Strahlung auf die Festkörper (Verzweigung durch Radikalrekombination) oder durch Umsetzung von reaktionsfähigen Binnengruppen (Amid- oder Urethangruppen, Doppelbindungen) mit geeigneten „Brückenbildnern" erreichen. Die bei der Reaktantenvernetzung entstehenden, zumeist nur wenige Atomgruppierungen umfassenden Brücken haben eine vom Bau der Hauptkette abweichende Struktur; solche Vernetzungen sind verschiedentlich thermolabil.

Sehr regelmäßige Netzwerke lassen sich aus Polyäthylenoxiden, aliphatischen Polyestern oder aus $\alpha.\omega$-Dihydroxy-polydienen durch Umsetzung mit Diisocyanaten über die Zwischenstufe von Makro-Diisocyanaten gewinnen (vgl. S. 184).

Stärker vernetzte Polymere sind ohne beträchtlichen Abbau nicht mehr löslich, sondern allenfalls quellbar, wobei mit zunehmendem Vernetzungsgrad das Quellvermögen immer geringer wird. Auch die mechanischen Eigenschaften und das thermische Verhalten lassen sich durch eine zunehmende Vernetzung wesentlich beeinflussen. Zu diesem Zweck wird eine starke Vernetzung besonders angestrebt bei der Herstellung vieler Duromerer („Härten" von Kunstharzen, vgl. S. 188) oder bei Vulkanisation des Kautschuks (vgl. S. 111). Bei der Verarbeitung zu Fasern oder Folien ist eine auch nur geringe Vernetzung äußerst unerwünscht, da Gelanteile in den Spinnlösungen oder -schmelzen zu störenden Dickstellen in den nur einige 10 µm starken Produkten führen. Zur Veredlung von Textilien wird dagegen oft eine nachträgliche Vernetzung herangezogen, z. B. zur Verringerung des Quellwertes und zur Erhöhung der Naßfestigkeit von Celluloseregeneratfasern (vgl. S. 126).

Bei allen Strukturbetrachtungen der makromolekularen Chemie geht man von einer Fernordnung auf Basis strukturell streng definierter Monomereinheiten aus, die bei statistischen Copolymeren durch entsprechend eingebaute Nahordnungsbereiche unterschiedlicher Größe unterbrochen werden. Solche Idealstrukturen gibt es nur bei Nucleinsäuren und Eiweißstoffen, bei denen die Abfolge der Monomereinheiten gleichzeitig eine eindeutige verschlüsselte Information darstellt, die bei den Vererbungsprozessen möglichst unverfälscht weiter gegeben werden muß. Aber auch in diesen Fällen können äußere Einflüsse (Strahlungseinwirkung) zur „Mutanten" führen.

Alle synthetischen Polymeren und viele natürlichen Polymeren enthalten dagegen statistisch über die Makromoleküle verteilte *Fehlstrukturen*, die durch verschiedenartige Nebenreaktionen bei der Polymersynthese entstehen können. Die Erforschung solcher Fehlstrukturen steht erst am Anfang. Sie bereitet beträchtliche Schwierigkeiten, da die meisten chemischen oder sepktroskopischen Methoden nicht empfindlich genug sind, um die Strukturabweichungen nachweisen zu können. Solche Fehlstrukturen geben sich meist indirekt beim Vergleich der Beständigkeit unterschiedlicher Produkte gegen Licht, Wärme oder mechanische Beanspruchung zu erkennen. Die Ursachen für das Entstehen solcher „Schadstellen" sind nur durch eine komplexe analytische Untersuchung der Polymersyntheseprozesse (Reaktionsanalytik) aufzuklären.

Bei der Synthese der Polymeren entstehen auch, bedingt durch die Struktur der Monomeren, durch Initiatoren oder durch beabsichtigte Abbruchreaktionen, *Endgruppen* an den Polymerketten. Sie sind für Polymere mit Molmassen bis zu ca. 50000 ein nützliches Hilfsmittel zur Molmassenbestimmung (vgl. S. 281).

1.2. Mittelwerte von Polymerisationsgrad und Molmasse

In der Einleitung wurde bereits darauf hingewiesen, daß das Auftreten des für Polymere typischen Verhaltens an das Vorhandensein einer gewissen Mindestzahl monomerer Grundbausteine im Molekül geknüpft ist, die im allgemeinen bei der Größenordnung von 10 monomeren Resten liegt. Zur Charakterisierung der Größe von linearen und verzweigten Makromolekülen ist es daher oft zweckmäßig, anstelle der Molmasse M_{Polymer} die im Molekül vorhandene Anzahl von Grundbausteinen, den sogenannten „Polymerisationsgrad“ P anzugeben. Die einfache Beziehung zwischen beiden Größen $P = M_{\text{Polymer}}$ $M_{\text{Grundbaustein}}$ setzt allerdings voraus, daß ausschließlich einheitliche Kettenmoleküle definierter Größe vorliegen. Diese Voraussetzung läßt sich jedoch nur vereinzelt bei den als Oligomere bezeichneten Anfangsgliedern von polymerhomologen-Reihen steigenden Polymerisationsgrades realisieren; denn nur diese Oligomeren mit einem zumeist unter 10 liegenden Polymerisationsgrad lassen sich als Substanzen mit einheitlichem Molekulargewicht synthetisieren. So sind beispielsweise bei Cellulose die Oligomeren mit 2 bis 8 Grundbausteinen als einheitliche Stoffe dargestellt worden. Lineare und cyclische Oligomere der ε-Aminocapronsäure und entsprechende Oligoester aus Terephthalsäure und Äthylenglykol sind ebenfalls synthetisiert oder isoliert worden.

Bei den Polymeren selbst liegen in jedem Falle Moleküle unterschiedlicher Kettenlänge vor; das Ergebnis einer Molmassenbestimmung ist also stets ein Mittelwert des Polymerisationsgrades $\overline{P}$. Bei der Messung dieses zur Charakterisierung makromolekularer Substanzen wichtigsten Zahlenwertes wird bei den einzelnen Meßmethoden die Mittelwertbildung in verschiedener Weise vorgenommen, je nachdem, ob die zu messende Größe von der Anzahl der Moleküle in den einzelnen Größenklassen oder in ihrem Gewicht abhängt. Man unterscheidet daher

Zahlenmittel („number average") $\overline{M}_n$ bzw. $\overline{P}_n$, das sich entsprechend $\overline{M}_n = \frac{\Sigma M_i n_i}{\Sigma n_i}$ ergibt, wenn man in jeder Größenklasse i die Zahl der Moleküle n_i mit dem Molekulargewicht M_i multipliziert und die Summe dieser Produkte durch die Gesamtanzahl der Moleküle Σn_i teilt. Zahlenmittelwerte erhält man bei osmometrischen und dampfdruckosmometrischen Messungen, aus Endgruppenanalysen und bei elektronenmikroskopischen Auszählverfahren.

Gewichtsmittel („weight average") $\overline{M}_w$ bzw. $\overline{P}_w$, das man nach

$\overline{M}_w = \frac{\Sigma M_i^2 n_i}{\Sigma M_i n_i} = \frac{\Sigma M_i w_i}{\Sigma w_i}$ erhält durch

Summieren der Produkte aus Gewichtsanteil $w_i = M_i n_i$ und Molekulargewicht M_i in jeder Größenklasse und Division dieser Summe durch das Gesamtgewicht des gelösten Polymeren Σw_i. Streulichtphotometrische Analysen ergeben Gewichtsmittelwerte. Mit $n_i = w_i/M_i$ ergibt sich hieraus für das Zahlenmittel die oft benutzte äquivalente Formulierung $\overline{M}_n = w_i/\Sigma \frac{w_i}{M_i}$. Bei der Summenbildung fallen für $\overline{M}_n$ die kleinen, für $\overline{M}_w$ die großen Moleküle mehr ins Gewicht und $\overline{M}_w \geqq \overline{M}_n$, wobei das Gleichheitszeichen für den Idealfall eines polymereinheitlichen Stoffes gilt. Je breiter die Molmassenverteilung in einem Polymeren ist, desto mehr wird der Quotient $\frac{\overline{M}_w}{\overline{M}_n}$ von 1 abweichen; zur zahlenmäßigen Charakterisierung der sog. „Uneinheitlichkeit" dient nach G. V. SCHULZ die Größe $U = \frac{\overline{M}_w}{\overline{M}_n} - 1$. Im Hinblick auf ihre große Bedeutung für die gesamte Polymerenchemie sollen die eben definierten Größen $\overline{M}_n$, $\overline{M}_w$ und $\overline{U}$ nochmals an einem stark vereinfachten Beispiel erläutert werden, wofür das Analogiebeispiel zweier Steinhaufen A und B mit gleichem Gesamtgewicht ($\Sigma W_i = 1000$ kg), aber unterschiedlicher Größenverteilung herangezogen wird (Abb. 1). Für das Zahlenmittel $\overline{M}_n$ folgt aus $\overline{M}_n = \Sigma w_i / \Sigma n_i$ für

$$A \quad \overline{M}_n = \frac{1000 \text{ kg}}{502 \text{ Steine}} = 1.99$$

$$B \quad \overline{M}_n = \frac{1000 \text{ kg}}{500 \text{ Steine}} = 2.0$$

also trotz der sehr verschiedenen Größenverteilung in den beiden Haufen fast kein Unterschied.

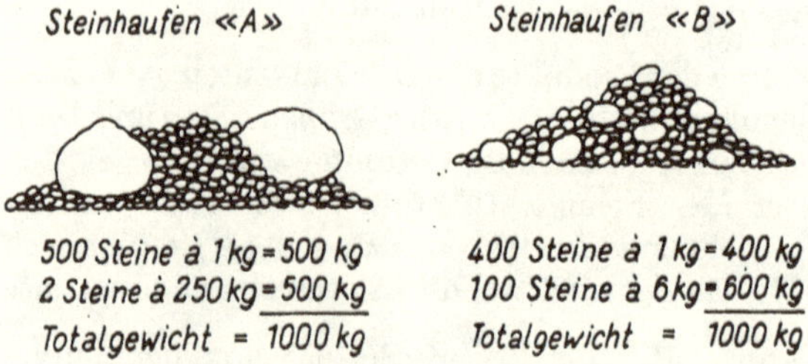

Abb. 1. Veranschaulichung des Unterschiedes zwischen P_w und P_n
SCHLEGEL A.: Kunststoffe – Plastics (1957) S. 7

Das Gewichtsmittel $\overline{M}_w = \Sigma w_i M_i / \Sigma w_i$ ist dagegen für

$$A \text{ mit } \overline{M}_w = \frac{500 \times 1 + 500 \times 250}{1000} = 125{,}5$$

viel höher als für

$$B \text{ mit } \overline{M}_w = \frac{400 \times 1 + 600 \times 6}{1000} = 4{,}0$$

Die Uneinheitlichkeit des Haufens A ist augenfällig

viel größer als die von B:

$$A: U = \frac{125{,}5}{1{,}99} - 1 = 62$$

$$B: U = \frac{4{,}0}{2{,}0} - 1 = 1$$

Die Polymerisationsgradverteilungen hängen von den Mechanismen der Synthese- bzw. Abbaureaktionen ab, durch die ein gegebenes Polymeres entstanden ist.

1.3. Grundlagen der Polymersynthese

Es gibt eine Fülle von Verbindungen, die unter Energieeinwirkung (Wärme, Licht) oder bei Einwirkung katalytischer Mengen von Zusatzstoffen in hochmolekulare Produkte übergehen. So war schon im vorigen Jahrhundert erkannt worden, daß bei Lichteinwirkung auf Styrol, Vinylbromid, Acrolein, Acrylsäure und ihre Ester harz- oder gummiartige Produkte entstehen. WURTZ beobachtete 1878 die Bildung von festem, polymeren Äthylenoxid bei Zugabe von Spuren an KOH oder $ZnCl_2$ zum Monomeren. Bei Umsetzungen von Phenol und Formalin in saurem oder alkalischem Milieu wurden Oligomere erhalten, aus denen BAEKELAND 1905 die ersten synthetischen organischen Werkstoffe durch Druck-Reaktionshärtung herstellte. Durch solche zunächst vereinzelnten empirischen Befunde und in der Folge durch zahlreiche systematische Untersuchungen wurde festgestellt, daß die meisten Verbindungen, die Doppel- oder Dreifachbindungen im Molekül enthalten, viele ringförmige Verbindungen und alle Moleküle, die zwei oder mehr zu Kondensations- oder Additionsreaktionen geeignete funktionelle Gruppen oder reaktionsfähige Stellen im Molekül enthalten, zur Polymersynthese geeignet sind. Eine kleine Auswahl von Strukturbeispielen solcher Verbindungen soll diese Feststellungen verdeutlichen.

a) Monomere mit Doppel- oder Mehrfachbindungen

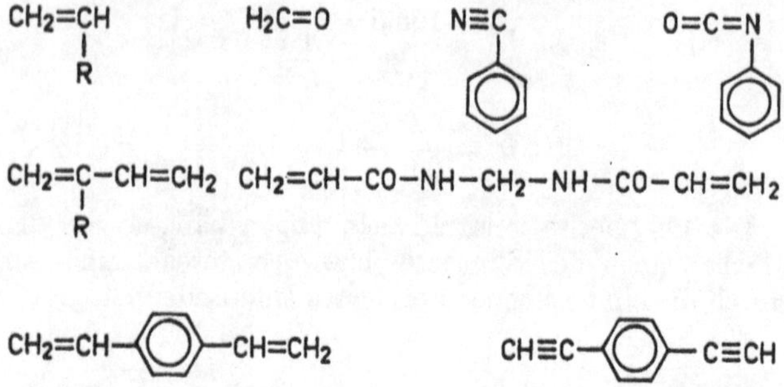

b) Ringstrukturen

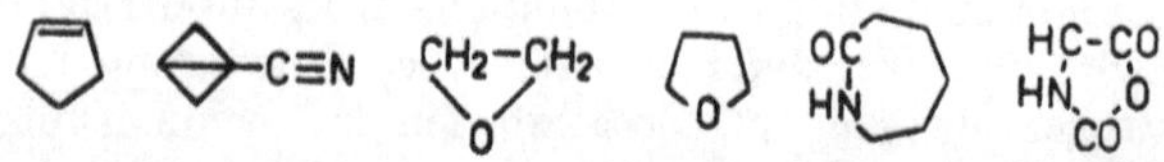

c) Monomere oder Monomerenpaar-Partner mit funktionellen Gruppen oder potentiell funktionellen Stellen

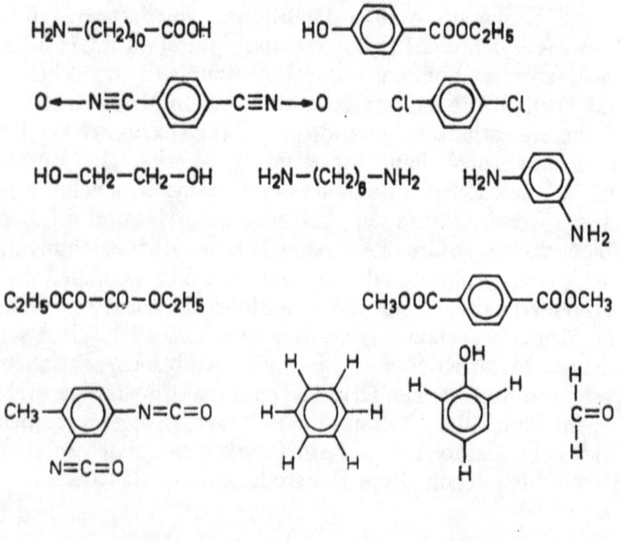

Thermodynamische Voraussetzung für den Ablauf von Polymersyntheseprozessen ist eine Aktivierung der Monomeren durch Zufuhr von Energie oder durch Initiatoren. Die maximale Arbeitstemperatur T_c ist abhängig von Reaktionsenthalpie und -entropie der betrachteten Reaktion und ergibt sich aus der GIBBS-HELMHOLTZschen Gleichung zu

$$T_c = \frac{\Delta H}{\Delta S}$$

Nach ihrer Kinetik werden die Polymerbildungsreaktionen in starker Schematisierung in zwei große Gruppen mit charakteristischen Polymerisationsgrad-Umsatz-Kurven eingeteilt:

Bei den *Polymerisationsreaktionen* werden fortlaufend Monomere an einem aktivierten Zentrum an- oder eingelagert:

$$\sim M_i^* + M \rightleftharpoons \sim M_{i+1}^*$$

$$\sim M_{i+1+}^* + M \rightleftharpoons \sim M_{i+2} \quad \text{usw.}$$

Verknüpfungen von aktivierten Kettenenden miteinander sind selten im Vergleich zur Zahl der Kenntenwachstumsschritte.

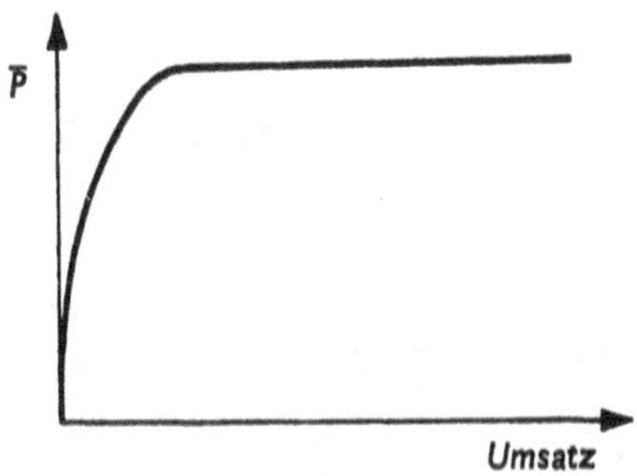

$\bar{P}$ - Umsatz - Schema bei Polymerisationen

Das aktivierte Zentrum entsteht durch einen Initiator, der in die Reaktionsmischung eingebracht wird oder durch Monomeraktivierung (Energiezufuhr) entsteht. Die aktive Spezies am Ende der wachsenden Makromoleküle regeneriert sich bei jedem Monomerenanlagerungsschritt unter Durchlaufen des jeweiligen Übergangszustandes.

Je nach der Art der Aktivierung unterscheidet man

— radikalische Polymerisation
  z. B.

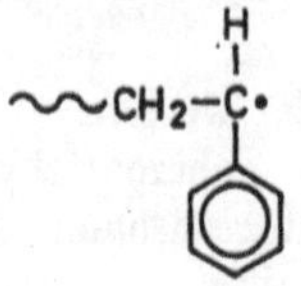

— kationische Polymerisation
  z. B.

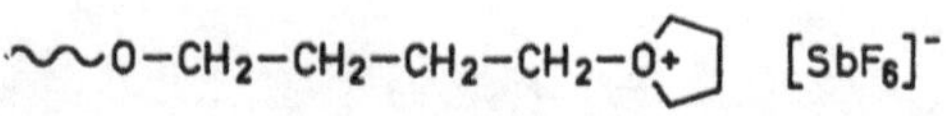

— anionische Polymerisation
  z. B.

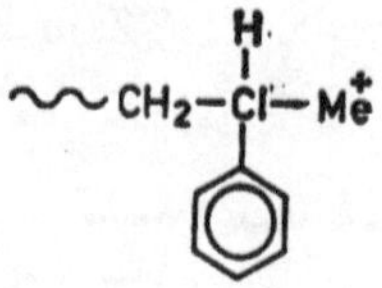

— Polymerisation mit komplexkoordinativen Katalysatoren (Ziegler-Natta-Katalysatoren)
  z. B.

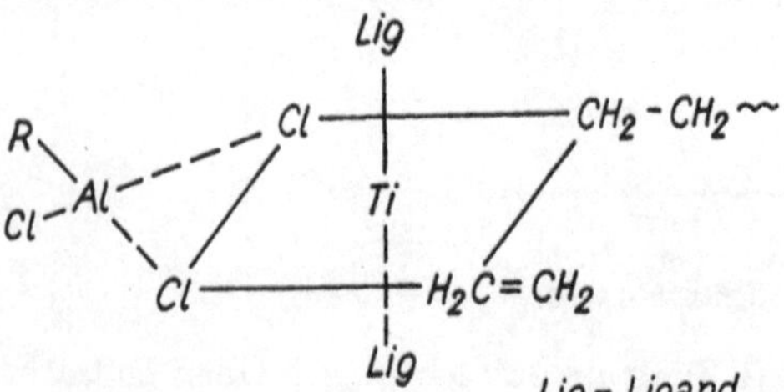

Der Mechanismus der komplexkatalytischen Polymerisationen ist nur selten so übersichtlich, wie es hier für den Fall löslicher Katalysatoren dargestellt wird. Die Einlagerung und teilweise auch Anlagerung der Monomeren erfolgt bei Polymerisationen mit diesen Katalysatoren auch verschiedentlich an radikalischen, ionischen und an Zentren mit Komplexcharakter nebeneinander.

Bei den *Polykondensations-* und *Polyadditionsreaktionen* werden die Monomeren sowie die entstehenden Oligomeren und Polymeren fortlaufend über die kettenendständigen funktionellen Gruppen oder an entsprechenden potentiell funktionellen Stellen miteinander verknüpft:

$$\begin{aligned} M + M &\rightleftharpoons [M]_2 \\ [M]_2 + M &\rightleftharpoons [M]_3 \\ [M]_i + [M]_j &\rightleftharpoons [M]_{i+j} \\ [M]_{i+j} + [M]_3 &\rightleftharpoons [M]_{i+j+3} \quad \text{usw.} \end{aligned}$$

Der Verbrauch der Monomeren erfolgt überwiegend durch Verknüpfung in der allerersten Reaktionsphase.

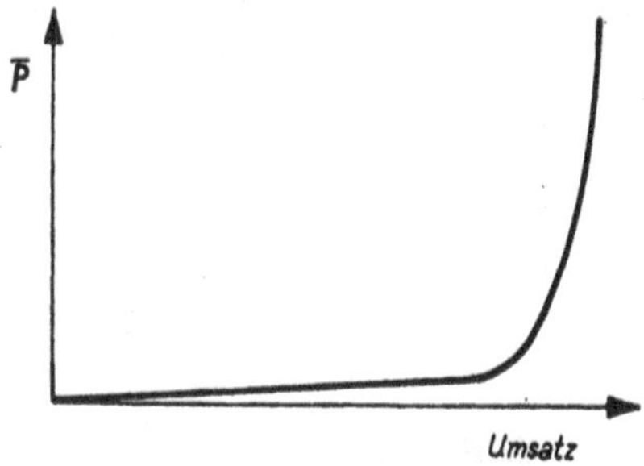

P̄ - Umsatz - Schema bei Polykondensationen/Polyadditionen

Die Aktivierbarkeit ungesättigter Verbindungen zur Polymerisation nach einem der genannten Mechanismen hängt vorwiegend von der Elektronenverteilung im Monomeren und von der Resonanzsituation am aktivierten Kettenende ab.

Elektronenakzeptor-Substituenten $-A$ wie $-Cl$, $-CN$, $-COOR$, $-COR$, und $-CH{=}CH_2$ induzieren in Vinylmonomeren Partialladungen des Typs

$$\overset{\delta+}{CH_2}=\overset{\delta-}{\underset{\underset{A}{|}}{CH}}$$

und aktivieren sie so für anionische Polymerisationen.

Elektronendonator-Substituenten $-D$ ($-CH_3$, $-OR$, $-SR$, $-NR_2$) erwirken die entgegengesetzte Polarisation der Doppelbindung und damit eine starke Neigung solcher Vinylmonomerer zur kationischen Polymerisation.

Isobutylen ist nicht radikalisch polymerisierbar, beim Versuch zur radikalischen Polymerisation von Propylen entstehen nur kurzkettige Oligomere. Die radikalische Polymerisation dieser beiden methylsubstituierten Äthylene kommt nicht in Gang bzw. sehr rasch zum Stillstand, weil sich außerordentlich stabile und reaktionsträge Allylradikale bilden:

$$I\cdot + CH_2{=}\underset{\underset{CH_3}{|}}{CH} \rightarrow IH + CH_2{=}\underset{\underset{H-\underset{\underset{H}{|}}{C}\cdot}{|}}{CH} \leftrightarrow \cdot CH_2{-}\underset{\underset{CH_2}{\|}}{CH}$$

I = Initiator

Vinyläther sind wegen der Resonanz

$$CH_2 = CH{-}O{-}R \leftrightarrow \overset{-}{CH_2}{-}CH = \overset{+}{O}{-}R$$

kaum radikalisch, wohl aber kationisch polymerisierbar.

Aus solchen Gründen ergeben sich für die Polymerisation ausgewählter ungesättigter bzw. cyklischer Monomerer, wie sie in Tab. 3 aufgeführt sind, folgende experimentell ermittelten Initiierungsmöglichkeiten:

Tabelle 3

Polymerisierbarkeit von Monomeren verschiedener Strukturen

Monomer	Initiator Radikal	Kation	Anion	Übergangs-metallkomplex
Äthylen	+	+	–	+
Propylen	(+)	+	–	+
Isobutylen	–	+	–	–
Vinylacetat	+	–	–	–
Stryrol	+	+	+	+
Vinylchlorid	+	–	+	+
Vinyläther	(+)	+	–	–
Acrylnitril	+	–	+	+
Tetrafluoräthylen	+	–	–	+
Butadien	+	+	+	+
Formaldehyd	(+)	+	+	–
Benzonitril	–	–	+	–
Äthylenoxid	–	+	+	–
Cyclopenten	–	–	–	+
Caprolactam	–	+	+	–
Tetrahydrofuran	–	+	–	–

Für (+) sind nur Einzelfälle radikalischer Polymerisationen unter speziellen Bedingungen bekannt.

Die Reaktivität der radikalischen, ionischen oder koordinationsaktiven Zentren bei Polymerisationsreaktionen wird vor allem beeinflußt durch

- Reaktionstemperatur
- Struktur (Bau, Polarität, Resonanzeffekte) des Monomeren
- Wechselwirkungen zwischen aktiver Species und angreifendem Comonomeren
- äußere elektrische Felder
- Reaktionsmedium und Phasenzustand
- Zusatzstoffe (bei komplexkoordinativen Katalysatoren durch die Art des Katalysators)

Wir werden einige dieser Einflüsse, soweit sie für die einzelnen Polymerisationsarten von Bedeutung sind, bei den entsprechenden Polymerisationsprozessen behandeln (Abschnitte 1.3.1.1. bis 1.3.1.4.).

Vinylmonomere $CH_2{=}CH{-}R$ lagern sich überwiegend mit der nichtsubstituierten CH_2-Gruppe an das aktivierte Kettenende an. Nur auf diese Weise kann die aktive Species des Wachstumszentrums sich so regenerieren, daß sie im wachsenden Polymeren (infolge der unmittelbaren Wechselwirkung mit dem Substituenten $R-$) resonanzstabilisiert vorliegt

$$\sim\!\!\sim M_i^* + \underset{\displaystyle R}{\underset{|}{CH_2 = CH}} \rightarrow \sim\!\!\sim M_i{-}CH_2{-}\overset{\displaystyle H}{\overset{|}{\underset{\displaystyle R}{\underset{|}{C^*}}}}$$

Aus diesem Grund entstehen bei der Polymerisation von α-Olefinen überwiegend Polymerketten mit 1, 3, 5 ··· Stellung der Substituenten R längs der Kette. Ausnahmen von dieser Regel findet man bei Polyvinylacetat (1% 1.2-ständige Substituenten), Polyvinylidenchlorid (ca. 10% 1.2-Substituenten) und bei Polyvinylfluorid (ca. 30% 1.2-Substituenten).

Bei der zweiten großen Gruppe der Polymersynthesereaktionen, die durch Monomer-, Oligomer- und Makromolekülverknüpfungen gekennzeichnet ist, unterscheidet man zwei Arten von Verknüpfungsreaktionen. Verknüpfungen unter Additionsreaktionen funktioneller Gruppen werden als *Polyaddition* bezeichnet (z. B. die Polyurethanbildung und ihre Folgereaktionen), Verknüpfungen unter Abspaltung niedermolekularer Reaktionsprodukte (H_2, N_2, HCl, Wasser, Alkohol usw.) werden *Polykondensationen* genannt. Dem Verknüpfungsmechanismus nach können Polyaddition und Polykondensation ionisch, kryptoionisch oder koordinativ verlaufen. Bei Polykondensationen sind auch radikalische Mechanismen (vorzugsweise unter Abspaltung von H_2, N_2, HCl, SO_2 + HCl) möglich.

Bei einigen Polymersyntheseprozessen laufen die beiden Grundtypen der Polymerbildungsreaktionen, Polymerisation und Polykondensation bzw. Polyaddition nebeneinander ab. Beispiele dafür sind kationische Lactampolymerisations-/polykondensations-Prozesse und die ringöffnende Polymerisation von Cyclopenten mittels ZIEGLER-NATTA-Katalysatoren.

Bei der kationischen Caprolactampolymerisation mit Wasser als Initiator laufen beispielsweise Monomeranlagerung unter COOH-Katalyse,

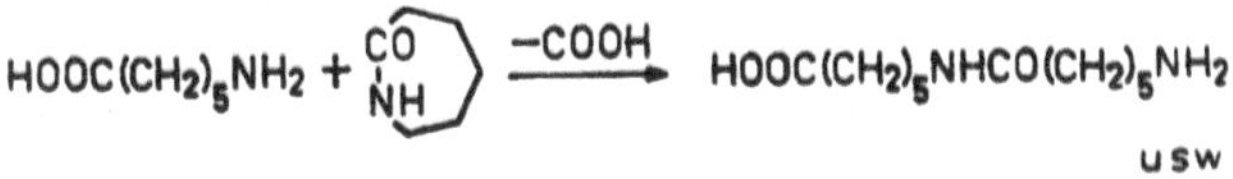

Polykondensation der entsprechenden Makromoleküle unter Wasserabspaltung

$$\mathrm{H{-}[HN{-}(CH_2)_5{-}CO]_a{-}OH} + \mathrm{H{-}[HN{-}(CH_2)_5{-}CO]_b{-}OH} \longrightarrow$$

$$\mathrm{H{-}[HN{-}(CH_2)_5{-}CO]_{a+b}{-}OH} + \mathrm{H_2O}$$

und acidolytische sowie carboxylgruppenkatalysierte aminolytische Umbaureaktionen zwischen den Amid-Binnengruppen und den Endgruppen

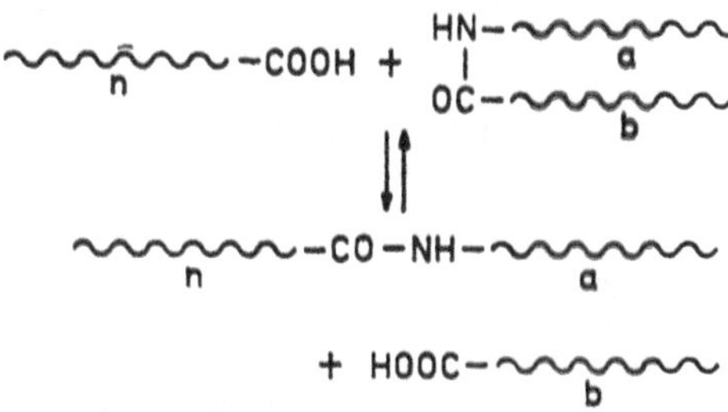

n, a, b, = Polymerisationsgrade der betrachteten Makromoleküle bzw. Makromolekülteile

parallel.

Die Polymerisation von Cyclopenten unter ringöffnender Disproportionierung der Doppelbindung mit aktivierten *W*-Katalysatoren (z. B. $WCl_6/Al(C_2H_5)_2Cl$) [2] zeigt Züge der Polymerisation:

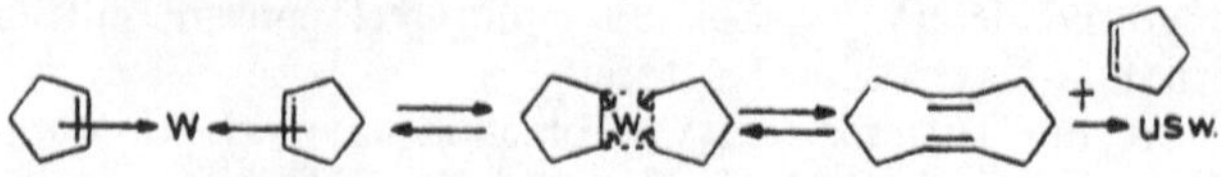

Die Doppelbindungen der aller Wahrscheinlichkeit nach entstehenden Makrocyclen können nun außerdem auch intramolekular (Ringverkleinerung) sowie intermolekular (Ringvergrößerung) mit anderen Makromolekülen nach dem Prinzip der Polyaddition reagieren.

Polymersynthesen müssen auch als Gleichgewichtsreaktionen betrachtet werden. Für sehr viele Polymere liegt das Gleichgewicht bei Raumtemperatur überwiegend auf der Seite der Polymeren (Tab. 4).

Tabelle 4

Monomer-Gleichgewichtskonzentrationen bei 25 °C in Mol/*l* (nach [3])	
Methylmethacrylat	10^{-3}
Styrol	10^{-6}
Methylacrylat	10^{-9}
Vinylacetat	10^{-9}

Dies bedeutet natürlich andererseits, daß alle synthetischen Polymeren unmittelbar nach ihrer Herstellung noch Monomerspuren enthalten; bei der Freigabe der Polymeren für den Einsatz in der Lebensmittelindustrie und im Haushalt muß dies beachtet werden.

Aus Tab. 4 ist zu ersehen, daß die Lage des Gleichgewichts-Polymer/Monomer (bzw. analog Binnengruppen/funktionelle Endgruppen bei Polykondensation/Polyaddition) strukturabhängig ist. Dies ist in den meisten Fällen durch die Strukturabhängigkeit der Reaktionsenthalpie bedingt. Nach der GIBS-HELMHOLTZ-Gleichung bestimmen bekanntlich Temperatur (T), Entropie (ΔS) und Enthalpie ($\Delta H_{M \to P}$) die freie Reaktionsenthalpie

($\Delta G_{M\to P}$) in einfacher Weise gemäß

$$\Delta G_{M\to P} = \Delta H_{M\to P} - T_c \Delta S_{M\to P}\,.$$

Die Gleichung wird hier für den Übergang Monomer →Polymer, $M \to P$, formuliert. Die *Reaktionsentropien* sind (soweit bisher bekannt) für die Polymerisation von Vinylmonomeren und Dienen nahezu strukturunabhängig und betragen für 25 °C ca. −25 cal/Mol · grd. Daraus ergibt sich die Größe von $T\Delta S_{M\to P}$ zu ca. −7,5 kcal/Mol (25 °C) bzw. −10,5 kcal/Mol (150 °C). Die *Reaktionsenthalpien* der Polymerisation werden hauptsächlich durch die Differenzen der Bindungsenergien und der konformativen Spannungsenergien von Monomeren und Polymeren bestimmt. Sie liegen für die größere Zahl von Reaktionen bei normalen Druckverhältnissen und bezogen auf den Übergang $\text{Monomer}_{flüssig} \to \text{Polymer}_{amorph}$ bei ca. −15 bis −22 kcal/Mol (Tab. 5). Polymerisationen von Monomeren mit diesen und mit höheren Polymerisationsenthalpien sind demnach bei Temperaturen bis zu 150 °C möglich.

Tabelle 5

Polymerisationsenthalpien (kcal/Mol für 25 °C und vorwiegend Massepolymerisation nach [4])

α-Methylstyrol	−8	Propylen	−20
Isobutylen	−13	Vinylacetat	−21
Methylmethacrylat	−14	Äthylen	−26
Styrol	−16	Vinylchlorid	−27
Acrylnitril	−17	Tetrafluoräthylen	−37
Butadien	−17		
Isopren	−18		

Die *Grenztemperatur* (engl.: *ceiling temperature*), von der an Polymerisationen thermodynamisch ausgeschlossen sind,

$$\left(T_c = \frac{\Delta H_{M\to P}}{\Delta S_{M\to P}};\ \Delta G = 0\right),$$

ergibt sich für Massepolymerisationen von α-Methylstyrol zu 61 °C, für Methylmethacrylat zu 220 °C, für Stryrol zu 310 °C.

Durch Verdünnung der Reaktionsmischung wird T_c erniedrigt (für $1{,}2 \cdot 10^{-4}$ Mol/l Styrol in Benzol beispielsweise auf 110 °C). Anlegen von Druck wirkt sich, da Polymerisationen unter Volumenkontraktion erfolgen, nach der Gleichung von CLAUSIUS-CLAPEYRON in einer Erhöhung von T_c aus (bei α-Methylstyrol steigt T_c um 17 grd je kb Druckanstieg) [5]. Ganz allgemein nimmt die Gleichgewichtskonstante (K_P) bei Polymerisationsreaktionen unter Druck zu (K_P beispielsweise für 25 °C und eine Volumkontraktion der Polymerisation ΔV_P von 10 ml/Mol bei 1 kb um den Faktor 1,5, für ΔV_P von 20 ml/Mol und gleiche Bedingungen um den Faktor 2,2). Auch die Reaktionsgeschwindigkeiten werden bei Druckreaktionen deutlich erhöht [5].

Die Absolutwerte von Gleichgewichtskonstante und freier Polymerisationsenthalpie sind nach der Gleichung

$$\Delta G_{M \to P} = -RT \ln K_P$$

proportional. Nach den Definitionsgleichungen der *Gleichgewichtskonstanten*, die nachstehend aufgeführt sind, wird also bei Polymerisationen die Gleichgewichts-Monomerkonzentration umso höher sein, je höher die Temperatur ist. Bei Polykondensations- und Polyadditionsreaktionen nimmt entsprechend der Polymerisationsgrad mit steigender Temperatur ab.

Polymerisation	Polykondensation	Polyaddition
$K_P = \frac{[\sim M_{i+1}]}{[\sim M_i]\,[M]}$	$K_P = \frac{[-AB-][ab]}{[-Aa][-Bb]}$	$K_P = \frac{[-AB-]}{[-A][-B]}$

K_P Gleichgewichtskonstante der Polymerbildung

$[\sim M_i]$ Polymerkonzentration bei Polymerisation

$[-AB-]$ Binnengruppenkonzentration (z. B. [−CONH−], [−COO−], [−NHCOO−] bei Polykondensation/Polyaddition

[$-Aa$], [$-Bb$] Konzentration an funktionellen Gruppen mit abspaltbaren Substitutuenten (z. B. [$-COOH$], [$-OH$], [$-NH_2$]) bei Polykondensationsreaktionen

[ab] Konzentrationen abgespaltener niedermolekularer Verbindung (z. B. [H_2O], [C_2H_5OH]) bei Polykondensationen

[$-A$], [$-B$] Endgruppenkonzentrationen bei Polyadditionsreaktionen (z. B. [$-N{=}C{=}O$] und [$-OH$] bzw. [$-NH_2$] bei Polyurethan- bzw. Polyharnstoffbildung).

Bei Polymerisationsreaktionen wird die Temperaturabhängigkeit von $\bar{P}_n$ im hochmolekularem Bereich von den Aktivierungsenergien der Teilreaktionen (Start, Wachstum, verschiedene Arten von Übertragung und Abbruch) bestimmt.

1.3.1. *Mechanismen und Kinetik von Polymerisationsreaktionen*

1.3.1.1. *Radikalische Polymerisation*

Zur Auslösung der radikalischen Polymerisation werden energiereiche Initiatoren oder Initiatorsysteme unter Radikalbildung zersetzt. Am gebräuchlichsten sind

— Organische Peroxide (E_A ca. 25—40 kcal/Mol) z. B. Dibenzoylperoxid

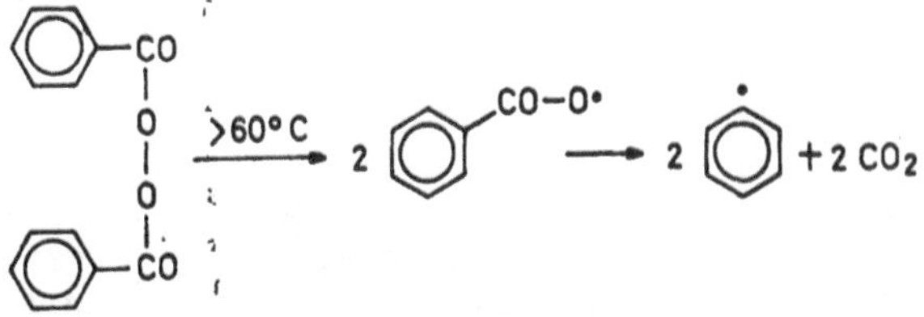

In Gegenwart von Metallionen (z. B. Fe^{2+}), die Radikalbildung durch Elektronenübertragung auslösen, entstehen bereits bei 5 °C genügend Radikale. Auch mit N.N-Dimethylanilin kann Dibenzoylperoxid bei so niedrigen Temperaturen zur Radikalbildung aktiviert werden (E_A ca. 10 kcal/Mol)

– Azoverbindungen (E_A ca. 30 kcal/Mol)
z. B. 2.2'-Azo-bis-isobutyronitril

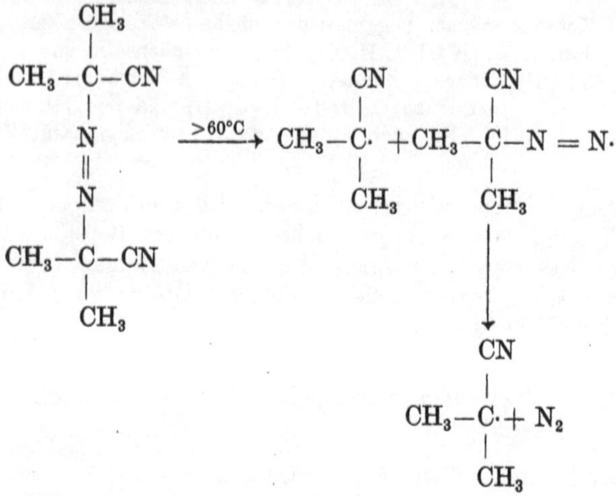

– Redoxsysteme

Die Radikalbildung erfolgt bei 0–20 °C mit hinreichender Geschwindigkeit.

$$Fe^{2+} + HOOH \rightarrow Fe^{3+} + OH^- + \cdot OH$$
$$Fe^{2+} + S_2O_8^{2-} \rightarrow SO_4^{2-} + SO_4\cdot + Fe^{3+}$$
$$Fe^{3+} + HSO_3^- \rightarrow Fe^{2+} + HSO_3\cdot$$
$$Co^{3+} + H_2O \rightarrow Co^{2+} + H^+ + \cdot OH$$

– O_2

Die Initiatorwirkung von dosierten O_2-Mengen wird bei der technisch bedeutsamen Hochdruckpolymerisation von Äthylen (ca. 2000 at/200 °C) genutzt. Als Initiatoren werden strukturell nicht näher charakterisierte Umsetzungsprodukte von Äthylen und O_2 angesehen [6]. Bei allen übrigen radikalischen Polymerisationen muß O_2 streng ausgeschlossen werden. Er wirkt wegen seines Biradikalcharakters als Inhibitor, er kann copolymerisieren oder auch oxidative Veränderungen der entstehenden Polymeren auslösen. Die Vorstellung, daß ein SO_2-*EDA*-Komplex des Cyclopentens über Biradikalbildung die Polymerisation des Cyclomonomeren auslösen kann, wurde kürzlich widerlegt [7]. Als Initiator wirkt in diesem Falle das Radikalfolgeprodukt des aus Cyclopenten und O_2 entstehenden α-Hydroperoxids.

Styrol kann durch ausschließlich *thermische Initiierung* bei Temperaturen oberhalb von ca. 80 °C polymerisiert werden. Dieser Polymerisationsprozeß wird technisch angewandt (vgl. S. 158). Initiatoren der Reaktion sind Radikale, die durch spontane bimolekulare Umlagerung eines ungesättigten Dimeren des Styrols entstehen:

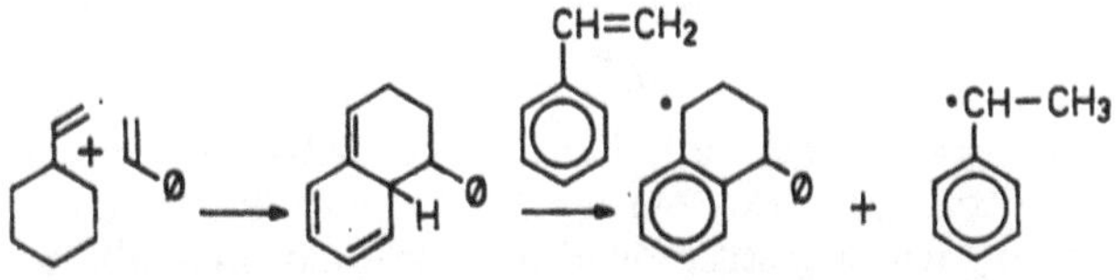

Durch *UV-Bestrahlung*, durch *γ-Strahlen* und durch *beschleunigte Elektronen* (ca. 25 MeV, 5—20 Mrad) können Polymerisationen in gelösten Monomeren, in kristallinen Monomeren und Pfropfcopolymerisationen auf der Oberfläche von Folien oder von textilen Flächengebilden ausgelöst werden.

Das Wachstum der Makromoleküle bei radikalischen Polymerisationen kann durch *Übertragungs- und durch Abbruchreaktionen* beendet werden. Bei gegebener Temperatur ist damit der Polymerisationsgrad durch den Quotienten aus der Geschwindigkeit der Wachstumsreaktion (v_W) und der Summe der Geschwindigkeiten aller Reaktionen gegeben, die das Wachstum stoppen ($v_ü + v_A$):

$$\overline{P}_n = \frac{v_W}{v_ü + v_A}.$$

Einen anschaulichen Vergleich für diesen Quotienten bieten die Verhältnisse beim Zerteilen eines Profilstranges: Je nach Stranggeschwindigkeit und Schneidfrequenz erhält man kürzere oder längere Profilstücken.

Bei den Übertragungsreaktionen, die zu allen im System vorhandenen Molekülen erfolgen können, wird mit der Radikalübertragung der Aufbau einer neuen Polymerkette ingang gebracht. Schematisch läßt sich das folgendermaßen formulieren (R kann dabei der Kohlenwasserstoffrest eines Lösungsmittelmoleküls oder eine C-Atomgruppierung des Monomeren bzw. der Polymerkette sein:

$$\sim\!\!\sim M_i\cdot + R\mathrm{H} \rightarrow \sim\!\!\sim M_i\mathrm{H} + R\cdot$$
$$R\cdot + M \rightarrow RM\cdot \qquad \text{usw.}$$

Bei Polymerisationen mit hohem Anteil an Übertragungsreaktionen ist daher eine breite Molmassenverteilung zu erwarten. Die Geschwindigkeit der Übertragungsreaktionen ($v_{ü}$) hängt vom Substituenten am radikaltragenden C-Atom der wachsenden Polymerkette und von der Konstitution des Partnermoleküls ab. Bei Vinylpolymerisationen nimmt $v_{ü}$ beispielsweise gegenüber Toluol in folgender Reihe (jeweils um eine Größenordnung) ab:

Poly- -vinylacetat $>$ $\left\{\begin{array}{l}\text{-acrylnitril}\\ \text{-methylacrylat}\end{array}\right\}$ $>$ -methylmethacrylat $>$ -styrol

Dies ist durch zunehmende Radikalstabilisierung $\sim\!\!\sim\dot{\mathrm{C}}\mathrm{H}$–R (R am CH) durch den jeweiligen Substituenten R bedingt. Eine Methylgruppe anstelle von H stabilisiert das Radikal zusätzlich. Beim Vinylacetat ist auch die Übertragung zum Monomeren und zum Polymeren im Vergleich zu den Verhältnissen bei anderen Vinylpolymerisationen relativ hoch.

Die Neigung von Lösungsmitteln zu Übertragungsreaktionen steigt in der Reihe Benzol, Toluol, Äthylbenzol, Cumol leicht an. Um den Faktor 10^5 höher als bei einfachen Kohlenwasserstoffen und Äthern ist die Geschwindigkeit der Übertragungsreaktion bei Mercaptanen. n-Dodecylmercaptan wird daher in kleinen Konzentrationen als Polymerisationsgrad-Regler bei der Synthesekautschukproduktion (Emulsionscopolymerisation von Butadien und Styrol, vgl. S. 154) verwendet. Kettenübertragung zum Lösungsmittel wird benutzt, um Vernetzungen zu unterdrücken. Während z. B. bei der Massepolymerisation von Acrylamid durch ständige Übertragungsreaktionen zum Polymeren ein Gelprodukt entsteht, erhält man ein wasserlösliches Polymeres bei Polymerisation in Alkohol-Wasser-Mischungen.

Die wichtigsten Abbruchreaktionen bei der radikalischen Polymerisation sind Disproportionierung

$$\begin{array}{l} \sim CH_2-\underset{\displaystyle R}{\underset{|}{\dot{C}H}} + \underset{\displaystyle R}{\underset{|}{H\dot{C}}}-CH_2\sim \;\rightarrow\; CH_2-\underset{\displaystyle R}{\underset{|}{CH_2}} + \underset{\displaystyle R}{\underset{|}{HC}}=CH\sim \end{array}$$

und Rekombination

$$\begin{array}{l} \sim CH_2-\underset{\displaystyle R}{\underset{|}{\dot{C}H}} + \underset{\displaystyle R}{\underset{|}{H\dot{C}}}-CH_2\sim \;\rightarrow\; \sim CH_2-\underset{\displaystyle R}{\underset{|}{CH}}-\underset{\displaystyle R}{\underset{|}{CH}}-CH_2\sim \end{array}$$

Es hängt wieder vom Substituenten am Radikal-C-Atom ab, welche der beiden Reaktionen bei einer zu betrachtenden Polymerisation eihtritt [8]. Hauptsächlich aus sterischen Gründen ist für tertiäre Radikale (Polymethylmethacrylat) die Disproportionierung die bevorzugte Reaktion, sekundäre und primäre Radikale rekombinieren viel leichter. Eine Ausnahme von dieser Regel scheint wieder bei der Vinylacetatpolymerisation vorzuliegen, für die man Disproportionierungsabbruch annimmt. Der Grund für die schon mehrfach erwähnten Besonderheiten bei der Polymerisation von Vinylacetat liegt in der Labilität eines H-Atoms der CH_2-Gruppe dieses Monomeren.

Die wesentlichen formalkinetischen Gesetzmäßigkeiten der radikalischen Polymerisation sollen unter Zugrundelegung eines möglichst einfachen Systems erläutert werden, das nur besteht aus dem Monomeren, dem darin gelösten Polymeren und einem thermisch dissoziierenden Initiator. Analog dem Schema der Chlorknallgaskette haben wir beim Polymerisationsverlauf folgende Teilvorgänge zu betrachten:

Kettenstart: $I \xrightarrow{k_1} 2\,I\cdot \qquad v_{st} = 2k_1\,[I] \qquad (1)$

$$I\cdot + M \xrightarrow{k_2} IM\cdot \qquad v_{st} = k_2[I]\cdot[M] \qquad (2)$$

I = Initiator, $I\cdot$ = Initiatorradikal, M = Monomeres

Für die meisten technisch angewandten Systeme ist die Geschwindigkeit der Startreaktion durch (1) gegeben, (2) ist geschwindigkeitsbestimmend nur im Falle reaktionsträger Monomerer bzw. von Radikalen, die rasch in großer Menge nach (1) gebildet werden. Wenn üblicherweise und vereinfachend die kinetischen Verhältnisse bei der Startreaktion nur durch (1) beschrieben werden, wird stillschweigend vorausgesetzt, daß der Initiator quantitativ und ohne Nebenreaktionen in zwei Radikale zerfällt, die dann voll als Initiatorradikale wirksam werden. Beide Annahmen sind bei technisch angewandten Systemen relativ selten erfüllt.

Kettenwachstum

$$P_i\cdot + M \xrightarrow{k_w} P_{i+1} \qquad v_w = k_w[M]\,[P\cdot] \qquad (3)$$

Kettenübertragung

$$P_i\cdot + A \xrightarrow{k_ü} P_i + A\cdot \qquad v_ü = k_ü[A]\,[P\cdot] \qquad (4)$$

$P_i\cdot$ = wachsende Polymerkette, P_i = inaktives Polymeres,
A = Reaktionspartner bei Radikalübertragung (Akzeptor: Monomeres, Polymeres, Lösungsmittel).

$$\text{Kettenabbruch } P\cdot_i + P\cdot_j \begin{cases} \nearrow P_i + P_j \text{ (Disproportionierung)} \\ \searrow P_i{-}P_j \text{ (Rekombination)} \end{cases}$$

$$v_a = k_a[P\cdot]^2. \tag{5}$$

Bei hoher Initiatorkonzentration kann auch ein Kettenabbruch durch Umsetzung des aktiven Polymeren mit Initiatorradikalen merklich ins Gewicht fallen.

Bei quasistationärem Reaktionsverlauf (BODENSTEINsches Prinzip der Behandlung von Kettenreaktionen) gilt schließlich

$$\frac{d[P\cdot]}{dt} = v_{st} - v_a = 0 \tag{6}$$

$$v_{\text{Brutto}} = -\frac{d[M]}{dt} = v_w = k_w[M]\,[P\cdot]. \tag{7}$$

Der geringe Verbrauch an Monomeren für Kettenstart und Übertragung kann vernachlässigt werden.

Das BODENSTEIN-Prinzip ist erfüllt, wenn

- die Konzentration des aktiven Polymeren $[P_i\cdot]$ nach einer sehr kurzen Anlaufperiode konstant ist (pro Zeiteinheit verschwinden ebensoviel Radikale durch Abbruch (5), wie durch die Startreaktion (2) neu entstehen)
- die Geschwindigkeitskonstanten k_w und $k_ü$ unabhängig vom Polymerisationsgrad sind
- der mittlere Polymerisationsgrad $\overline{P}$ groß gegen eins ist.

Aus (5) und (6) folgt für die Konzentration an aktivem Polymeren $[P\cdot]$

$$[P\cdot] = \sqrt{\frac{v_s}{k_a}} = \sqrt{\frac{2k_1[I]}{k_a}}.$$

Daraus ergibt sich die Bruttogeschwindigkeit zu

$$v_{\text{Brutto}} = k_w[M] \sqrt{\frac{2k_1}{k_a}} \sqrt{[I]}. \tag{8}$$

Bei quasistationärem Reaktionsverlauf ist also die Geschwindigkeit der Wachstumsreaktion von 1. Ordnung in Bezug auf das Monomere und verändert sich mit der Wurzel der Initiatorkonzentration.

Mit Gl. (8) sind außerdem die Geschwindigkeitskonstanten der einzelnen Teilreaktionen mit der direkt meßbaren Bruttogeschwindigkeit verknüpft. Sie wird zumeist als zeitlicher Verlauf der Dichteänderung bzw. Volumenänderung des Systems ($d_{\text{Polymer}} > d_{\text{Monomer}}$) mit Hilfe eines Dilatometers verfolgt. Die Volumenkontraktion bei 100-proz. Umsatz liegt für die gebräuchlichen Monomeren zwischen 10 und 25%. Sie erfolgt linear mit dem Umsatz und hängt nicht vom $\bar{P}$ ab. Auch die Änderung des Brechungsindex im polymerisierendem System kann man zur Ermittlung von v_{Brutto} heranziehen. Eine weitere Bestimmungsgleichung für die drei Geschwindigkeitskonstanten ergibt sich aus der auf S. 51 eingeführten Beziehung

$$\bar{P}_n = \frac{v_w}{v_{ü} + v_a}$$

Für $v_{ü} \ll v_w$ vereinfacht sich der Quotient zu

$$\bar{P}_n \equiv \nu = \frac{v_{\text{Brutto}}}{v_a}. \tag{9}$$

ν = kinetische Kettenlänge

Durch Einsetzen von (8) und (1) in (9) folgt die Bestimmungsgleichung (10)

$$\overline{P}_n = \frac{k_w[M]\sqrt{\frac{2k_1}{k_a}}\cdot\sqrt{[I]}}{2\,k_1[I]} = \frac{k_w}{2k_1}[M]\sqrt{\frac{2k_1}{k_a}}\cdot\frac{1}{\sqrt{[I]}}. \tag{10}$$

Aus Gl. (10) geht außerdem noch hervor, wie man bei radikalischen Polymerisationen mit einem sehr geringen Anteil an Übertragungsreaktionen im Stationaritätsbereich $\overline{P}_n$ durch die Wahl der Initiatorkonzentration verändern kann. Die Gleichung gilt für den Disproportionierungsabbruch. Bei reinem Rekombinationsabbruch ist $\overline{P}_n$ doppelt so groß.

Zur kinetischen Analyse des Polymerisationsvorganges, also zur Bestimmung der Einzelwerte von k_1, k_w, k_a reichen aber v_{Brutto} und $\overline{P}_n$ allein, auch bei Verwendung von $[I]$ oder $[M]$ als Parameter, nicht aus. Es ist die Bestimmung von mindestens einer weiteren Größe erforderlich, entweder der Startgeschwindigkeit oder der Konzentration des aktiven Polymeren $[P\cdot]$ bzw. dessen mittlerer Lebensdauer τ.

Die hier an Hand eines möglichst übersichtlichen Systems abgeleiteten Gesetzmäßigkeiten gelten natürlich für jeden radikalischen Polymerisationsprozeß mit Initiator; allerdings sind oft noch zusätzliche Faktoren zu berücksichtigen, die eine kinetische Analyse solcher Prozesse erschweren:

a) Bei technischen Polymerisationen wird zu möglichst hohen Umsätzen polymerisiert. Dabei nimmt infolge der rasch ansteigenden Viskosität des Systems die Diffusionskontrolle der Abbruchreaktion und damit v_{Brutto} infolge wachsender Polymerradikalkonzentration zu. Bei Massepolymerisationen von Methylmethacrylat, Vinylacetat und auch bei der Styrolmassepolymerisation kommt es zu einer beträchtlichen „Selbstbeschleunigung" der

Polymerisationsreaktionen. Da diese Erscheinung mit dem Übergang der polymerisierenden Systeme in den hochviskosen Zustand (bis hin zu festen Gelen) verbunden ist, bezeichnet man sie als „Geleffekt". Auch der Anteil der Übertragungsreaktionen zum Polymeren ist nicht mehr vernachlässigbar.

b) Zum Kettenstart wird nicht nur der kinetisch übersichtliche thermische Zerfall eines Peroxids oder einer Azoverbindung herangezogen, sondern auch die anderen auf Seite 50 diskutierten Initiierungsarten, für die sich die stationäre Radikalkonzentration nicht immer leicht feststellen läßt.

c) Bei Lösungspolymerisationen ist die Übertragung zum Lösungs- bzw. Verdünnungsmittel L zu beachten:

$$P\cdot + L \rightarrow P + L\cdot \qquad L\cdot + M \rightarrow LM\cdot \ldots\ldots$$

Diese Übertragung zum Lösungsmittel setzt natürlich den mittleren Polymerisationsgrad herab. Es ergibt sich:

$$\bar{P}_n = \frac{v_w}{v_a + v_ü}$$

$$\frac{1}{\bar{P}_n} = \frac{v_a}{v_w} + \frac{v_ü}{v_w}$$

$$\frac{1}{\bar{P}_n} = \left(\frac{1}{\bar{P}_n}\right)_0 + \frac{k_ü\,[P\cdot]\,[L]}{k_w[P\cdot]\,M}$$

$$\frac{1}{\bar{P}_n} = \left(\frac{1}{\bar{P}_n}\right)_0 + K_ü\,\frac{[L]}{[M]}. \tag{11}$$

Nach Gl. (11) kann die Übertragungskonstante $K_ü$ von Lösungspolymerisationen als Anstieg von Geraden ermittelt werden, die man bei Auftragung von $\frac{1}{\bar{P}_n} = f\left(\frac{[L]}{[M]}\right)$ erhält.

d) Bei Polymerisationen mit hohen Initiatorkonzentrationen wird Initiator durch Rekombination der Initiatorradikale, durch Übertragungsreaktionen zu Lösungsmittel und Polymeren und durch Abbruch mit dem Initiator verbraucht. In der Praxis begegnet man dieser Störung des Polymerisationsverlaufs durch periodische Initiatorzugabe.

Die Aktivierungsenergien der Wachstumsreaktion bei radikalischer Polymerisation liegen durchweg bei ca. 5 kcal/Mol, die der Abbruchreaktion bei ca. 1 kcal/Mol. Löst man die Polymerisationen durch Thermolyse energiereicher Initiatoren aus (E_A ca. 30 kcal/Mol, vgl. S. 49), dann wird $\overline{P}_n$ deutlich temperaturabhängig, da v_{st} im Quotienten $\frac{v_{\text{Brutto}}}{v_{st}} = \overline{P}_n$ mit der Temperatur viel stärker ansteigt als v_{Brutto}. Übertragungsreaktionen haben höhere E_A als v_{Brutto} (bei der Styrolpolymerisation und aliphatischen und aromatischen Kohlenwasserstoffen beträgt die Differenz $(E_A)_{\text{Brutto}} - (E_A)_ü$ ca. 10–15 kcal/Mol [9]). Vinylchlorid wird beispielsweise bei nicht allzu hohen Temperaturen polymerisiert und mit der Temperatureinstellung ein bestimmter $\overline{P}_n$ festgelegt.

Sind im System zwei verschiedene polymerisierbare Monomere M_1 und M_2 anwesend, so entstehen Copolymerisate. An Stelle einer sind in diesem Falle vier verschiedene Wachstumsreaktionen möglich:

$$PM_1\cdot + M_1 \rightarrow PM_1M_1\cdot \qquad v_{11} = k_{11}[PM_1\cdot]\,[M_1]$$

$$PM_1\cdot + M_2 \rightarrow PM_1M_2\cdot \qquad v_{12} = k_{12}[PM_1\cdot]\,[M_2]$$

$$PM_2\cdot + M_2 \rightarrow PM_2M_2\cdot \qquad v_{22} = k_{22}[PM_2\cdot]\,[M_2]$$

$$PM_2\cdot + M_1 \rightarrow PM_2M_1\cdot \qquad v_{21} = k_{21}[PM_2\cdot]\,[M_1]$$

Aus den Beziehungen

$$-\frac{d[M_1]}{dt} = k_{11}\,[PM_1\cdot]\,[\mathrm{M}_1] + k_{21}[PM_2\cdot]\,[M_1]$$

$$-\frac{d[M_2]}{dt} = k_{21}[PM_1\cdot]\,[M_2] + k_{22}[PM_2\cdot]\,[M_2]$$

$k_{21}[PM_2\cdot]\,[M_1] = k_{12}[PM_1\cdot]\,[M_2]$ (Stationaritätsbedingung) folgt mit den beiden Parametern $r_1 = k_{11}/k_{12}$ und $r_2 = k_{22}/k_{21}$

$$\frac{d[M_1]}{d[M_2]} = \frac{[M_1]}{[M_2]} \cdot \frac{r_1[M_1] + [M_2]}{[M_1] + r_2[M_2]}. \tag{12}$$

Aus dieser Copolymerisationsgleichung läßt sich für sehr kleine Umsätze und ein vorgegebenes Monomerengemisch die Zusammensetzung des Polymeren errechnen, wenn r_1 und r_2 für das betreffende Monomerenpaar bekannt sind (im Anfangsstadium von Copolymerisationen sind $d[M_1] = [M_1]_P$; $d[M_2] = [M_2]_P$ ($[M_1]_P$, $[M_2]$) = Konzentrationen der Monomereinheiten im Polumeren). Die Ermittlung dieser Parameter erfolgt meist durch Analyse von Copolymerisaten, gewonnen aus einem Monomerengemisch bekannter Zusammensetzung bei geringem Umsatzgrad.

Da bereits Hunderte solcher Wertepaare für die verschiedensten Monomeren im Laufe einiger Jahrzehnte bestimmt wurden, kann man sie für viele interessierende Fälle aus Tabellenwerken (z. B. [4]) oder [10] entnehmen.

Zur experimentellen Bestimmung von r_1 und r_2 setzt man

$$\frac{[M_1]}{[M_2]} = a \qquad \frac{[M_1]_P}{[M_2]_P} = b.$$

Löst man Gl. (12) nach r_2 auf

$$r_2 = \frac{[M_1]}{[M_2]} \cdot \frac{d[M_2]}{d[M_1]} \left(r_1 \frac{[M_1]}{[M_2]} + 1 \right) - \frac{[M_1]}{[M_2]},$$

setzt a und b ein

$$r_2 = \frac{a}{b} (r_1 a + 1) - a$$

und formt um

$$r_2 = r_1 \frac{a^2}{b} + \left(\frac{a}{b} - a \right), \tag{13}$$

dann kann man die Copolymerisationsparameter graphisch anhand der Geradengleichung (13) ermitteln.

Eine Beurteilung der Aussagesicherheit verschiedener Computer-Methoden zur Berechnung von Copolymerisationsparametern aus experimentellen Daten wird von Joshi [11] gegeben.

Je kleiner r_1 und r_2 sind, desto mehr ist die Anlagerung des „fremden" Monomeren gegenüber dem „eigenen" an das betreffende Radikal begünstigt, im Grenzfall $r_1 = r_2 = 0$ liegt eine streng alternierende Copolymerisation vor, die zu Ketten führt, in denen beide Monomeren in regelmäßigem Wechsel eingebaut sind. Mit wachsendem r_1 und r_2 hingegen steigt die Tendenz zum Einbau des „eigenen" Monomeren; der bisher bei radikalischer Polymerisation nicht realisierte Grenzfall $r_1 = r_2 = \infty$ würde zu einem Gemisch zweier Homopolymerer und nicht mehr zu einem Copolymerisat führen. Ist $r_1 = \frac{1}{r_2}$, also $k_{11}/k_{12} = k_{21}/k_{22}$, und damit die relative Reaktionsfähigkeit beider Monomerer gegenüber beiden Radikalen gleich, so spricht man von idealer Copolymerisation, die den Sonderfall $r_1 = r_2 = 1$ mit einschließt, für den die Zusammensetzung des Polymeren stets dem Mischungsverhältnis der beiden Monomeren entspricht.

Will man sich ein Bild über den Copolymerisationsverlauf für ein gegebenes Monomerenpaar verschaffen, so trägt man die (experimentell oder aus tabellierten r-Werten ermittelten) Molenbrüche eines der Monomeren im Polymerisat und in der Monomerenmischung gegeneinander auf. Für kleine Umsätze geht man dazu wiederum von der differentiellen Form der Copolymerisationsgleichung aus und nützt die (a, b)-Substitution.

Es ergibt sich

$$[-M_1-] = \frac{(r_1 a + 1)\,100}{\frac{r_2}{a} + r_1 a + a}\,\%.$$

Ähnlich wie aus Destillationskurven kann man aus den Copolymerisations-Diagrammen ablesen, bei welcher Zusammensetzung der Monomermischung und in welcher Weise sich die Copolymerzusammensetzung in einem gegebenen System ändert. Je nach der Größe der r-Werte treten Geraden (Aceotropdiagonale oder Abszissenparallele bei 50 Mol % eines Monomeren im Polymeren) symmetrische oder unsymmetrische Kurvenzüge oberhalb bzw. unterhalb der Aceotropdiagonale oder Wendepunktskurven auf. Diese Copolymerisationsdiagramme helfen dem Praktiker bei der Wahl der Monomergemisch-Zusammensetzung und bei Überlegungen zur Nachdosierung von Monomeren.

Aus den r-Werten und dem molaren Quotienten für die beiden Monomeranteile im Copolymeren kann die Sequenzlängenverteilung auf der Grundlage statistischer Betrachtungen berechnet werden. Tabellen mit Ergebnissen solcher Berechnungen findet man bei Tosi [12]. Experimentell kann die Sequenzlängenverteilung in einem Copolymeren mit spektroskopischen Methoden (IR-Spektroskopie, NMR-Spektroskopie) ermittelt und zur Berechnung des Produktes $r_1 \cdot r_2$ genutzt werden.

In den Copolymerisationsparametern drücken sich Reaktivitätsunterschiede bei der Wechselwirkung der Radikale (allgemeiner: der aktiven Spezies) $\sim\!\!\sim M_1^*$, mit den Monomeren M_1 und M_2 aus. Als Ursachen werden Resonanzerscheinungen und Ladungswechselwirkungen zwischen den Reaktionspartnern angesehen. Niedrige r-Werte werden immer dann gefunden, wenn ein energiereiches Radikal $\sim\!\!\sim M_1$ unter Anlagerung des zweiten Monomeren M_2 in ein energieärmeres, stark resonanzstabilisiertes Radikal $\sim\!\!\sim M_1M_2$. übergehen kann (z. B. M_1 Styrol, M_2 Vinylchlorid, $r_2 = 0{,}02$; Styrol wird also an ein Vinylchlorid-Radikalende 50mal rascher addiert als Vinylchlorid selbst).

Quantenmechanische Berechnungen der r-Werte ab initio sind nach der gegenwärtigen Ansicht der Theoretiker nicht möglich, es sei denn, man führte eine Reihe unzulässiger Vereinfachungen ein. Die wesentlichste empirische, aber theoretisch orientierte Methode zur Interpretation und zur Berechnung von r-Werten ist das Q-e-Schema von ALFREY und PRICE [13]. Q wurde dabei mit der Resonanzstabilisierung des Radikals in Beziehung gesetzt, das Produkt der e-Werte $e_1 \cdot e_2$ wurde als ein Maß für die elektrostatische Anziehung oder Abstoßung der Reaktionspartner Radikal und Monomeres angesehen. Beide Größen werden im Sinne der ARRHENIUS-Gleichung mit k_{12} (k_{21} etc.) in Beziehung gesetzt

$$k_{12} = P_1 \cdot Q_2 \exp(-e_1 \cdot e_2),$$

wobei P den Resonanzfaktor für das Polymerradikal darstellt (der bei der Quotientenbildung für die r-Berechnung weggekürzt wird). Durch Festlegung von $Q = 1{,}0$ und $e = -0{,}8$ für Styrol können aus den r-Werten, die nur jeweils für die Copolymerisation eines Monomerenpaares gelten, Q, e-Wertepaare errechnet werden, die das Verhalten eines Monomeren bei der Copolymerisation mit einem beliebigen anderen Comonomeren beschreiben lassen, wenn für beide diese Wertepaare bekannt sind:

$$r_1 = \frac{Q_1}{Q_2} \exp[-e_1(e_1 - e_2)]$$

$$r_2 = \frac{Q_2}{Q_1} \exp[-e_2(e_2 - e_1)].$$

Die lg Q korrelieren mit den UV-Absorptionsmaxima der Monomeren. Zwischen den e-Werten und der HAMMET-Konstante σ, die den Einfluß polarer Substituenten auf die Reaktivität aromatischer Verbindungen beschreibt, besteht ebenfalls eine in guter Näherung lineare Beziehung [14].

Monomere, die resonanzstabilisierte Radikale zu bilden vermögen, haben Q-Werte von 1 und darüber, wenig resonanzstabilisierte Radikale sind durch Q-Werte in der

Größenordnung von 10^{-2} charakterisiert (z. B. Äthylen 0,015, Vinylchlorid 0,044).

Nach neueren Auffassungen wird Q mit der Lokalisierungsenergie der Doppelbindung oder mit der π-Elektronen-Bindungsordnung der Vinylgruppe in Beziehung gesetzt. Für die e-Werte gibt es noch keine befriedigende physikalische Deutung. Die Annahme, daß sie mit der mittleren Elektronenaffinität des Monomeren und des entsprechenden Radikals zusammenhängen, erscheint zweifelhaft.

Zwei neuere halbempirische Modelle von Hoyland [15] führen zu r-Werten, die für eine größere Zahl von Monomeren besser mit experimentellen Werten übereinstimmen als das Q, e-Schema. Hoyland stellt in seinem Elektronegativitäts-Modell Korrelationen zwischen den r-Werten und drei Parametern, nämlich der relativen Lokalisierungsenergie der Monomeren und den Elektronegativitäten von Monomerem und Radikal auf (mit Styrol-Bezugswerten von 0 für die erstgenannten Parameter). In seinem Ladungsübertragungs-Modell werden die Energien des untersten nicht besetzten Orbitals im Monomeren, des einfach besetzten Orbitals im Radikal und des höchsten besetzten Orbitals im Monomeren zur halbempirischen Berechnung von r-Werten herangezogen. Beide Modelle von Hoyland haben sich an ca. 20 untersuchten Systemen als ähnlich leistungsfähig erwiesen.

Wir kehren nun wieder zu allgemeinen Betrachtungen zur radikalischen Polymerisation zurück und behandeln in der Folge zunächst Temperatureinflüsse und Auswirkungen chemischer Wechselwirkungen in polymerisierenden Systemen.

Tiefe Temperaturen begünstigen bei der radikalischen Polymerisation die Ausbildung syndiotaktischer Strukturen. Es wurde abgeschätzt, daß bei Vinylpolymerisationen die Aktivierungsenergie für die syndiotaktische Ausrichtung der aktiven Species (1) (unter dem Einfluß der vorletzten Monomereinheit der wachsenden Kette) um ca. 1 kcal/Mol niedriger liegt als die einer isotaktischen Einstellung (2) bei der Monomeranlagerung

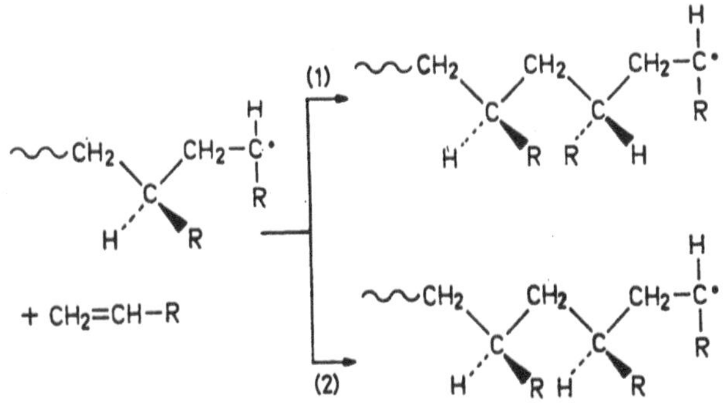

So wurden insbesondere bei der Polymerisation von Methylmethacrylat bei 0 bis −100 °C hochschmelzende, kristalline Polymere mit hohen syndiotaktischen Strukturanteilen erhalten. Bei radikalischer Butadienpolymerisation steigt der Anteil an trans-1.4-Strukturen im Polymeren von ca. 55% (100 °C) auf 78—84% (−20 °C) an. Nach ESR-Messung wird die radikalische stereoselektive Polymerisation auf mögliche Konformationsunterschiede der Radikale zurückgeführt [16].

Der Einfluß der Substituenten *R* von Vinylmonomeren $CH_3{=}CH{-}R$ auf die Geschwindigkeit der Wachstumsreaktion der Makromoleküle läßt sich gegenwärtig noch nicht zweifelsfrei quantenmechanisch berechnen. Aus Werten der Geschwindigkeitskonstanten der Wachstumsreaktion k_w kann man den Einfluß von Resonanzwirkungen, Polarität und von sterischen Faktoren auf den Verlauf der Reaktion abschätzen. Da aber die von verschiedenen Autoren ermittelten Experimentalwerte immer noch um Größenordnungen von einander abweichen (vgl. Zusammenstellung in [4]), wollen wir hier auf eine Wiedergabe dieser Werte verzichten.

Eine besonders starke gegenseitige Beeinflussung von radikalischen Wachstumszentren und Monomeren ergibt sich bei der Copolymerisation von Elektronenakzeptoren (z. B. Maleinsäureanhydrid, Acrylnitril) und Elektronendonatoren (z. B. α-Olefine, Vinyläther, Allylverbindungen). Auch SO_2 kann mit Styrol oder mit Olefinen Ladungsübertragungskomplexe bilden. Durch solche polaren Übergangszustände wird die Aktivierungsenergie für eine alternierende Copolymerisation so verringert, daß fast ausschließlich diese Reaktion — etwa in folgender Weise — abläuft [17]:

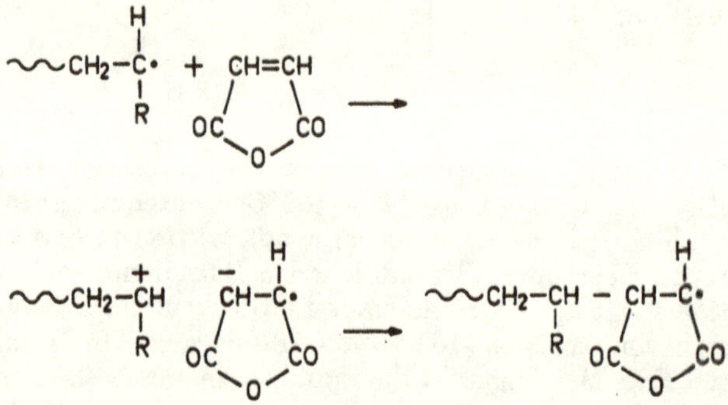

Metallsalze vom Typ der Lewis-Säuren, die zur Komplexbildung mit Vinylmonomeren geeignet sind, wirken sich deutlich auf deren Reaktivität bei Homo- und Copolymerisationen aus. So erhöht ein Lithiumchloridzusatz zur Acrylnitrilpolymerisation in Dimethylformamid sowohl die Reaktionsgeschwindigkeit wie den Polymerisationsgrad bei der radikalischen Polymerisation [18]. $ZnCl_2$ erwirkt im System Styrol/Acrylnitril eine alternierende Copolymerisation. Bei der Polymerisation des Methylmethacrylat (1)/$SnCl_4$(1)-Komplexes werden Polymere höherer Syndiotaktizität erhalten [19].

Strukturbedingt ist die Erscheinung einer fast ausschließlichen Cyclopolymerisation bei 1.5-Dienen (z. B. o-Divinylbenzol) und bei 1.6-Dienen (z. B. Diallylammoniumsalze):

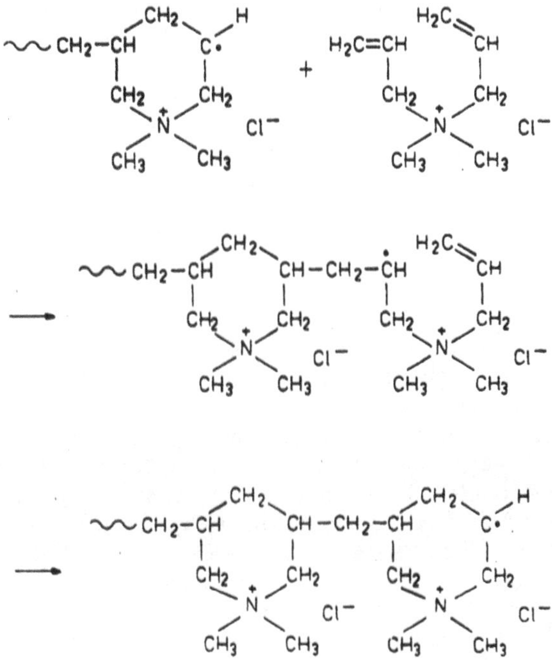

o-Divinylbenzol kann auch anionisch oder kationisch zur Cyclopolymerisation aktiviert werden. Dialdehyde wie Succindialdehyd, Maleindialdehyd, Glutaraldehyd und auch Nitrile wie z. B. Succinodinitril können ebenfalls durch ionische Initiatoren zur Cyclopolymerisation gebracht werden.

Monomeraggregationen, wie sie in kristallinen Monomeren oder in Flüssigkristallen vorliegen, beeinflussen Typ und Geschwindigkeit von Polymerisationsreaktionen. So kann man Acetaldehyd je nach seinem Phasenzustand ionisch zu Polyvinylalkohol oder zu Polyacetal polymerisieren. p-Methacryloyl-hydroxibenzoesäure bildet mit p-Cetyl-hydroxibenzoesäure smektische Flüssigkristalle mit Orientierungs- und Koordinationsordnung und kann in dieser Assoziationsform mit beträchtlicher Reaktionsgeschwindigkeit zu Polymeren mit hohen $\overline{M}$ radikalisch polymerisiert werden. In nematischen Flüssigkristallen oder in Lösung werden dagegen nur langsam Oligomere aus der Methacryloylverbindung erhalten [20]. Al.An. Berlin stellte fest, daß $\alpha.\omega$-Dimethacryloyloligoäther und -oligoester infolge der Ausbildung stabiler Assoziate mit relativ langen strukturellen Relaxationszeiten um eine Größenordnung rascher polymerisieren als die Bis-methacryloylverbindungen einfacher längerkettiger α,ω-Diole [21].

Lösungsmitteleinflüsse auf radikalische Polymerisationen wurden im Falle ionisierbarer Monomerer bei heterogenen Copolymerisationen aber neuerdings auch bei Copolymerisationen von Acrylamiden mit Styrol sowie von Methylmethacrylat mit Acrylnitril beobachtet. Die Copolymerisationsparameter änderten sich in den letztgenannten Fällen mit der Polarität des Lösungsmittels [22]. Durch Anlegen eines elektrischen Feldes von einigen KV/cm werden radikalische Polymerisationen nicht beeinflußt, während kationische und anionische Polymerisationen unter dem Feldeinfluß wesentlich rascher verlaufen [23].

Wir haben bisher die radikalische Polymerisation im wesentlichen als Reaktion in einphasigen Systemen betrachtet. *Technische Polymerisationsprozesse* erfolgen aber in bedeutendem Ausmaß in wäßrigen Dispersionen als Suspensionspolymerisationen (Polyvinylchlorid, Polyacrylnitril, Polystyrol) und als Emulsionspolymerisationen (Butadien-Copolymerisate für Synthesekautschuke, Polyvinylchlorid, Polyacrylsäureester, Polyvinylacetat). Zweiphasenpolymerisationen sind auch die Massepolymerisationen von Vinylchlorid und von Acrylnitril. Diese Polymeren sind in ihren Monomeren unlöslich, man bezeichnet den physikalischen Bildungsprozeß der Polymeren daher als Fällungspolymerisation im Monomeren. Die Polymerisation aus der Dampfphase auf Keimpartikel, die in einer Wirbelschicht gehalten werden, befindet sich (z. B. für Vinylchlorid) in technologischen Experimentierstadium. Von bisher rein wissenschaftlichem Interesse ist die — vornehmlich durch energiereiche Strahlung auszulösende — Polymerisation in fester Phase [24], während die Pfropfcopolymerisation von Monomerdampf auf feste Polymere, insbesondere an Folien und Textilien, schon auf dem Wege zur technischen Realisierung ist.

Auf mechanistische und kinetische Gesichtspunkte bei den beiden technisch wichtigsten Zweiphasen-Polymerisationsverfahren Suspensionspolymerisation und Emulsionspolymerisation soll nun in knapper Form eingegangen werden.

Die *Suspensionspolymerisation* [25] gleicht kinetisch der Massepolymerisation. Dies gilt auch für die entsprechende Vinylchlorid-Polymerisation, wiewohl hier das Polymere, anders als Polystyrol oder Polymethylmethacrylat, nicht im Monomeren löslich ist. Durch Rühren wird das Monomere fein verteilt, sodaß als Reaktionsprodukte Polymerkügelchen von bis zu 0,5 cm Durchmesser (Perlpolymerisate, z. B. bei Polystyrol) oder Teilchen von 10—100 μm Durchmesser (bei der Vinylchlorid-Suspensionspolymerisation) entstehen. Das Zusammenfließen der polymerisierenden Teilchen wird durch Zusatz von Schutzkolloiden verhindert. Dazu werden wasserlösliche Polymere wie z. B. Polyvinylalkohol oder auch fein gemahlenes $BaSO_4$ eingesetzt, von denen angenommen wird, daß sie adsorptiv als eine Art Schutzhaut die Teilchen umhüllen. Als Initiatoren werden wasserunlösliche Peroxide oder Azoverbindungen verwendet. Über das Wasser (etwa die doppelte Menge, bezogen auf das Monomere) ist der Wärmehaushalt der in den Tröpfchen ablaufenden Polymerisation gleichmäßig und auf Grund seiner hohen spezifischen Wärme ausgezeichnet zu regeln.

Bei *Emulsionspolymerisationen* [26] beträgt das Monomer-Wasser-Verhältnis ebenso wie bei den Suspensionspolymerisationen 1 :2 bis 1 :3. Aus den großen Monomertröpfchen von ca. 10000 Å Durchmesser wandern Monomermolekeln über die wäßrige Phase in Seifenmicellen aus 10—100 Emulgatormolekeln. Die gebräuchlichsten Emulgatoren sind anionaktive Seifen, speziell C_{12}—C_{16}-Alkylsulfonate. In den Micellen von ca. 40 Å Anfangsdurchmesser sammeln sich Monomeraggregationen von ca. 100 Molekeln an.

Als Initiatoren werden vornehmlich Peroxiverbindungen benutzt, für die Butadienpolymerisationen werden Redoxsysteme eingesetzt. Die Initiatoren sollten in Wasser und in den Monomeraggregationen gleich gut löslich sein. Die Konzentration an Polymerradikalen wird in diesem dispersen System nicht durch die Geschwindigkeit der Startreaktion bestimmt, sondern durch die Partikelzahl. Man rechnet mit ca. 10^{15} Micellen pro ml Dispersion.

Da aus den großen Monomertröpfchen von ca. 10000 Å Durchmesser ständig Monomeres über die wäßrige Phase in die wachsenden Micellen nachgeliefert wird, bleibt die Bruttogeschwindigkeit in der Hauptphase der Polymerisation konstant. Für den Idealfall der Styrol-Emulsionspolymerisation, für wasserlösliche Initiatoren und für den Zeitraum bis zum Verschwinden der Monomertröpfchen gilt auch bei der Emulsionspolymerisation Gl. (7)

$$v_{\text{Brutto}} = k_{w}[P\cdot]\,[M].$$

Die übliche Kettenabbruchreaktion durch Rekombination hat bei der Emulsionspolymerisation keine Bedeutung, da die Polymerradikale voneinander durch die Seifengrenzschicht und durch das Wasser getrennt sind. Aus Wahrscheinlichkeitsüberlegungen wurde abgeleitet, daß jede zweite Partikel ein Radikal $P\cdot$ enthält. Es wird dazu angenommen, daß jeweils gerade die Hälfte aller Polymerradikale mit eindringenden Initiatorradikalen rekombinieren. Bei der Kleinheit der Micellen und auch der während der Polymerisation aus ihnen entstehenden Latexteilchen (Durchmesser 500—1500 Å) erscheint dies plausibel. Daraus folgt

$$[P\cdot] = 0{,}5\,\frac{N}{N_L}.$$

N = Partikelzahl (aus Latexkonzentration und elektronenmikroskopisch bestimmter Partikelgröße) pro ml
N_L = LOSCHMIDTsche Zahl

Die Bruttogeschwindigkeit ergibt sich somit zu

$$(v_{\text{Brutto}})_{Em} = k_w\,0{,}5\,\frac{N}{N_L}\,[M]$$

und läßt sich aus diesen Größen leicht ermitteln. Auch $\overline{P}_n\left(=\frac{v_{\text{Brutto}}}{v_{st}}\right)$ ist damit über die Partikelzahl beeinflußbar. Die Initiator- und die Emulgatorkonzentration $[E]$ beeinflussen v_{Brutto} folgendermaßen

$$(v_{\text{Brutto}})_{Em} = K_E[I]^a\,[E]^b\,[M]$$

K_E = komplexe Konstante
$a = 0{,}4\ (0{,}5)$; $b = 0{,}6\ (0{,}5)$ (Werte in Klammern nach MEDVEDEV)

Die Ableitungen stellen die Verhältnisse natürlich idealisiert dar. Sie gelten annähernd für die Emulsionspolymerisation von Styrol bis zu Umsätzen von ca. 60%. Da sich Partikelzahl und auch $[M]$ bis zu solchen Umsätzen nur unerheblich ändern, bleibt die Polymerisationsgeschwindigkeit über einen weiten Reaktionsbereich konstant. Wegen der im Vergleich zu Lösungs-, Masse- und Suspensionspolymerisationen hohen Konzentration an geschützten Polymerradikalen ist v_{Brutto} der Emulsionspolymerisation um eine Größenordnung höher als bei den übrigen Polymerisationsarten.

Die qualitative Theorie der Emulsionspolymerisation wurde von HARKINS entwickelt. Die quantitativen Zusammenhänge gehen aus theoretischen Arbeiten von SMITH und EWART hervor.

1.3.1.2. Kationische Polymerisation [27]

Während fast alle ungesättigten organischen Verbindungen radikalisch polymerisiert werden können, ist eine kationische Polymerisation von Vinyl- oder Dien-Monomeren auf Verbindungen beschränkt, die Elektronendonatorgruppen wie Phenyl,- Vinyl-, Alkoxi- oder zwei Alkyl-Reste an der Doppelbindung tragen. Die kationische, aber auch die noch zu besprechende anionische Polymerisation verlaufen außerordentlich rasch. Die Unterschiede in den Bruttogeschwindigkeiten ionischer und radikalischer Vinylpolymerisationen sind allerdings nicht auf unterschiedliche Geschwindigkeiten der Elementarreaktionen zurückzuführen. Bei den ionischen Polymerisationen enthalten die Reaktionssysteme vielmehr eine weit höhere Konzentration aktiver Spezies (ca. 10^{-4} bis 10^{-3} Mol/*l*) als bei radikalischen Polymerisationen (ca. 10^{-8} Mol/*l* bei Initiatorkonzentrationen von ca. 10^{-4} Mol/*l*). Die radikalische Polymerisation muß mit so geringen Radikalkonzentrationen durchgeführt werden, da ansonsten ein rascher Abbruch durch Rekombination oder Disproportionierung erfolgt.

Durch kationische Aktivierung können außer ungesättigten Verbindungen noch cyclische Äther, Ester, Imine, Sulfide sowie Lactame polymerisiert werden.

Zur *Auslösung* kationischer Polymerisationen werden Säuren oder Lewis-Säuren (BF_3, $SnCl_4$) in Gegenwart von meist äquimolaren Mengen Wasser oder kationenbildender Substanzen wie z. B. Jod verwendet. $BF_3 \cdot H_2O$ bzw. $H[BF_3OH]$ hat eine besonders hohe katalytische Aktivität, wahrscheinlich infolge des kleinen Atomradius des Bors und vor allem wegen der hohen Elektronegativität der Fluoratome. Das Proton lagert sich in allen Fällen nach der Markownikow-Regel an der CH_2-Gruppe unter Bildung des Kations $CH_3-\overset{H}{\underset{R}{C}}+$ an. Das *Kettenwachs-*

tum erfolgt, je nach der Monomerstruktur, in Abhängigkeit von Katalysator und Lösungsmittel an Carboniumionen, an Ionenpaaren oder nach einem als pseudokationisch bezeichneten Mechanismus durch Monomer-Einlagerung an einer polaren Esterstruktur (bei Styrol z. B. an 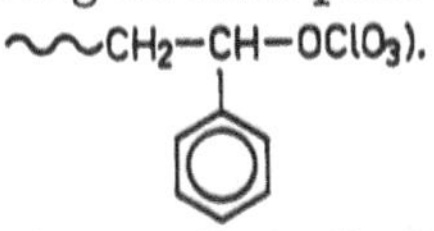). Die Polarität des Lösungsmittels beeinflußt die Reaktivität bei kationischen Polymerisationen positiv (Zunahme von k_w mit $(\varepsilon - 1)/(2\varepsilon + 1)$; ε = Dielektrizitätskonstante des Lösungsmittels). Dies wird am besten durch Annahme eines Ionenpaarmechanismus beim Wachstumsschritt erklärt, wobei die Dissoziation des Ionenpaars der geschwindigkeitsbestimmende Schritt der Wachstumsreaktion ist:

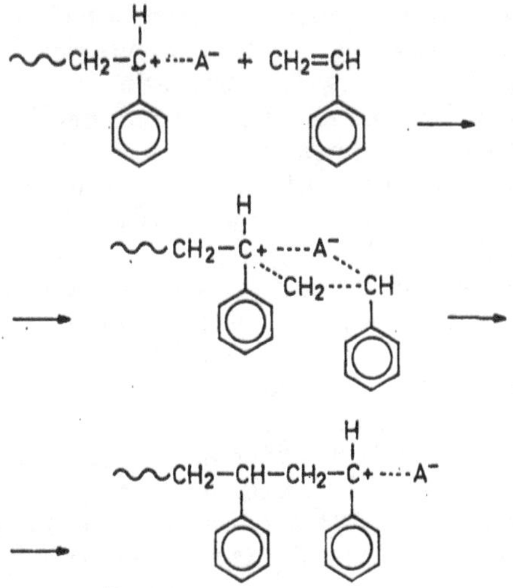

Kettenabbruch ergibt sich zumeist durch Protonenübertragung auf das Monomere, auf das Lösungsmittel oder auf das Gegenion unter Ausbildung ungesättigter Endgruppen. In geringem Umfang tritt auch eine Inaktivierung der Kettenträger durch Ladungsausgleich mit dem Gegenion ein, z. B. nach

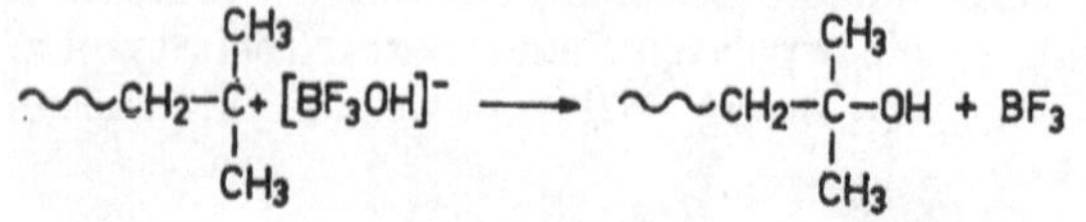

Technisch wichtig unter den vielen möglichen kationischen Polymerisationen von Olefinen und Dienen ist bisher nur die des *Isobutylens* geworden. Sie wird bei Temperaturen unter −80 °C durchgeführt, da die Wachstumsschritte bei kationischen Polymerisationen eine um ca. 5 kcal/Mol niedrigere Aktivierungsenergie (ca. 4−8 kcal/Mol) haben als Übertragungs- und Nebenreaktionen. Die Ermittlung der Konstanten von Elementarreaktionen bereitet bei kationischen Vinylpolymerisationen noch beträchtliche Schwierigkeiten. Der Reaktionsablauf ist häufig nichtstationär. Zuverlässige Aussagen zu Kinetik und Mechanismus der Teilreaktionen können nur durch reaktionsanalytische Untersuchungen und Kombination z. B. von kinetischen, konduktometrischen und spektroskopischen Methoden erhalten werden.

Ebenso wie Isobutylen ist auch *Tetrahydrofuran* nur kationisch polymerisierbar. Polytetrahydrofurane mit $\overline{M}$ von 4000−10000 sind wichtige Zwischenprodukte für Polyurethane. Als Katalysatoren für die Polymerisation von Tetrahydrofuran [28] werden vornehmlich Trialkyloxoniumsalze von Lewis-Säuren, z. B. $(C_2H_5)_3O^+[BF_4]^-$ (aus HBF_4 und Epichlorhydrin in Äther) angewandt. Das Kettenwachstum erfolgt durch nucleophile Addition des Monomeren am C-Atom der O-vicinalen, endocyclischen Methylengruppe von Kettenwachstumszentren des Typs

Die Übertragungsreaktion zu O-Atomen im Polymeren ist strukturbedingt. Sie führt, ähnlich wie die Endgruppen-Binnengruppen-Reaktionen bei Lactampolymerisationen (vgl. S. 45) zu einer allmählichen Verbreiterung der anfänglich engen ($M_w/M_n \sim 1{,}4$) Molmassenverteilung. Partner von Abbruchreaktionen sind die Gegenionen. Mit $[SbF_6]^-$-Gegenionen kann der Abbruch weitgehend unterdrückt werden. Durch geringe Wasserzusätze nach Abschluß der Polymerisation führt man in solche „lebenden Polymeren" OH-Endgruppen ein. Die Aktivierungsenergie der Tetrahydrofuran-Polymerisation liegt bei ca. 15 kcal/Mol.

Die technisch wichtigste kationische Polymerisation eines cyclischen Monomeren ist die sog. *„hydrolytische" Caprolactampolymerisation*. Sie wird im Abschnitt über Stoffklassen ausführlicher behandelt (vgl. S. 178). Hier sei nur festgestellt, daß das Kettenwachstum ($E_A = 8{,}7$ kcal/Mol) an Aminoendgruppen unter Protonenkatalyse vonstatten geht:

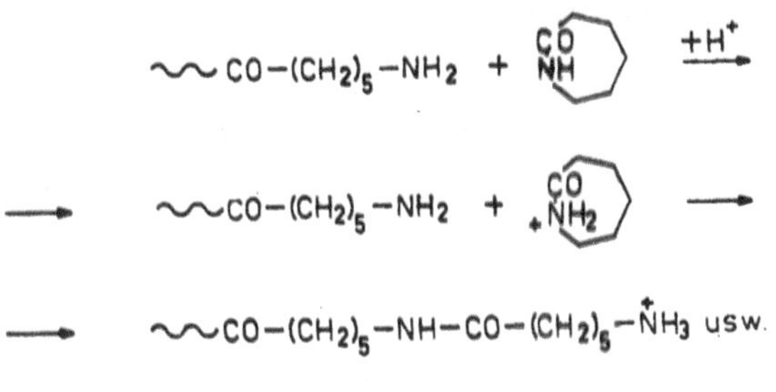

und sehr wahrscheinlich durch nucleophile Addition von energiereichen Lactam-Amidium-Ionen an die endständigen NH_2-Gruppen erfolgt (vgl. S. 45).

Vorzugsweise kationisch polymerisiert wird *Trioxan*, wobei man zur Erhöhung der thermischen Stabilität des entstehenden Polyoxamethylens geringe Mengen Äthylenoxids zusetzt.

1.3.1.3. Anionische Polymerisation [29]

Die anionische Polymerisation ungesättigter Monomerer wird mit Alkali-Metallen, mit Li-Butyl, mit bifunktionellen Li-Alkylen, mit Li-Phenyl oder mit Anion-Radikal-Komplexen vom Typ des Na-Naphthalins ausgelöst. Als inerte Reaktionsmedien werden aliphatische Kohlenwasserstoffe, Cyclohexan oder Tetrahydrofuran verwendet. Voraussetzung für einen übersichtlichen Ablauf ist bei der anionischen ebenso wie bei der zuvor behandelten kationischen Polymerisation die Entfernung auch der geringsten Spuren von Wasser und von anderen kettenabbrechenden Verunreinigungen aus den Lösungsmitteln. Wegen der Selbstentzündbarkeit metallorganischer Verbindungen müssen Initiatorzubereitung, -zugabe und Polymerisation unter strengstem Sauerstoffausschluß erfolgen.

Bei der *Startreaktion* mit Li-Alkylen oder mit Li-Phenyl wird das Monomere an das Alkylanion in bekannter Weise (Michael-Addition)

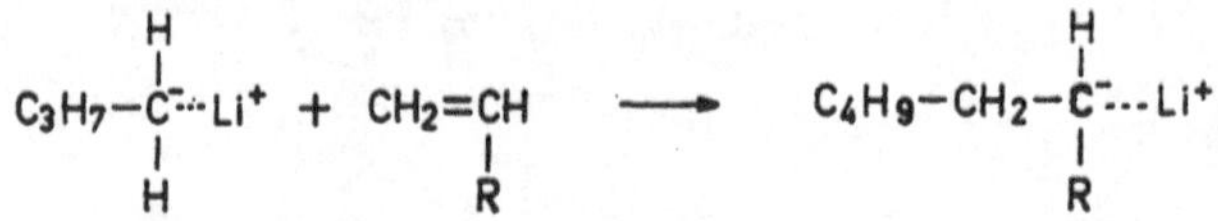

angelagert. Aus dem Na-Naphthalin-Komplex

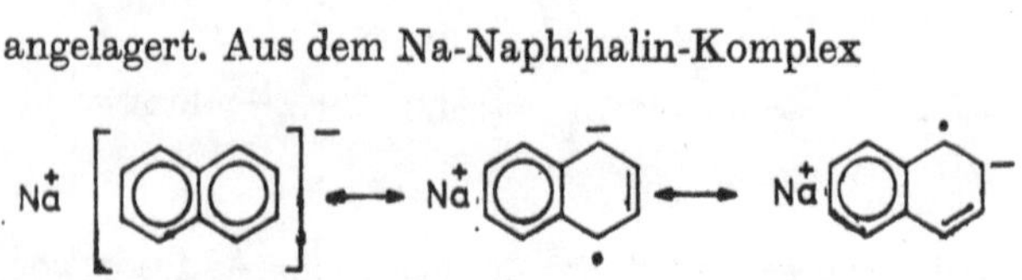

hingegen wird ein Elektron auf das Monomere übertragen

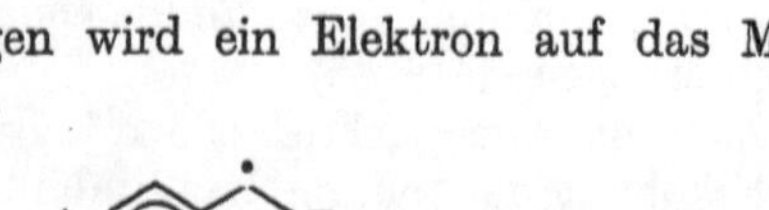

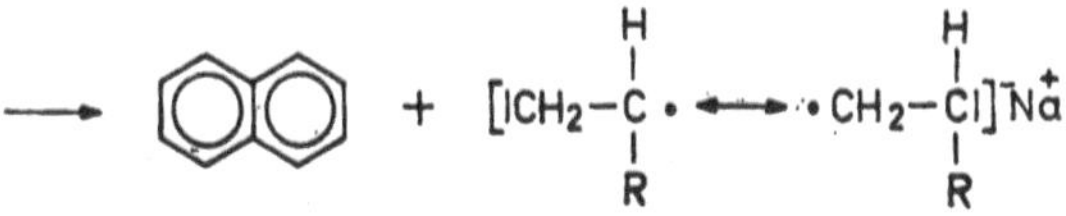

Die stabilere Resonanzform dieses Anion-Radikals rekombiniert sofort zum Dianion

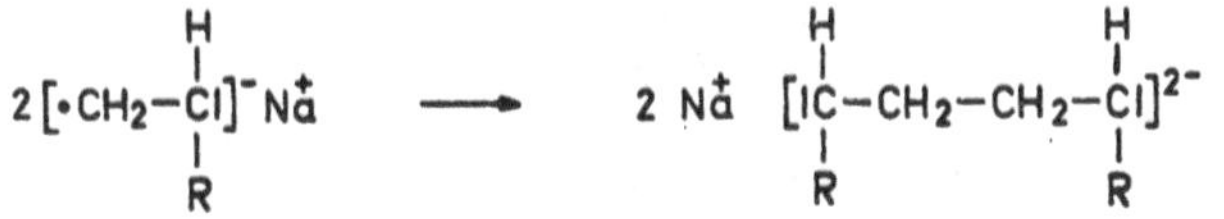

Das Dianion löst die Polymerisation aus. Bei anionischen Vinyl- und Dien-Polymerisationen ist das *Lösungsmittel* von entscheidender Bedeutung für die Reaktionsgeschwindigkeit. Die Reaktionsdauer beträgt in Kohlenwasserstoffen Stunden, in Äthern, insbesondere in Tetrahydrofuran, ist die Reaktion in Sekunden beendet. Es genügen Ätherzusätze in der Größenordnung der Initiatorkonzentration, um die Reaktion auch in Kohlenwasserstoffen stark zu beschleunigen. Die Reaktivitätsunterschiede in den beiden Lösungsmitteltypen werden unterschiedlichen Solvatationszuständen des Anion-Kation-Paares zugeschrieben. Diese Solvatationszustände sind über Gleichgewichte miteinander verbunden:

$$\begin{matrix} \sim M_i^- Li^+ \\ Li^+ \, {}^-M_i \sim \end{matrix} \rightleftharpoons \; \sim M_i^- Li^+$$

Assoziat	*Kontaktionenpaar*

$$\rightleftharpoons \; \sim M_i^-([L]_a\, Li^+) \rightleftharpoons \; \sim M_i^- + ([L]_a\, Li^+)$$

solvatgetrenntes Ionenpaar	*freies Ionenpaar*

Existenzformen der Kettenenden bei anionischer Polymerisation mit $\sim M_i^-$ Kette mit Anion; Li^+ Gegenion; $[L]_a$ Lösungsmittel (aggregiert)

In Kohlenwasserstoffen sind Ionenpaaraggregate (z. B. Dimere bei Polystyryl-Li in Benzol) und Kontaktionenpaare im Gleichgewicht. Die in Tetrahydrofuran vorliegenden weiteren Gleichgewichtsformen (solvatgetrennte und freie Ionenpaare) sind nach kinetischen Daten ca. 10^3 mal aktiver als die Kontaktionenpaare. Dies bedeutet, daß die Reaktion auch dann noch über diese hochaktiven Formen abläuft, wenn davon nur ca. 1% im Gleichgewicht vorliegen. Es wird aber auch diskutiert, daß speziell die solfatgetrennten Ionenpaare für die hohen Reaktivitäten bei der anionischen Polymerisation in Tetrahydrofuran verantwortlich seien.

Die Wachstumsgeschwindigkeit beim Vorliegen von Kontaktionenpaaren nimmt in Tetrahydroforan in der Reihe der Gegenionen vom Li^+ zum Cs^+ ab. Dafür werden unterschiedliche Anteile solvatgetrennter Ionenpaare für die einzelnen Alkalimetall-Gegenionen verantwortlich gemacht.

Lösungsmittel und Gegenion beeinflussen auch die Mikrostrukturanteile (1.2-, 3.4-, cis- und trans-1.4-) bei der *anionischen Polymerisation von Butadien und Isopren* sehr stark. Mit Li^+-Gegenionen in Kohlenwasserstoffen entstehen bei der Isoprenpolymerisation 91% cis-1.4-Anteile neben 6% 3.4-Strukturen, mit Na^+ dagegen 48% trans-1.4-, 10% 1.2- und 42% 3.4-Strukturen, aber keinerlei cis-1.4-Anteile. Die anionische Butadienpolymerisation mit Li^+-Gegenionen in Kohlenwasserstoffen liefert ca. 40% cis-1.4-, ca. 50% trans-1.4- und ca. 10% 1.2-Anteile. Eine allgemeine Theorie über die Ausbildung der Mikrostrukturen bei anionischer Dienpolymerisation steht noch aus. Auch die Stereospezifität bei anionischer Lösungspolymerisation von Methylmethacrylat läßt sich noch nicht eindeutig erklären. Hier werden sowohl in Kohlenwasserstoffen als auch in Äthern und in Gegenwart verschiedener Gegenionen nahezu rein syndiotaktische Polymere erhalten. In heterogener Phase ist Styrol in aliphatischen Kohlenwasserstoffen anionisch stereoselektiv polymerisierbar; dies wird auf die Oberflächenverhältnisse in der Umgebung der Wachstumszentren zurückgeführt.

Übertragungsreaktionen zum Monomeren und zum Polymeren sind speziell für Acrylnitril bekannt. In Toluol ist allgemein eine starke Neigung zu Übertragungsreaktionen unter Ausbildung von Benzylanionen festgestellt worden.

Durch gezielte *Abbruchreaktionen* z. B. mit CO_2, Äthylenoxid oder Wasser werden Polymere mit $-COOH-$, $-CH_2-CH_2-OH$ oder mit $-\underset{\substack{|\\ R}}{CH_2}$-Endgruppen erhalten.

Unwillkürliche Kettenabbruchreaktionen sind bei anionischen Polymerisationen, die bei niedrigen Temperaturen (ca. $-80\,°C$) ausgeführt werden, selten. Nach Verbrauch des Monomeren bis zum jeweiligen Gleichgewichtszustand bleiben daher Anzahl und Aktivierungszustand der Kettenenden zumeist und eine gewisse Zeit lang erhalten. Die Polymerisation kann in solchen Systemen durch erneute Monomerzugabe mit gleicher Geschwindigkeit weitergeführt werden. Auf Grund dieser Verhaltensweise anionischer Systeme hat man sie als „lebende Polymere" bezeichnet. Derartige Reaktionsansätze gestatten auf einfache Weise die Synthese von *Blockcopolymeren*. Art und Länge der schrittweise aufzubauenden Blöcke, z. B. von $\sim[A]_L-[B]_m[A]_n-[C]_x-[B]_m\sim$, kann durch Art und Menge der jeweiligen Monomeren im einfachen Zulauf-Verfahren reguliert werden, Entsprechend gelingt es, ausgehend von bifunktionell anionisch aktivierten Polymeren z. B. Triblockcopolymere $[B]_b-[A]_a-[B]_b$ und zahlreiche weitere Varianten zu synthetisieren. Voraussetzung dafür ist natürlich, daß die Carbanionen des „lebenden Polymeren" nucleophiler sind als die des Reaktionspartners. So ist das Anpolymerisieren entsprechender Blöcke an vorliegende polymerisationsaktive Monomere nur in der Reihenfolge Styrol, Diene/Acrylsäureester/Cyclische Oxide/Acrylnitril, Isocyanate/Nitroalkane möglich. In dieser Reihenfolge nehmen auch die

pK_s-Werte der den Carbanionen entsprechenden konjugierten Säuren ab. Auf diese Reaktivitätsunterschiede ist es zurückzuführen, daß bei Auslösung einer anionischen Polymerisation in Mischungen aus Styrol und Methylmethycrylat reines Polymethylmethacrylat entsteht.

In allen Systemen, in denen Übertragungsreaktionen selten sind und Abbruchreaktionen durch extrem inerte Reaktionsbedingungen ausgeschlossen werden, erhält man Polymere mit sehr enger *Molmassenverteilung* (POISSON-Verteilung mit $\overline{M}_w/\overline{M}_n \sim 1 + \frac{1}{\overline{P}_n}$).

Auch wenn solche Bedingungen, insbesondere bei technischen Polymerisationen, nur schwer zu realisieren sind, ist die anionische Polymerisation die Methode der Wahl zur Gewinnung von Polymeren mit relativ großer Molekulareinheitlichkeit. Bei Systemen mit sehr geringen Anteilen an Abbruch- oder Übertragungs-Reaktionen ist der gewünschte Polymerisationsgrad leicht nach $\overline{P}_n = \frac{[M]}{[I]}$ einzustellen („stöchiometrische Polymerisation").

Die Kinetik der Wachstumsreaktion bei ungestörter anionischer Polymerisation sollte sich entsprechend einfach zu

$$v_P = k_P[P^-]\,[M]$$

ergeben. Die erste Ordnung in bezug auf das Monomere wurde vielfach bestätigt, der Exponent für die Konzentration der aktiven Spezies wird dagegen durch die Solvatations- und Assoziationsverhältnisse in den polymerisierenden Systemen bestimmt bzw. gestattet Rückschlüsse auf diese Verhältnisse.

Technisch angewandt wurde die anionische Polymerisation in der Frühzeit der Synthesekautschukerzeugung (Butadien-Massepolymerisation mit Na als Initiator — BUNA). Heute werden cis-1.4-Polyisopren (synthetischer Naturkautschuk) und Styrol-Butadien-Styrol- bzw. Styrol-Isopren-Styrol-Blockpolymere (Thermoelastoplaste) durch anionische Polymerisation gewonnen. Formaldehyd wird anionisch mit tertiären Aminen als Katalysatoren in technischem Maßstab polymerisiert. Die anionische Polymerisation des Caprolactams und von höheren Lactamen (Initiatoren Lactam-Na-Salze) hat sich zur Hauptmethode bei der Herstellung von Polyamid-Formkörpern (Masse-Polymerisationsverfahren unter Formgebung) entwickelt.

1.3.1.4. Koordinative Polymerisation [30]

Dieser Polymerisationstyp wurde **1953** im Arbeitskreis von ZIEGLER in Mülheim/BRD entdeckt. Durch die Forschungsarbeiten von NATTA in Milano/Italien sind der stereoselektiven Polymerisation mit Übergangsmetall-Komplexkatalysatoren neue, wichtige und weitere Bereiche der Polymersynthese erschlossen worden. Die industrieelle Nutzung der in aller Welt rasch anwachsenden Erkenntnisse auf diesen Gebieten folgte den Entdeckungen unmittelbar und erreichte sehr schnell einen beträchtlichen Umfang, insbesondere für die Polymerisation von Äthylen und Propylen, in bescheidenerem Maße auch für Isopren. Die rasche großtechnische Nutzung der komplexkatalytischen Polymerisation ist sicher bedingt durch den bereits hohen Entwicklungsstand in der industriellen Polymersynthese, des weiteren durch den in den fünfziger Jahren intensiv betriebenen Ausbau der Petrol- und Erdgaschemie, durch die einfache Verarbeitbarkeit der neuen Syntheseprodukte und durch die bemerkenswert breite Palette der Anwendungsformen und die interessanten und nützlichen Eigenschaften der Verarbeitungsprodukte (Formkörper, Folien, Fasern, Elastomermaterialien).

Als *Initiatoren* und aktive Zentren der koordinativen Polymerisationen werden im Reaktionssystem (meist eine Lösung der Monomeren in Kohlenwasserstoffen) suspendierte oder gelöste Komplexe aus Aluminiumalkylen und $TiCl_3$ verwendet. Als Partner bei der Ausbildung polymerisationsaktiver Komplexe können außer Aluminiumalkylen (vorzugsweise Triäthyl-Al) auch Alkylaluminiumchloride, Butylmagnesiumhalogenide oder Lithiumbutyl dienen, allgemein also Alkylverbindungen von Metallen der I.—III. Hauptgruppe des Periodensystems. Als Verbindungen, die zusammen mit diesen Partnern zur Ausbildung von Komplexen mit freien Koordinationsstellen geeignet sind, haben sich außer Halogeniden des Titans die Halogenide weiterer Übergangsmetalle der Gruppen IV—VIII des Periodensystems erwiesen, speziell Verbindungen von V, Zr, Cr, Co und Ni. Nur die Übergangsmetalle sind auf Grund ihrer Elektronenstruktur in der Lage, gegenüber Olefinen Komplexe mit „Rückbindungs"-Charakter [31] zu bilden. Es gibt heute hunderte von Kombinationen, die in unterschiedlichen stöchiometrischen Verhältnissen für jeweils spezielle Reaktionssysteme und -bedingungen beschrieben werden. Komplexe von Co und Ni eignen sich beispielsweise ausschließlich für die Polymerisation von Dienen, für α-Olefine verwendet man Ti-, V- und Cr-Komplexe.

Inzwischen wurden auch Polymerisationen ausschließlich an $TiCl_2$-Kristallen erreicht. Zu den koordinativen Polymerisationen an Übergangsmetall-Verbindungen sind auch die Äthylen- und Propylen-Polymerisationen bei niederem Druck an CrO_3 auf Alumosilikat-Trägern zu zählen [32], ebenso die in homogener Phase verlaufenden Polymerisationen von Butadien an Allyl-Ni-Komplexen. Wir wollen uns in der Folge auf Betrachtungen zu den Komplex-Katalysatoren aus Verbindungen von Elementen der III. und IV. Periodensystem-Gruppe beschränken.

Die meisten *technisch* durchgeführten Polymerisationen mit solchen Katalysatorkombinationen erfolgen an suspendierten Katalysatoren. Die höchste stereoselektive Aktivität haben dabei Katalysatoren aus kristallinen Übergangsmetallsalzen. Besonders häufig verwendet werden die im Schichtgitter kristallisierenden violetten α-, γ- und δ-Modifiktaionen von $TiCl_3$. Isotaktische Poly-α-Olefine erhält man nur mit Feststoff-Katalysatoren. Auch cis-1.4-Polyisoprene konnten bisher nur mittels heterogener Kombinationen (z. B. $Al(C_2H_5)_3 + TiJ_4$) gewonnen werden. Zum Mechanismus der bislang überwiegend empirisch-systematisch optimierten Katalyse gibt es die, insbesondere durch elektronenmikroskopische Untersuchungen an Katalysatorkristallen gestützte, Auffassung, daß das Kettenwachstum an freien Koordinationsstellen der oktaedrisch koordinierten Ti-Verbindung stattfindet. Diese Koordinationsstellen für das Olefin sitzen vorzugsweise an Ecken, Kanten und Seitenflächen der Kristalle. Durch den Mahlgrad der Kristalle wird die Polymerisationsgeschwindigkeit entsprechend beeinflußt. Nach einer neueren Auffassung wird in die als porös angesehenen $TiCl_3$-Schichtgitter-Kristalle die Al-Verbindung im Sinne einer festen Legierung eingelagert. Die katalytisch aktiven Zentren sollen dann über das ganze Volumen solcher Mischkristalle verteilt sein [33].

Gegenwärtig wird angenommen, daß die Reaktionsmechanismen des *Kettenwachstums* an heterogenen und an homogenen Katalysatorkombinationen aus Ti- und Al-Verbindungen sehr ähnlich sind. Durch Untersuchungen in homogenen Systemen sind wichtige Beiträge zu diesen mechanistischen Vorstellungen erbracht worden. Ein Unterschied zwischen unlöslichen und löslichen Katalysatoren ist hervorzuheben: Bei der Heterogenkatalyse ist nur Ti^{3+}, bei der Homogenkatalyse Ti^{4+} wirksam. Be-

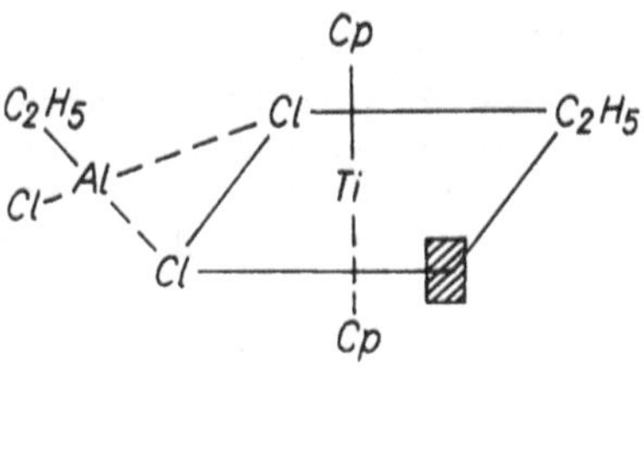

sonders ausführlich untersucht wurden lösliche Komplexe mit zwei Cyclopentadien(Cp)-Liganden. Das tetraedrische $Ti(Cp)_2Cl_2$ wird durch Komplexbildung z. B. mit $Al(C_2H_5) \times Cl_2$ über einen Alkylierungsschritt in den oktaedrischen Komplex mit freier Koordinationsstelle umgewandelt. Bei Anlagerung des Olefins an die sechste Koordinationsstelle bildet sich eine Art von Doppelbindung zwischen dem bindenden π-Orbital des Olefins und dem nicht besetzten Metall-d_{x-y}-Orbital von gleicher Symmetrie sowie zwischen dem leeren, antibindenden Olefin-π^* Orbital und dem besetzten, nichtbindenden Metallorbital d_{xy} ($d\pi - p\pi$-Hybridfunktion), so wie dies nachstehend schematisiert dargestellt ist (DEWAR-Modell):

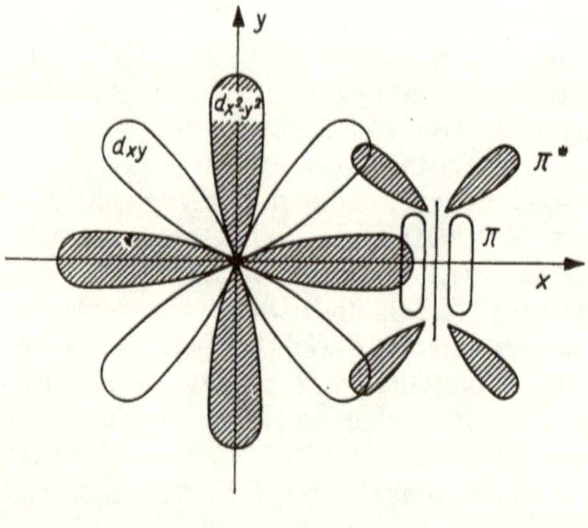

Ist die Metall-Olefinbindung labil genug (sie sollte dazu 1—3 ungepaarte $3d$-Elektronen des Metalls enthalten und das $3d$-Niveau sollte zwischen den π- und π^*-Niveaus des Olefins liegen) und die Ti—C-Bindung durch die alkylierte Al-Brücke, durch Koordination des Monomeren und durch sterische Bedingungen genügend geschwächt, so kommt es zur Ausbildung eines Vierzentren-Zustands:

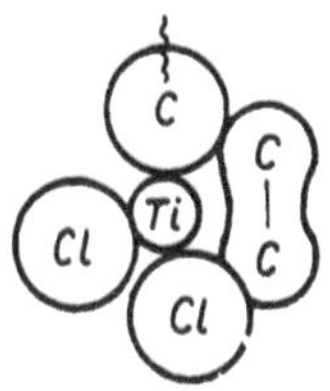

Danach löst sich eine Ti—C-Bindung, wahrscheinlich die zur CH_2-Gruppe (cis-Wanderung). Dieser Cyclus wiederholt sich nun durch fortlaufende Anlagerung (Koordination) von Monomeren und durch dessen ständige (formale) „Einlagerung" (Vierzentrenzustand) zwischen die jeweilige Ti—C-Bindung. Wie stark die Anlagerung des Olefins an das koordinierte CH_2-Ende der Polymerkette durch die sterischen Verhältnisse begünstigt wird, geht aus der schematischen Darstellung der Atom- und Moleküldimensionen der beteiligten Partner hervor (Schnitt in der x—y-Ebene, ohne Al-Brücke):

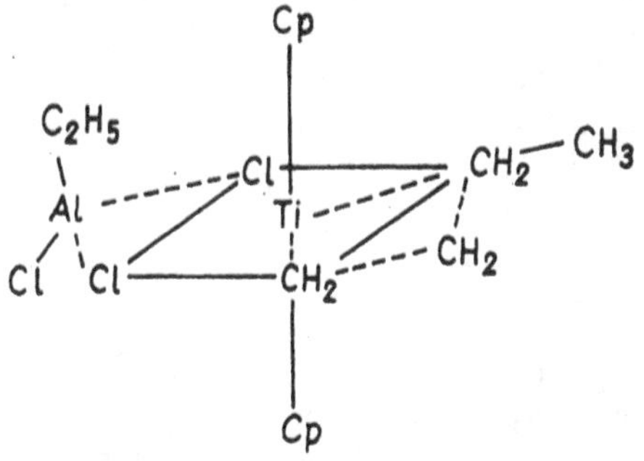

Bereits Vibrationsschwingungen können unter solchen Bedingungen (bei entsprechenden Bindungssituationen, s. o.) zu einer Überlappung von CH_2- und Olefin-Energiefeld führen. Für fortlaufende Kopf-Schwanz-Addition und für die Ausbildung gleichartiger *Taktizität* im Polymeren ist eine gleichsinnige Koordination und entsprechende Ausrichtung des Monomeren im Übergangszustand erforderlich. Die syndiotaktische Anlagerung ergibt sich durch Abstoßungskräfte zwischen dem Substituenten der aktiven Spezies und dem anzulagerndem Monomeren (Monomer-Monomer-Wechselwirkung). Für die Ausbildung isotaktischer Strukturen wird Liganden-Monomer-Wechselwirkung diskutiert.

Die hier knapp dargestellten mechanistischen Vorstellungen wurden im wesentlichen von COSSEE sowie von G. und S. OLIVÉ, ausgehend von verschiedenen vorangegangenen Diskussionsvarianten und von neuen theoretischen Ansätzen und experimentellen Ergebnissen entwickelt. Sie stellen einen Anfang dar für die systematische theoretische Aufklärung der Elementarschritte der koordinativen Polymerisation.

Als hauptsächliche *Übertragungsreaktion* wird eine β-Eliminierung von H an der aktiven Spezies angenommen. An der Ti—H-Bindung kann eine neue Kette gestartet werden; man verwendet H_2 häufig als Kettenregler bei koordinativen Polymerisationen. Die Aktivität der Wachstumszentren ist offenbar unterschiedlich. Man erhält bei der heterogenen koordinativen Polymerisation Produkte mit sehr breiter *Molmassenverteilung* ($\overline{M}_w/\overline{M}_n$ $\sim$10 und höher).

1.3.2. Polykondensations- und Polyadditionsreaktionen [34]

Die Polykondensationen und die vom Typ des Kettenwachstums hergesehen mit ihnen eng verwandten Polyadditionsreaktionen sind an die allgemeine Voraussetzung gebunden, daß im Monomermolekül zwei oder mehr zu Kondensations- oder Additionsreaktionen befähigte funktionelle Gruppen oder potentiell funktionelle Stellen enthalten sind. Einige Beispiele für solche Monomere sind in Tab. 2 enthalten bzw. auf S. 89ff. aufgeführt. Auf Grund der großen Zahl von funktionellen Gruppen, die zu Polyreaktionen fähig sind, ist der Polykondensations-/Polyadditions-Typ der Polymersynthesen durch eine *Reaktionen- und Struktur-Vielfalt* gekennzeichnet. Sie wurde, insbesondere seit etwa 1955, noch durch eine beträchtliche Zahl von Reaktionen ergänzt, die zu heterocyclischen Strukturen führen.

Einfach und geläufig sind die technisch in großem Umfange genutzten Strukturen der

	Polyester	~~—CO—O—~~
und der		
	Polyamide	~~—CO—NH—~~.

Bereits zu diesen sehr einfachen Strukturen gibt es eine Fülle konstitutioneller Varianten, z. B. je nach der Länge der aliphatischen Ketten in der Carbonsäure- und in der Partnermolekel; die Carboxyl-, Amino- oder OH-Gruppen können aber auch mittelbar oder unmittelbar mit alicyclischen, aromatischen oder heterocyclischen Strukturen verbunden sein. So sind allein Hunderte verschiedenartiger Polyamidstrukturen synthetisiert worden [35].

Betrachtet man andererseits den Syntheseprozeß von Polyamiden (einschließlich der Peptidsynthesen) und von Polyestern, so ergeben sich sehr unterschiedliche Reaktionsarten, je nachdem, wie energiereich das Carbonsäurederivat ist, von dem man ausgeht (Carbonsäure, Ester aliphatischer Alkohole, Phenylester, Ester substituierter Phenole, Säurechloride, Acyliumsalze). Jede der daraus resultierenden Additions-Eliminierungsreaktionen hat eine andere Aktivierungsenergie und Gleichgewichtskonstante. Entsprechend unterschiedlich sind auch die Arbeitstemperaturen bei den Synthesen (von ca. 280 bis ca. —30 °C). Weitere, auch praktisch genutzte Partnergruppen für Polykondensations- bzw. Polyadditionsreaktionen sind:

Phenole	+ HCHO	→ Phenol-Formaldehyd-Duromere

H_2NCONH_2 + HCHO → Harnstoff-Formaldehyd-Polymere

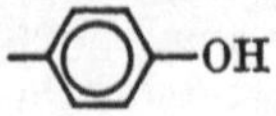 + $COCl_2$ → Polycarbonate

–OH + CH_2–CH– (epoxide, ring via O) → Polyepoxide

–Cl + Na_2S_x → Polysulfide

–Cl + R_2N– → Polyamine („Ionene")

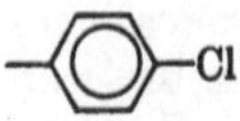 + 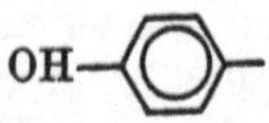 → aromat. Polyäther

–NH–NH_2 + *R*OOC– → Polyhydrazide

∼O–Si(*R*)(*R*)–OH + HO–Si(*R*)(*R*)–O∼ → Polyorganosiloxane

–OH + O=C=N– → Polyurethane

–NH_2 + O=C=N– → Polyharnstoffe

Ganz verschiedenartige Mechanismen liegen folgenden Reaktionen zugrunde, die zu neuartigen Strukturen führten:

Cyclisierende Kondensationsreaktionen, z. B.:

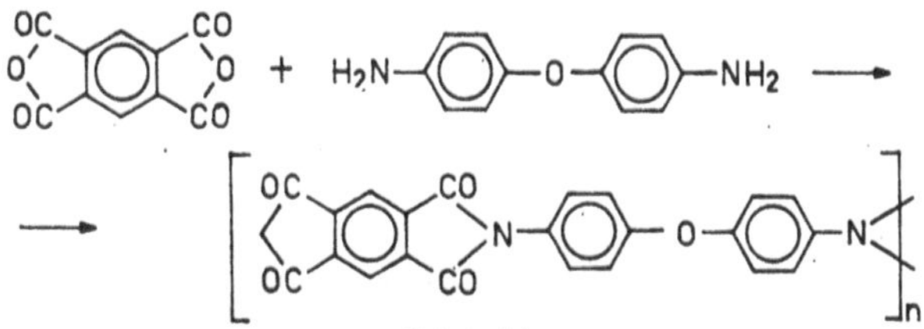

Polyimide

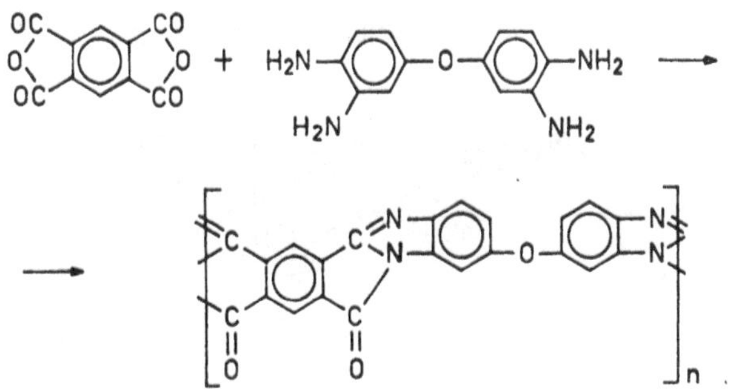

Poly-benzimidazo-pyrrolone

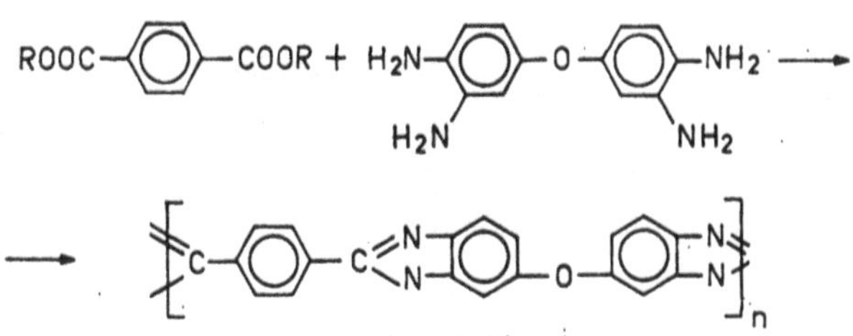

Poly-benzimidazole

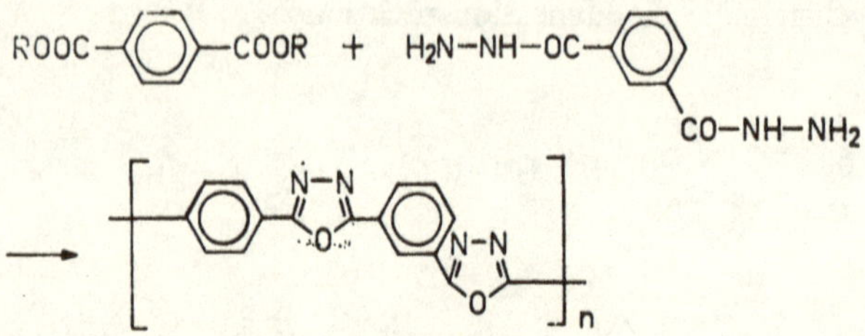

Poly-phenylen-1.3.4-oxadiazole-2.5

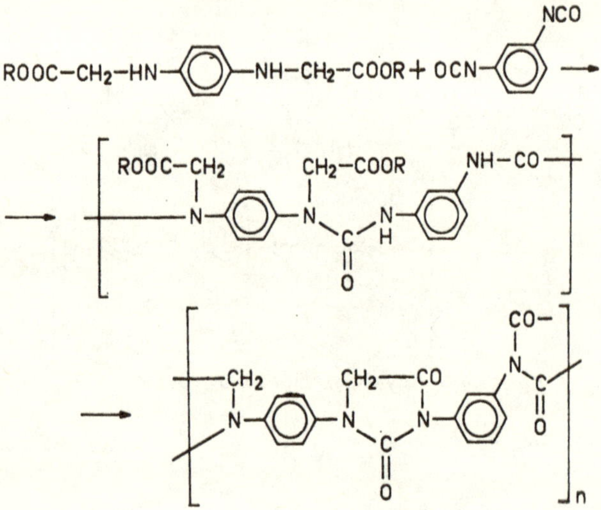

Poly-hydantoine

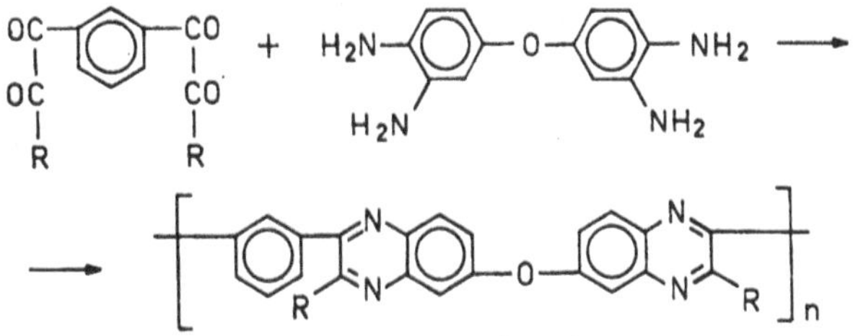

Poly-chinoxaline

Polyrekombinationsreaktionen, z.B.:

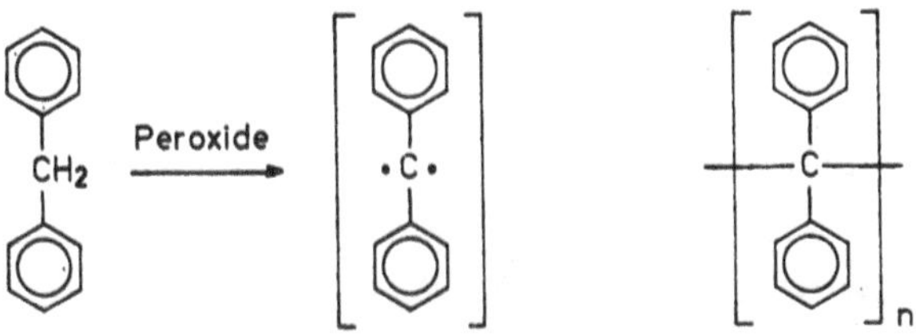

Poly-diphenylmethan

Oxidative Polykondensationen, z.B.:

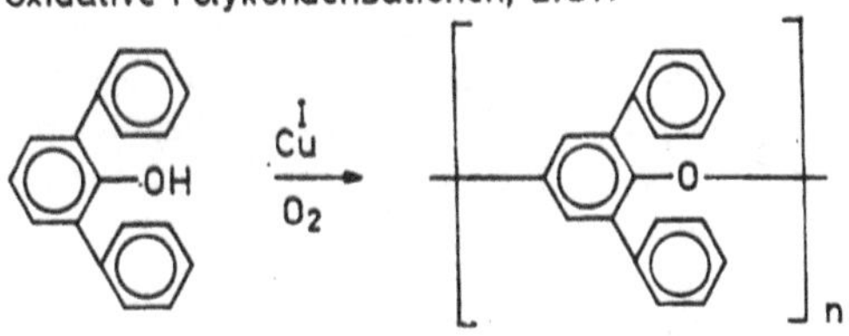

Poly-phenylenoxide

Einige dieser Polymeren werden als Elektro- und Wärmeisoliermaterialien für höhere Temperaturen verwendet.

Der *Mechanismus* einer jeweils zu betrachtenden Reaktion oder eines Reaktionstyps muß bei Polykondensationen/Polyadditionen in jedem Falle speziell analysiert werden. Häufig können Ergebnisse organisch-chemischer Untersuchungen dazu herangezogen werden, wobei natürlich die Reaktionsbedingungen (Temperatur, Druck, Medieneinflüsse, Katalysatorwirkungen) zu beachten sind.

Nach der Lage des Gleichgewichts zwischen Binnengruppen (bzw. heterocyclischen Strukturen) und funktionellen Gruppen unterscheidet man nach KORSAK [36] *Gleichgewichtspolykondensationen* und *Nichtgleichgewichtspolykondensationen*. Zu den Gleichgewichtspolykondensationen gehören beispielsweise die Polyamidbildung aus jeweils aliphatischen Diaminen und Dicarbonsäuren (Gleichgewichtskonstante der Polykondensation K_{PK} ca. 400 bei 270 °C) und die Polyäthylenterephthalat-Bildung durch Polyumesterung

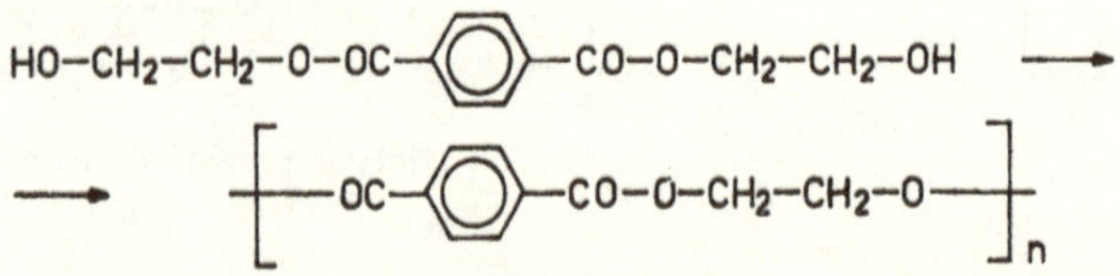

(K_{PK} ca. 0,5 bei 280 °C). Nichtgleichgewichts-Polykondensationsreaktionen, bei denen die Hinreaktionen außerordentlich rasch, die Rückreaktionen dagegen sehr langsam ablaufen, haben K_{PK}-Werte um 10^4 (z. B. die Polycarbonatbildung aus Bisphenolen und den entsprechenden Bis-chlorameisensäureestern) und höher.

Die Polykondensationsreaktionen bifunktioneller Monomerer (bzw. Monomerenpaar-Partner) zu unverzweigten Polymeren lassen sich nach FLORY in einfacher Weise kinetisch behandeln, wenn man annimmt, daß die Reaktivität der funktionellen Gruppen unabhängig vom Polymerisationsgrad ist. Die Geschwindigkeitskonstanten der Verknüpfungsschritte von Monomeren untereinander, von Monomeren mit Oligomeren, von Oligomeren untereinander, von Oligomeren mit Makromolekülen der verschiedensten $\bar{P}_n$ usw. sind nach der Annahme von FLORY also gleich. Dann ist der Umsatzgrad p zur Zeit τ

$$p = \frac{N_0 - N}{N_0}$$

N_0 = Anzahl funktioneller Gruppen zu Reaktionsbeginn
N = Anzahl funktioneller Gruppen zur Zeit τ

Der Polymerisationsgrad ergibt sich, ebenfalls durch einfache Überlegung, zu

$$\bar{P}_n = \frac{N_0}{N}.$$

Daraus folgt

$$\bar{P}_n = \frac{1}{1 - p} \quad \text{bzw.} \quad p = 1 - \frac{1}{\bar{P}_n}$$

Führt man nach FLORY p als abhängige Variable in die integrierten Geschwindigkeitsgleichungen der Reaktionen II. bzw. III. Ordnung ein und ersetzt p durch $\bar{P}_n$ so erhält man folgende Beziehungen zwischen $\bar{P}_n$ und τ:

II. Ordnung $\quad \bar{P}_n - 1 = [-\mathrm{E}]_0\, k_{\mathrm{II}}\tau$

III. Ordnung $\quad \bar{P}_n^2 - 1 = 2\,[-\mathrm{E}]_0\, k_{\mathrm{III}}\tau$

$[-E]_0$ = Konzentration funktioneller Gruppen zu Reaktionsbeginn

Diese Beziehungen erlauben eine rasche Prüfung, ob eine zu betrachtende Reaktion nach einer dieser beiden Bruttoordnungen verläuft. Die Ergebnisse solcher $\bar{P}_n = f(\tau)$-Analysen gestatten die quantitative Klassifizierung z. B. von Polyumesterungskatalysatoren, sie lassen quantitative Aussagen über Struktur-Reaktivitäts-Beziehungen für Monomere unterschiedlicher Struktur zu und führen schließlich auch zu Aussagen über Medieneinflüsse oder geben Hinweise auf Transportphänomene bzw. Nebenreaktionen. Mit der gebotenen Vorsicht können auch Schlüsse auf den Reaktionsmechanismus gezogen werden. Die Polymerisationsgrad-Verteilung bei Gleichgewichts-Polykondensationsprodukten sollte nach statistischen Ansätzen von FLORY und nach kinetischen Ableitungen von SCHULZ durch

$$m_P = P_p{}^{P-1}(1-p)^2$$
$$= \frac{P}{\bar{P}_n{}^2}\left(1-\frac{1}{\bar{P}_n}\right)p-1$$

charakterisiert sein.

Für Polyäthylenterephthalate unterschiedlicher Polymerisationsgrade wurden durch Fraktionierung Verteilungen gefunden, die diesem theoretischem Ansatz sehr gut entsprechen (Abb. 1.1.).

Aus der Beziehung

$$\bar{P}_n = \frac{1}{1-p}$$

ist sofort zu ersehen, daß hohe Umsätze nötig sind, um Polymere mit Polymerisationsgraden zwischen 100 und 200 (p zwischen 0,99 und 0,995) erhalten zu können. Etwa diese Polymerisationsgrade sind auch nötig, um z. B. Polycaprolactam oder Polyäthylenterephthalat als Polymerrohstoffe für Fasern, Folien oder Spritzguß-Formkörper einsetzen zu können. Vergleicht man die hierzu notwendigen Umsatzgrade mit den Erfahrungswerten von organisch-chemischen Reaktionen, dann wird erkennbar, welche hohen Anforderungen an die Monomerenreinheit (z. B. Äquivalenz der Endgruppen) und an einen chemisch störungsfreien Ablauf der Polykondensationsprozesse (weitestgehender Ausschluß von Nebenreaktionen, die funktionelle Gruppen zerstören könnten) zu stellen sind. Die großtechnischen Schmelzpolykondensationsprozesse für Polycaprolactam und Polyäthylenterephthalat zum Beispiel werden daher unter Reinststickstoff (O_2-Gehalt ~1 ppm) durchgeführt. Für Lösungs-

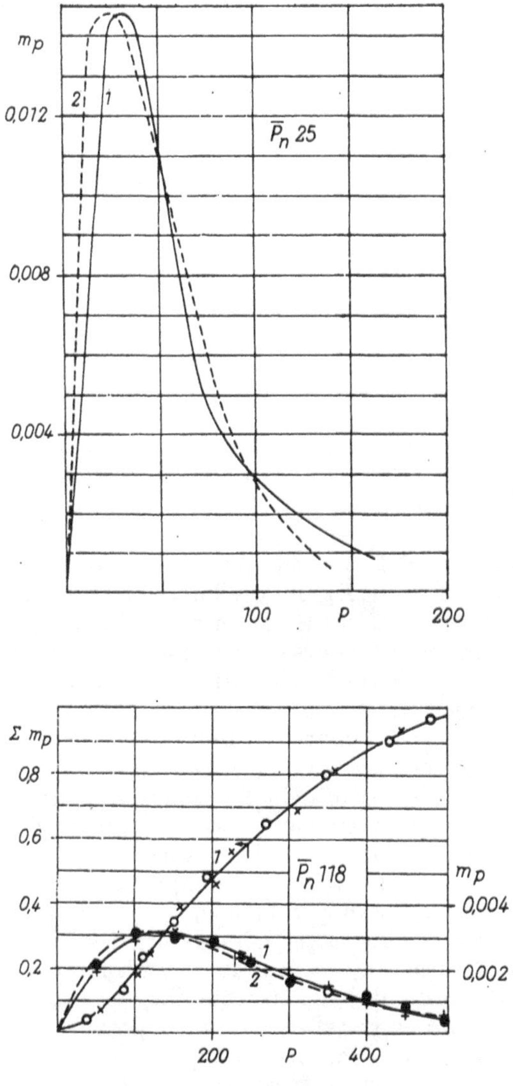

Abb. 1.1. Differentielle Polymerisationsgradverteilung von Polyäthylenterephthalaten (– – – – – berechnet; ———— Fraktionierergebnisse) aus Reinisch, G., Polimery (Warszawa) 15 (1970), S. 385 u. 386

polykondensationen, bei denen es zu Nebenreaktionen (z. B. von Säurechloriden mit Dimethylacetamid bei der Synthese von Poly-m-phenylen-isophthalamid — Rohstoff für Elektroisolierpapier) kommen kann, arbeitet man bei Temperaturen zwischen 0 und —30 °C. Der bei Schmelzepolykondensationen zu erreichende maximale $\bar{P}_n$ hängt außer vom Umsatzgrad noch vor der Gleichgewichtskonstanten K_{PK} und vom Molenbruch n des niedermolekularen Reaktionsprodukts ab

$$\bar{P}_n = \sqrt{\frac{K_{PK}}{n}}.$$

Die Polyäthylenterephthalat-Synthese erfolgt daher ($K_{PK} \sim 0{,}5$) unter Vakuum und wird in zunehmendem Maße auch in Reaktoren durchgeführt, in denen die Reaktionsmasse zu ständig umgewälzten dünnen Schichten ausgebreitet wird. Entsprechend der VAN'T HOFFschen Reaktionsisobare nimmt K_{PK} für die durchweg leicht exothermen Polykondensations-Reaktionen mit der Temperatur ab. Dann sind allerdings einer Erhöhung der Temperatur für Schmelzepolykondensationsreaktionen von Polyamiden oder Polyestern über 280 °C bereits durch die starke Zunahme der Arten und des Umfangs thermischer Spaltungsreaktionen der Makromoleküle enge Grenzen gesetzt. Sehr rasch verlaufende Polykondensationsprozesse wie z. B. die Synthese aromatischer Polyamide mit Dicarbonsäurechloriden als energiereiche Reaktionspartner können auch als *Grenzflächenpolykondensationen* (Diamin in alkalisch-wäßriger Lösung, Säurechlorid in mit Wasser nicht mischbarem Lösungsmittel) oder als *Dispersionspolykondensationen* ausgeführt werden. Die von SOKOLOV [37] ausführlich untersuchte Dispersionspolykondensation wird so gestaltet, daß im Augenblick der Zugabe des Säurechlorids zu einem Diamin/Soda/Wasser/Tetrahydrofuran-System Entmischung eintritt. Säurechlorid und Diamin gehen in die organische Phase über. Die feinsten Tröpfchen aus organischer Phase und Reaktanten werden durch einen Rührprozeß mit ca. 10000 U min^{-1} umhergewirbelt und auf diese Weise durchspült. Innerhalb von ca. 1 Minute entstehen Polymere mit $\bar{P}_n$ von 200–400. Grenzflächenverhältnisse, Lösungsmittel und Quellungszustand der Polymeren bestimmen in der Hauptsache die Geschwindigkeit der Polymerbildung.

Durch Zusatz eines definierten Überschusses einer Art von funktionellen Gruppen kann man den $\bar{P}_n$ bei Polykondensationen nach oben begrenzen. Setzt man beispielsweise bei der Polykondensation von N_0 Molekeln einer Aminocarbonsäure N_s Molekeln einer Monocarbonsäure als *Regler* zu, so gilt

$$N = N_0(1 - \mathrm{p}) + N_s$$

$$\bar{P}_n = \frac{N_0 + N_s}{N_0(1 - p) + N_s} \quad \text{für} \quad p \to 1 \quad \text{gilt}$$

$$\bar{P}_n = \frac{N_0 + N_s}{N_s}.$$

Polykondensation tri- und mehrfunktioneller Monomerer führt über verzweigte zu vernetzten Produkten, indem mit zunehmender Molekelgröße immer freie funktionelle Gruppen im Molekül verbleiben, die als Ausgangspunkte für neue Zweige dienen können, und so das Molekül mit zunehmender Größe immer rascher wachsen lassen, bis oberhalb eines gewissen kritischen Umsatzgrades p_c Gelbildung eintritt, also ein dreidimensionales Netzwerk ohne definierbare Einzelmoleküle vorliegt. Dieser kritische Umsatzgrad p_c ist, unabhängig von Temperatur und Konzentrationsbedingungen, für zwei Monomere A und B gleicher „Funktionalität" f gegeben zu $p_c = \frac{1}{f - 1}$, liegt also für zwei trifunktionelle Monomere bei 0,5.

Die bei weitem wichtigste *Polyadditionsreaktion* ist die *Polyurethanbildung*. Diese Polyreaktion von Hydroxylverbindungen mit Diisocyanaten [38] kann nach einem Vierzentren-Mechanismus oder (wahrscheinlicher) durch H-Verschiebung nach nucleophiler Addition des Alkohols an den *sp*-Kohlenstoff erfolgen:

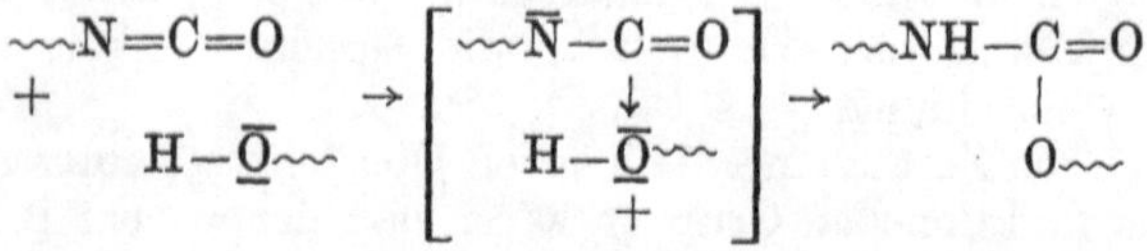

Die Reaktivität aromatischer Diisocyanate ist daher wegen der Elektronenacceptorwirkung des Phenylrestes größer als die von aliphatischen Monomeren, bei den Alkoholen nehmen Nucleophilie (und Reaktivität) in entgegengesetzter Weise zu. Diese Polaritätseinflüsse machen sich natürlich nur dann ungestört bemerkbar, wenn sterische Einflüsse auf den Reaktionsverlauf ausgeschlossen sind. Die Addition wird durch die entstehenden Urethangruppen katalytisch beschleunigt, als weitere Katalysatoren sind Verbindungen bekannt, die wie z. B. Sn^{II}-Salze oder tertiäre Amine energiereiche Zwischenstufen mit den Isocyanatgruppen oder mit den Hydroxylgruppen bilden. Besonders aktive Katalysatoren, die die Reaktionsgeschwindigkeit gegenüber der unkatalysierten Reaktion auf das ca. $5 \cdot 10^4$fache erhöhen können, sind Organometallverbindungen wie z. B. Dibutyl-zinn-(IV)-dilaurat. Über die Wirkung von Katalysatoren dieses Typs gibt es noch mehrere unterschiedliche mechanistische Vorstellungen.

Die Urethan-Binnengruppen werden je nach der Struktur des organischen Restes in den Monomerenpaar-Partnern bei unterschiedlichen Temperaturen thermisch reversibel gespalten. Bei Polyurethanen aus Arylisocyanaten und Phenolen treten diese Spaltungsreaktionen ab 120 °C, bei Polymeren aus Arylisocyanaten und aliphatischen Alkoholen oberhalb von 200 °C und bei Polymeren aus bifunktionellen Reaktanten, die nur aliphatische Gruppierungen enthalten, erst oberhalb von 250 °C ein.

Durch Übergang zur Lösungs-Polyadditionsreaktion in Dimethylformamid oder in Dimethylsulfoxid können diese störenden Einflüsse der Gleichgewichtstemperaturen ausgeschaltet werden.

1.4. Chemische Umsetzungen am Makromolekül [39]

Die für die entsprechenden Strukturtypen (aliphatische, aromatische, heterocyclische Strukturen, Substituenten und funktionelle Gruppen an den Makromolekülen) bekannten Reaktionen der organischen Chemie sind prinzipiell auch an Polymeren möglich. Wenn solche Reaktionen ohne Spaltung der Polymerketten erfolgen, bezeichnet man sie nach STAUDINGER als *polymeranaloge Umsetzungen*. Einige Polymerreaktionen werden in großtechnischem Maßstab durchgeführt. Im Ausmaß von ca. 3,6 Mio t/a erfolgt beispielsweise die Überführung der Cellulose in das wasserlösliche, verspinnbare Na-Cellulose-xanthogenat (vgl. S. 124). Polyvinylalkohol ist nur auf dem Wege über die Verseifung von Polyvinylacetat zugänglich und wird so in ca. 200 kt/a (Weltproduktion) gewonnen. Zur Qualitätsverbesserung von Geweben aus cellulosischen Natur- und Regeneratfasern wurden verschiedenartige „Hochveredlungs"-Verfahren erarbeitet, die alle auf Substitutions- und Vernetzungsreaktionen an den 3 OH-Gruppen der Glucose-Monomereinheit der Cellulose beruhen (vgl. S. 125 und [40]). Eine beträchtliche Zahl weiterer Cellulosereaktionen, die zu neuen, beispielsweise für medizinische Anwendungen interessanten Produkten führen, wurden von Z. A. ROGOVIN (Moskau) und seiner Schule erarbeitet [41]. Großtechnisch werden die Chlorierung von Polyäthylen, seine Sulfochlorierung und die Nachchlorierung von Polyvinylchlorid durchgeführt. Schließlich führt man die wirkungsspezifischen funktionellen Gruppen der Ionenaustauscher durch Substitutionen an den Phenylresten der vernetzten, makroporösen Styrol-Divinylbenzol-Copolymeren in diese Polymeren ein.

Polymerspezifisch sind nachträgliche Vernetzungsreaktionen, die strahlenchemisch, mit Peroxiden oder zur Gewinnung von Gummi aus Elasten vorzugsweise mit Schwefel (Vulkanisation) durchgeführt werden. Durch diese Reaktionen werden die Werkstoffeigenschaften der Polymeren deutlich und für den Einsatzzweck entscheidend verändert.

Am Beispiel der *Ionenaustauscher* ist bereits zu erkennen, daß man Umsetzungsprodukte von Reaktionen an Polymeren zu weiteren chemischen Reaktionen (Kationen- und Anionenaustausch, Redoxreaktionen, Verseifungsreaktionen) einsetzen kann. Hier begegnen wir einer weiteren Möglichkeit chemischer Reaktionen an Makromolekülen, wobei die *Polymeren als Reagentien* angewandt werden [42]. Der Vorteil solcher Polymerreagentien besteht häufig darin, daß sie nach Ablauf der entsprechenden Reaktion als Feststoffe leicht aus dem flüssigen Reaktionsmedium abgetrennt werden können. Bei der Peptidsynthese nach dem MERRIFIELD-Verfahren und bei einigen Reaktionen von Enzymen, die an synthetischen Polymerträgern fixiert wurden, findet dieses Prinzip bereits praktische Anwendung. In jüngster Zeit sind weitere, neuartige Anwendungsmöglichkeiten für chemisch modifizierte Polymere bekannt geworden. So werden Ladungsübertragungskomplexe aus z. B. Polyvinyl-carbazol und J_2, aus Polyphenylen und J_2, aus quaternisierten Polyaminen oder Poly-vinyl-N-heterocyclen und Tetracyano-chino-dimethan als mögliche halbleitende oder photoleitende Polymermaterialien wissenschaftlich intensiv bearbeitet [43]. Reaktionsprodukte aus Pharmaka und Polyvinylalkohol sind gegenwärtig Gegenstand der Polymersyntheseforschung und biologisch-medizinischer Applikationsuntersuchungen [44].

Reaktionen, die zur Modifizierung der chemischen Struktur der Polymeren führen und die wir im folgenden in diesem engeren Sinne als Reaktionen an Polymeren bezeichnen wollen, zeigen im Vergleich zu Reaktionen an niedermolekularen organischen Verbindungen einige Besonderheiten.

So sind Strukturen, die infolge von *Nebenreaktionen* entstehen, nicht „abtrennbar". Sie sind in die Makromolekülketten fest eingebaut und über die Moleküle alle Polymerisationsgrade statistisch verteilt. Bei festen Polymeren ist der unter bestimmten Bedingungen erreichbare Umsetzungsgrad oft begrenzt durch eine unvollständige „*Zugänglichkeit*" („Accessibilität") des Polymeren für die chemische Reaktion. Da sich Ordnungszustand und Zugänglichkeit oftmals durch den Reaktionsverlauf selbst ändern (Quellungsvorgänge), lassen sich weder die Gesetzmäßigkeiten des homogenen, noch die des heterogenen chemischen Gleichgewichts eindeutig anwenden, und die Kinetik solcher Umsetzungen ist wegen des Ineinandergreifens von chemischer Umsetzung und Diffusions- bzw. Quellungsvorgängen oft recht kompliziert (vgl. S. 326). Nimmt man die Umsetzung nach vorheriger homogener Auflösung des Polymeren vor, so läßt sich zwar dieser Einfluß der Zugänglichkeit der Einzelketten ausschalten, jedoch ist in vielen Fällen kein Reaktionsmedium bekannt, das ein gutes Lösungsmittel für das Polymere ist und gleichzeitig einen glatten Reaktionsverlauf ermöglicht, so daß die mit einer heterogenen Umsetzung verbundenen Komplikationen in Kauf genommen werden müssen. Bei homogenen Reaktionen können Umsatz- und Reaktionsgeschwindigkeit durch die zumeist hohe *Viskosität der Reaktionsmischung* beeinträchtigt werden.

Oft ist die chemische Umsetzung am Makromolekül mit einem gewissen *Kettenabbau* verbunden, vor allem, wenn keine durchlaufende Kohlenstoffkette, sondern beispielsweise Ester-, Amid- oder Acetalbindungen zwischen den Monomeren vorliegen, da diese durch die für viele Umsetzungen nötigen H^+- bzw. OH^--Ionen leicht gespalten werden. Polymeranaloge Umsetzungen, bei denen ein Abbau fast oder gänzlich ausgeschlossen werden kann, spielten in der Anfangszeit der makromolekularen Chemie eine wesentliche Rolle zur Beweisführung, daß bei polymeren Naturstoffen tatsächlich durchlaufende Hauptvalenzketten vorliegen. Heute haben derartige Untersuchungen vorwiegend analytische Bedeutung bei der Molekulargewichtsbestimmung hochpolymerer Naturstoffe, wie der Cellulose und anderer Polysaccharide, nach deren Umsetzung in ein lösliches Derivat.

Bei Anwesenheit zahlreicher gleicher funktioneller Gruppen in regelmäßigem Abstand entlang der Kette kann ein aus der organischen Chemie bekannter, wohldefinierter Reaktionsablauf gestört sein, indem einmal bei Einführung eines großen Substituenten eine gegenseitige Behinderung eintritt und die Reaktion deshalb unvollständig bleibt, oder indem es zwischen zwei benachbarten Gruppen der gleichen Kette im Verlauf der Umsetzung zu Ringschlußreaktionen kommen kann. Beide Möglichkeiten sind vor allem dann gegeben, wenn wie bei den Polyvinylverbindungen der Abstand zwischen zwei benachbarten Substituenten gering ist. Bei Polyacrylnitril kann beispielsweise unter Einfluß höherer Temperaturen und in Gegenwart entsprechender Initiatoren folgende Ringschlußreaktion zwischen einigen benachbarten Nitrilgruppen zu anellierten Hydro-Naphthyridinringen stattfinden [45]:

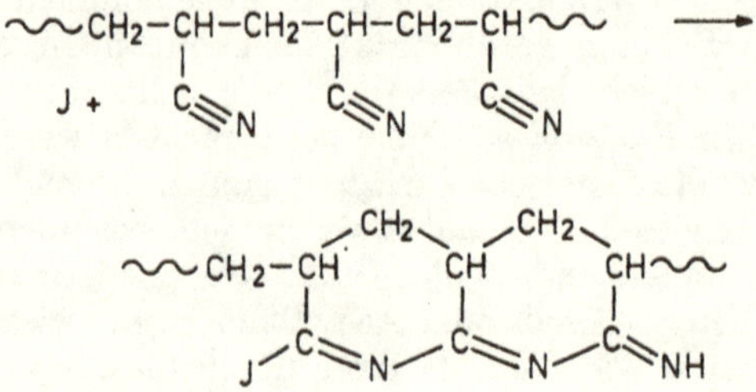

Polyvinylmethylketon geht unter Alkalikatalyse durch Aldolkondensation in einfach ungesättigte, miteinander in einer Art „Leiter"-Struktur verbundene Sechsringe über. Einem komplizierten Mechanismus folgt die schon seit 1910 bekannte Bildung des als Lackrohstoff verwendeten Cyclokautschuks aus Naturkautschuk und Säuren:

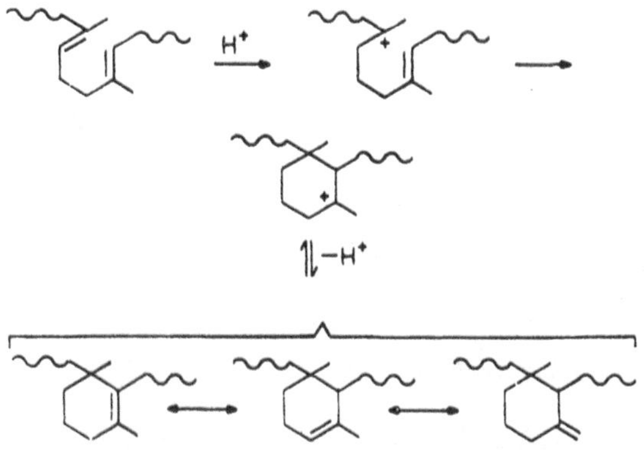

Eine gewisse Rolle spielt bei Umsetzungen am Makromolekül auch die stereospezifische Anordnung der Substituenten; so wird z. B. isotaktisches Polymethylmethacrylat wesentlich rascher hydrolysiert als das ataktische oder das syndiotaktische Produkt [46]. Andererseits kann durch den Einbau in die Kette eine beim isolierten Monomeren stattfindende Umlagerung verhindert und so eine als Monomeres nicht existenzfähige Verbindung in Form des Polymeren isoliert werden: Während bei Verseifung von Vinylacetat der instabile Vinylalkohol sich sofort zu Acetyldehyd umlagert, läßt sich aus Polyvinylacetat unter gleichen Bedingungen Polyvinylalkohol herstellen.

Eine Vergrößerung des Polymerisationsgrades läßt sich vornehmen durch eine nachträgliche *Pfropf-Copolymerisation* oder *-Cokondensation* sowie durch eine *Vernetzung*, also durch Umsetzung zweier zu verschiedenen Ketten gehörigen Reaktionsstellen mit einem mindestens bifunktionellen Reagens. Im großtechnischen Umfange wird die Vernetzung von Natur- und Synthesekautschuk unter Zusatz von einigen Prozent Schwefel zu den „Vulkanisaten“ Hart- und Weichgummi vorgenommen. Dabei bilden sich Schwefelbrücken zwischen den hochungesättigten Makromolekülen. In zunehmendem Maße gewinnt auch die Strahlungsvernetzung polymerer Kohlenwasserstoffe, insbesondere des Polyäthylens, technische Bedeutung. Dabei wird kein Fremdmolekül als Brückenbildner eingebaut, es erfolgt vielmehr eine direkte Neuknüpfung von —C—C-Bindungen zwischen benachbarten Ketten, nachdem einzelne H-Atome durch energiereiche Strahlung (z. B. γ-Strahlen von ^{60}Co) herausgeschlagen wurden.

1.5. Abbaureaktionen von Polymeren [47]

Abbauvorgänge an Hochpolymeren sind ebensosehr von wissenschaftlichem Interesse, da ihre Untersuchung oft Auskunft über die Struktur der Polymeren bzw. über Zusammenhänge zwischen Struktur und physikalischen Eigenschaften vermittelt, wie von praktischer Bedeutung für die technische Verwendung des Polymeren. Vielfach ist bei natürlichen Hochpolymeren ein kontrollierter Abbau notwendig, um eine optimale Verarbeitbarkeit bei technologischen Prozessen, z. B. der Cellulose beim Viskosespinnprozeß oder des Naturkautschuks bei der Gummiherstellung, zu erreichen. In anderen Fällen wird ein durchgreifender Abbau vorgenommen, um aus hochmolekularen Naturstoffen bestimmte Monomere, z. B. Aminosäuren aus Proteinen, zu gewinnen. Schließlich ist für viele Polymere ihre Einsatzfähigkeit als Werkstoff begrenzt durch die unter den Umweltbedingungen gegebene Abbaugeschwindigkeit, die oft parallel geht mit der Abnahme der Gebrauchstüchtigkeit eines aus dem betreffenden Polymeren hergestellten Werkstückes.

Während die Polymersynthesen sich ziemlich klar in das Schema Polymerisation bzw. Polykondensation/Polyaddition einordnen lassen, ist eine so übersichtliche Darstellung der Abbauvorgänge nicht möglich; denn

1. kann ein Abbau auf recht verschiedene Weise ausgelöst werden, wobei neben chemischen Vorgängen (Hydrolyse und Oxydation) genannt seien: Wärmeeinwirkung, sichtbares und UV-Licht oder noch kurzwelligere Strahlung, Ultraschall, in einzelnen Fällen auch mechanische Beanspruchung wie Kneten, Rühren oder trockenes Mahlen („Schwingmahlung"), sowie schließlich der durch Fermente der lebenden Zelle hervorgerufene mikrobiologische Abbau;

2. muß die durchgreifende Kettenspaltung keineswegs immer zum Monomeren als Endprodukt führen, sondern es tritt, besonders beim thermischen Abbau, oft eine Spaltung in kleinere Bruchstücke auf;

3. wird die Abbaugeschwindigkeit polymerer Festkörper oft recht wesentlich vom Ordnungszustand der Kettenmoleküle bestimmt, indem die Zugänglichkeit beispielsweise für ein hydrolysierend wirkendes Agens bei verschiedenartigen Präparaten (z. B. Holz und Baumwollcellulose) recht unterschiedlich sein kann, und so umgekehrt aus der Abbaukinetik oft Rückschlüsse auf Ordnungszustand und Packungsdichte der Ketten möglich sind.

Im einfachsten Falle kann bei Polykondensaten und Polyadditionsverbindungen durch Hydrolyse eine rein *statistische Sprengung* der die Grundbausteine verknüpfenden Bindungen (Binnengruppen wie z. B. Ester-, Acetal-, Amid-, Urethan-Gruppen etc.) erfolgen. Alle in den Spaltstücken noch verbliebenen Bindungen zwischen Grundbausteinen haben dabei die gleiche Zerfallswahrscheinlichkeit wie die Bindungen im Ausgangspolymeren. Dieser Abbautyp wurde besonders eingehend untersucht bei der hydrolytischen Spaltung der Acetalbindungen der Cellulose. Die Kinetik läßt sich analog einer Aufbaureaktion durch Polykondensation darstellen, indem anstelle einer von der Molekülgröße unabhängigen Reaktivität zur Monomeren-Verknüpfung eine vom P_n unabhängige Reaktivität zur Bindungsspaltung tritt. Eine besonders übersichtliche Formulierung gab MATTHES [48] mit dem Begriff des „Spaltungsgrades“ S, der definiert ist als Bruchteil der gespaltenen Bindungen, wenn man von einem fiktiven Riesenmolekül mit $P = \infty$ entsprechend einem Spaltungsgrad 0 ausgeht. Für konstante Konzentration des spaltenden Agens gilt dann:

$$S = \frac{1}{\overline{P}_n} \frac{dS}{dt} = k\,(1 - S)$$

$k = RGK$ der Kettenspaltung
$(1 - S)$ = Bruchteil der noch spaltbaren Bindungen

$$\log \frac{(1 - S_0)}{(1 - S_t)} = kt$$

Ist während des ganzen Abbaus $S \ll 1$ (begrenzter Abbau im Bereich hoher $\overline{P}_n$), so gilt

$$\frac{dS}{dt} = \frac{\Delta S}{\Delta t} \approx k \quad \Delta S = k\Delta t \quad \frac{1}{P_t} - \frac{1}{P_0} = k \cdot t\,.$$

In einzelnen Fällen kann eine Abbaureaktion als Umkehrung des Syntheseprinzips ablaufen, so z. B. beim thermischen Abbau von Polystyrol, Polymethylmethacrylat oder Polyoxamethylen unter Sauerstoffausschluß. Dieser Abbau ist ebenso wie der Aufbau eine Kettenreaktion, die gestartet wird durch eine radikalische oder ionische Spaltung der Makromoleküle, wahrscheinlich meist an einer der in jedem Polymermolekül vorhandenen Störstellen oder vom Kettenende aus. Dadurch entstehen aktive Polymerbruchstücke, die dann nach einem *Reißverschlußmechanismus* rasch Monomermolekeln abspalten. Endprodukt dieser Abbaureaktionen ist dann im wesentlichen das Monomere, das oftmals schon in beträchtlichen Mengen entstanden ist, bevor eine merkliche $\overline{P}_n$-Abnahme am restlichen Polymeren festzustellen ist, da die Depolymerisation einmal entstandener

Polymerradikale sehr rasch abläuft. Bei anderen Vinylpolymeren wie Polyvinylacetat und Polyacrylnitril erfolgt der thermische Abbau nach einem wesentlich unübersichtlicheren Kettenmechanismus und führt nur zu einer geringen Ausbeute an Monomerem, indem vorwiegend kleinere Spaltstücke wie CO, CO_2, H_2O, HCN entstehen.

In Verbindung mit einer gaschromatographischen Identifizierung und quantitativen Bestimmung der Spaltprodukte wurde der thermische Abbau von Polymerisaten zur *Charakterisierung von Copolymeren* eingesetzt. Die Entwicklung von temperatur- und wärmebeständigen organischen Polymeren für Einsatzgebiete bei ca. 180 bis 300 °C führte zu einer intensiven Untersuchung der Einflüsse von Wärmebehandlungen der Polymeren. So ermittelt man durch Thermogravimetrie die Temperaturen, bei denen Masseverluste eintreten und den Umfang dieser Masseverluste. Die Differential-Thermoanalyse gestattet es, Wärmetönungen bei Wärmebehandlungen (in Luft oder unter Inertgas) festzustellen und daraus Hinweise auf Schädigungen zu entnehmen und komplexe Untersuchungen über Schädigungsmechanismen durchzuführen. Von besonderer praktischer Bedeutung ist die Ermittlung der Dauerwärmebeständigkeit mechanischer oder elektrischer Eigenschaftsparameter von Polymeren (Festigkeit, Durchschlagfestigkeit usw.). Aus einer Reihe von Untersuchungen bei kürzeren Zeiten kann man hierbei inzwischen schon auf das Langzeitverhalten der Materialien extrapolieren.

Bei Gegenwart von Sauerstoff erfolgt ein rascher Abbau meist schon bei wesentlich tieferer Temperatur bzw. längerer Wellenlänge als bei der rein thermischen oder rein photolytischen Depolymerisation. Auch hier handelt es sich zumeist um einen Kettenmechanismus, der durch Bindung eines Sauerstoffmoleküls unter Peroxidbildung gestartet wird. Der Ablauf dieser Kettenreaktion läßt sich in starkem Maße katalytisch beschleunigen, z. B. durch Schwermetallspuren und andere Redoxsysteme

(Küpenfarbstoffe), aber auch durch geeignete Inhibitoren (Metallsalze, Radikalfänger) verzögern [49]. Die Unterdrückung der Gebrauchswertverschlechterung von Polymeren unter dem Einfluß der Bewetterung, des Sonnenlichts und von Atmosphärilien ist besonders wichtig geworden für Polymere, die als Gebilde mit großer spezifischer Grenzfläche verwendet werden. Dies trifft beispielsweise für Polyäthylenfolien zu, die in Landwirtschaft- oder Gartenbautechnik eingesetzt werden, für Gardinen aus Natur- oder Synthesefaserstoffen, für Fischnetze, aber auch für kompaktere Formkörper wie z. B. Rohre aus Polyvinylchlorid. Die Lebensdauer solcher Materialien ist durch eine enge Koppelung von Prüf- und Stabilisierungsuntersuchungen in einer Reihe von Fällen bereits beträchtlich angehoben worden.

2. Kurze Beschreibung der wichtigsten makromolekularen Substanzklassen

2.1. Makromolekulare Naturstoffe

Obwohl heute bei den im folgenden behandelten Stoffklassen ein synthetischer Aufbau der Makromoleküle aus den Monomeren grundsätzlich möglich ist, erscheint eine gesonderte Behandlung nach wie vor gerechtfertigt. Einmal aus historischen Gründen, da viele Gesetzmäßigkeiten der makromolekularen Chemie an makromolekularen Naturstoffen erkannt wurden. Zum anderen auch im Hinblick auf deren chemische Technologie: Während bei synthetischen Polymeren die gewünschten Eigenschaften durch entsprechende Wahl der Monomeren und der Polymerisationsbedingungen erzielt werden und eine nachträgliche chemische Modifizierung des Polymeren nur selten erfolgt, muß bei den nachstehend besprochenen Naturstoffklassen der Polyisoprene, Polysaccharide und Proteine von einem durch die Natur vorgegebenen Makromolekül ausgegangen und dieses durch definierten Abbau und durch chemische Umsetzung am Polymeren dem gewünschten Verwendungszweck angepaßt werden.

2.1.1. Natürliche Polyisoprene

Parallel zum weltweiten Ausbau der Synthesekautschukproduktion im vergangenen Jahrzehnt nahm bislang auch die Naturkautschukerzeugung in den Plantagen Südostasiens deutlich zu, sodaß der Naturkautschuk noch wesentlich zum Gesamtaufkommen an Rohstoffen für die Gummiproduktion beiträgt (Weltproduktion 1971: 3 Mio t Naturkautschuk, 6 Mio t Synthesekautschuke).

Naturkautschuk (*cis-1.4-Polyisopren*)

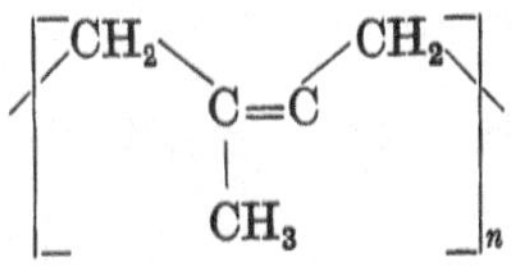

($\bar{P}_w$ im Naturprodukt ca. 20000) wird als wäßrige Emulsion mit einem Polymergehalt von ca. 40% in der Rinde des Parakautschukbaumes Hevea brasiliensis gebildet.

Die Strukturaufklärung des Naturkautschuks ist ein klassisches Beispiel der Kombination chemischer und physikalischer Arbeitsmethoden in der makromolekularen Chemie: Ozonisierung mit nachfolgender Wasserbehandlung führte zu Lävulinaldehyd O=CH—CH_2—CH_2—CO—CH_3, zeigte also die 1.4-Verknüpfung der Isoprenreste (Harries 1904); durch polymeranaloge Umsetzung (Hydrierung zum hochmolekularen Paraffin wurde das Vorliegen linearer Makromoleküle endgültig bewiesen (Staudinger 1922); durch Röntgenstrukturanalyse konnte schließlich die Zuordnung der cis- und trans-Form vorgenommen werden (Meyer u. Mark 1929).

Die Biosynthese geht von Acetyl-Coenzym *A* aus. Die „aktivierte Essigsäure“ wird über einige Kondensationsschritte in Mevalonsäurepyrophosphat

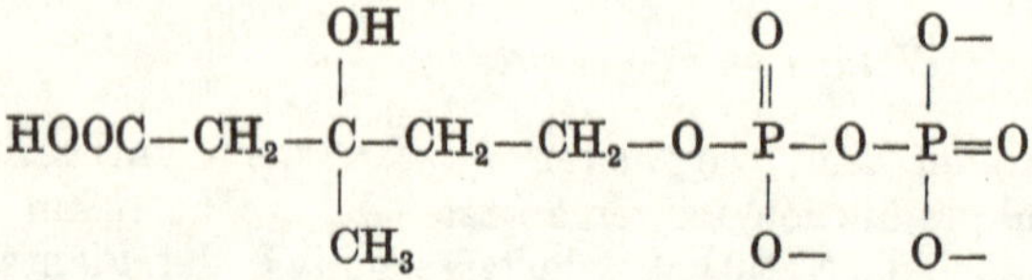

umgewandelt. Deren Folgeprodukt Isopentenyl-pyrophosphat wird von seinem Isomeren (Dimethyl-allyl-pyrophosphat) unter kationischer Kettenverknüpfung (LYNEN 1960 [50]) alkyliert

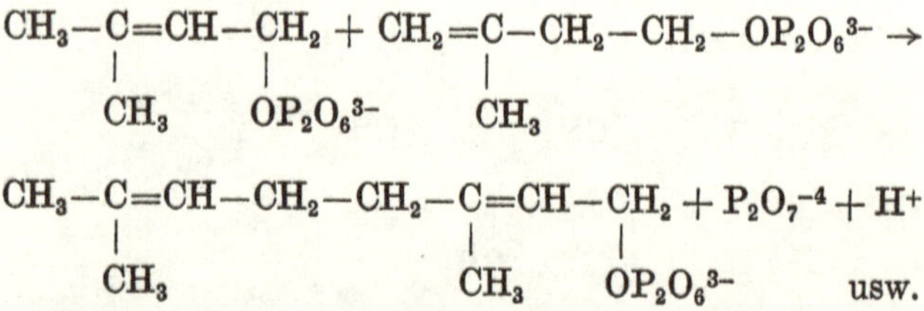

Der durch Rindenschnitte abgezapfte Kautschuklatex wird durch Zusatz organischer Säuren koaguliert. Das Rohprodukt verpreßt man zu Platten oder Fellen. Der bereits hochelastische Rohkautschuk ist noch partiell irreversibel plastisch verformbar, bei Temperaturen unter 10 °C kann er zu brüchigen Produkten kristallisieren. Zum Einarbeiten der für die Gummieigenschaften wichtigen Füllstoffe (Ruß, Kaolin) ist $\overline{M}$ noch zu hoch, daher wird auf Walzen oder Knetern oberhalb von 75 °C plastifiziert (*Mastizieren*), wobei ein mechanochemischer Abbau der Polymerketten erfolgt. Die Ketten werden beim Mastizieren vorzugsweise in der Mitte gespalten, der Luftsauerstoff reagiert dann unter Kettenabbruch mit den relativ stabilen Allylradikalen. Wärme- und Lichtalterungsprozesse der hochungesättigten Gummiwerkstoffe auf Kautschukbasis laufen dagegen statistisch nach dem Rieche-Farmer-Mechanismus ab. In den mastizierten Kautschuk werden bis zu 50% seines Eigengewichts an *Füllstoffen* eingearbeitet, wobei Ruß als „aktiver" Füllstoff (Bindungswechselwirkungen mit dem Polymeren) eine für die Herausbildung der Werkstoffeigenschaften von Gummi entscheidende Bedeutung hat. Die für Gummiprodukte charakteristische „Entropieelastizität" (vgl. S. 246) wird durch *Vulkanisation* der Kautschuk-Füllstoff-Mischungen mit elementarem Schwefel bei ca. 150—180 °C erreicht. Unter der Mitwirkung von ZnO und von organischen Vulkanisationsbeschleunigern (vorzugsweise 2-Mercaptobenzthiazol) bilden sich zunächst Polysulfidbrücken, die an den Methylengruppen verankert sind. Durch Folgereaktionen gehen sie in monosulfidische Brückenbindungen über, wobei gleichzeitig auch ZnS und cyclische Thioätherstrukturen entstehen. Für die Schwefelreaktionen werden ionische und radikalische Mechanismen diskutiert. Die Schwefelbrücken sind statistisch über die beteiligten Makromoleküle verteilt und führen zu dreidimensionalen Netzwerken. Je nach dem Anteil an gebundenem Schwefel erhält man weitmaschige Netzwerke (Weichgummi, ca 2,5% S) oder Produkte mit engmaschiger Vernetzung (Hartgummi, 15—30% S). Die Vernetzungsstellen bestimmen als Festpunkte im Polymerknäuel-Netzwerk seine Dehnungsgrenzen und verhindern die plastische Deformation bei starker Zugbeanspruchung.

In wesentlich geringeren Mengen als zu Gummiprodukten wird Naturkautschuk zu Lack- und Folienrohstoffen umgesetzt. Durch Chlorieren (Chlorsubstitution und -addition) erhält man säure- und alkalibeständigen Chlorkautschuk (ca. 62% Chlor), der als Lackrohstoff Bedeutung besitzt. Aus dem HCl-Anlagerungsprodukt des Naturkautschuks stellt man wasserundurchlässige Folien her. Cyclokautschuk (vgl. S. 103) dient als Lackrohstoff.

Die Gummielastizität des Naturkautschuks und seiner

Vulkanisate beruht auf der cis-Konfiguration der Doppelbindung. Das natürlich vorkommende trans-Isomere (*Guttapercha*) ist hornartig, nicht vulkanisierbar und beginnt bei ca. 70 °C plastisch zu fließen.

2.1.2. Polysaccharide (Cellulose)

Bei dieser in der Natur als Reserve- und Gerüstsubstanzen weitverbreiteten Verbindungsklasse erfolgt die Verknüpfung der monomeren Zucker zum Makromolekül durch glucosidische Sauerstoffbrücken der Struktur

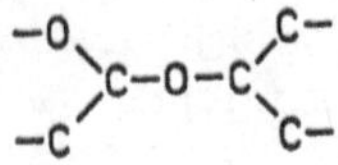

die als Acetalbindungen im sauren Medium rasch hydrolytisch gespalten werden, so daß mittels eines durchgreifenden „hydrolytischen Abbaus“ die am Aufbau beteiligten Monomeren nahezu quantitativ zurückerhalten und — heute zumeist papierchromatographisch — identifiziert werden können. Bei linearen Polysacchariden liegt zumeist eine 1.4-glucosidische Verknüpfung vor, wie sie das folgende Formelbild für Cellulose zeigt:

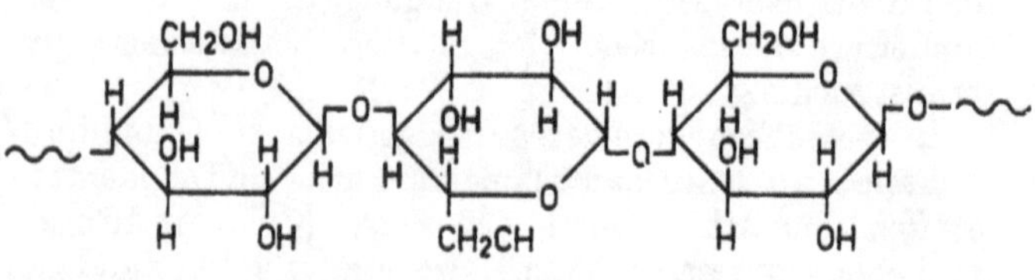

Im Rahmen dieser Einführung soll ausschließlich die Cellulose etwas ausführlicher behandelt werden. Einen gewissen Überblick über die Vielfältigkeit der ganzen Verbindungsklasse der Polysaccharide gibt die folgende Tab. 6.

Tabelle 6 Hochpolymere Naturstoffe aus der Gruppe der Polysaccharide

Naturstoff	Monomere Bausteine	Verknüpfung*)	$\overline{P}$	Bemerkungen
Cellulose	Glucose	β 1–4	5000–10000	unverzweigte lineare Ketten unlöslich in NaOH
Hemicellulosen (Cellulose-begleiter)	Glucose, Mannose, Galaktose, Arabinose, Xylose, Uronsäuren	vorwiegend β 1–4	100–200	z. T. verzweigt, löslich in NaOH
Stärke	Glucose	Amylose: α 1–4	70–2500	unverzweigte lineare Ketten
		Amylopektin: α 1–4 α 1–6	250–1000	stark verzweigt
Glycogen	Glucose	α 1–4 α 1–6	> 1000	stark verzweigt, tierischer Reservestoff
Inulin	Fruktose (Glucose)	1–2	~ 50	lineare Ketten, pflanzlicher Reservestoff
Steinnußmannan	Mannose (Glucose)	β 1–4	> 100	lineare Ketten, Verhalten analog Cellulose
Alginsäure	Mannuronsäure	β 1–4	300–1000	lineare Ketten, auch bei hohem $\overline{P}$ NaOH-löslich; Na-Salz als Textilhilfsmittel; Alginatfaser
Pektin	Galactose, Arabinose, Galacturonsäure, z. T. mit CH_3OH verestert	vorwiegend β 1–4	> 1000	Gemisch polymerer Arabane und Galactane mit Galactane mit eingebauten teilweise veresterten Galacturonsäureresten, Geliermittel
Chitin	acetyliertes Glucosamin	β 1–4	> 1000	lineare Ketten, Gerüstsubstanz der Insekten
Heparin	Glucuronsäure, Glucosamin mit Sulfathalbestergruppen	α 1–4 1–3	~ 100	linearer Polyelektrolyt, Bestandteil des Blutes mit gerinnungshemmender Wirkung

*) Die beiden Möglichkeiten der α-Glucosid- und β-Glucosidverknüpfungen ergeben sich aus dem in der Ringstruktur vorhandenen zusätzlichen asymmetrischen C-Atom 1

Die angeführte Strukturformel der Cellulose nach HAWORTH [51] folgt aus chemischen und physikalischen Untersuchungen: Durchgreifende hydrolytische Spaltung liefert in mehr als 95%iger Ausbeute Glucose, nach vorheriger Methylierung aller freien Hydroxylgruppen 2,3,6-Trimethylglucose (Beweis für 1.4-Verknüpfung!). Daß eine ausschließliche β-glucosidische Bindung zwischen den Monomeren vorliegt, ergibt sich aus der Struktur der bis zur „Celluoctaose" isolierten Oligomeren, aus der Kinetik des hydrolytischen Abbaus und vor allem aus umfangreichen röntgenographischen Untersuchungen über die gegenseitige Anordnung der Ketten im festen Zustande, nach denen das Dimere, die Cellobiose,

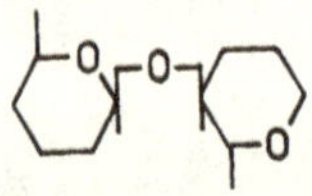

als Grundkörper für den Aufbau der Ketten zu betrachten ist.

Der $\overline{P}_w$ nativer Fasercellulosen liegt mit Werten zwischen etwa 8000 und 15000 recht hoch; niedrigere Werte aus der älteren Literatur sind offensichtlich auf methodische Unzulänglichkeiten bei der Bestimmung zurückzuführen. Im Gegensatz zur biegsamen Kohlenstoffkette beispielsweise eines Kautschukmoleküls führen im Cellulosemolekül die durch das Monomere vorgegebenen Ringstrukturen zu einer gewissen Starrheit der Kette, welche durch die Ausbildung intramolekularer H-Brücken zwischen Glucoseringen ein- und derselben Kette und durch die eine „Streckung" begünstigende β-Glucosidbindung noch verstärkt wird, während in der isomeren Amylosekette die fortlaufenden α-Glucosidbindungen eine regelmäßige Wendelstruktur ermöglichen.

Zwischen den einzelnen Kettenmolekülen der Cellulose besteht eine im Vergleich zu zahlreichen anderen Polymerklassen recht starke zwischenmolekulare Wechselwirkung, wobei neben Dispersions- und Dipolkräften vor allem Wasserstoffbrücken zwischen den Hydroxylgruppen wirksam werden:

Diese starke Wechselwirkung zwischen den Ketten wie auch deren geometrische Form schaffen günstige Voraussetzungen für die Ausbildung einer ausgeprägten übermolekularen Ordnung, die jedoch nicht im ganzen Präparat gleichmäßig ist; denn neben hochgeordneten Bereichen gibt es solche geringeren Ordnungsgrades. Ob die Ausbildung solcher Ordnungszustände bei Cellulose vorwiegend in Form „gestreckter“ oder „gefalteter“ Ketten (vgl. S. 202) erfolgt, ist zur Zeit noch offen, wobei allerdings das jetzt vorliegende Versuchsmaterial mehr für als gegen das klassische Modell der gestreckten Kette spricht. In den gut geordneten Bereichen kann die gegenseitige Anordnung der Ketten in verschiedenen, röntgenographisch unterscheidbaren „Modifikationen“ erfolgen, von denen als die beiden wichtigsten die in nativen Präparaten vorliegende „Cellulose I“ und die beim Regenerieren aus Lösung oder aus Derivaten zumeist entstehende Cellulose II („Regeneratcellulose“, „Hydratcellulose“) genannt seien (vgl. auch S. 208). Die Absättigung der freien OH-Gruppen über H-Brücken und die damit zusammenhängende Ausbildung geordneter übermolekularer- und morphologischer Strukturen (vgl. S. 206 und S. 221) sind die Ursache dafür, daß Cellulose im Gegensatz zu niedermolekularen Polyhydroxylverbindungen in Wasser unlöslich und auch infolge vorher stattfindender thermischer Zersetzung nicht schmelzbar ist (indirekt abgeschätzter Schmelzpunkt $F_P \gtreqless 400\,°C$). Auf Grund ihrer Primärstruktur, d. h. der linearen, verhältnismäßig starren Ketten mit $\overline{P}_w$-Werten in der Größenordnung von 10000 für native Proben, und ihrer geordneten übermolekularen Struktur ist Cellulose sehr geeignet zur Bildung von Fasern guter mechanischer und thermischer

Stabilität (Abb. 2), die auch gegenüber allen normalen atmosphärischen Umweltbedingungen (Feuchtigkeit, Luftsauerstoff, Sonnenlicht) ziemlich beständig sind und so in Verbindung mit der Hydrophilie der Cellulose ein beinahe ideales textiles Material darstellen, das schon seit Jahrtausenden genutzt wird. Ermöglicht wurde diese schon sehr frühzeitige technische Verwendung einmal durch die außerordentlich weite Verbreitung der Cellulose im gesamten Pflanzenreich als Gerüstsubstanz — mengenmäßig steht sie unter allen organischen Naturstoffen weitaus an erster Stelle —, zum anderen dadurch, daß sie in den Samenhaaren (Baumwolle) und Stengeln bzw. Blättern (Flachs, Hanf, Ramie) mancher Pflanzen ziemlich rein in Form technologisch direkt verwendbarer Fasern vorkommt, die nur mechanisch abgetrennt werden müssen.

Viel jüngeren Datums ist dagegen die Gewinnung verhältnismäßig reiner Cellulose aus Laub- und Nadelhölzern bzw. den Stengeln von Einjahrespflanzen in Form von „*Zellstoff*". In der verholzten Pflanzenzellwand ist die Cellulose (ca. 40%) vergesellschaftet mit Begleitkohlehydraten (ca. 35%), den sog. „Hemicellulosen", d. h. kürzerkettigen ($\overline{P}_w \geqq 200$) Polysacchariden, die teilweise oder vollständig aus Nichtglucosezuckern aufgebaut sind (Mannose, Galactose, Xylose, Arabinose, Uronsäuren), sowie mit Lignin (20—30%, vgl. S. 131), wobei Hauptvalenzbindungen zwischen Lignin und Begleitkohlehydraten bestehen, die ihrerseits über zahlreiche H-Brücken, möglicherweise auch über einzelne Hauptvalenzbrücken, mit den Celluloseketten verbunden sind. Zur Isolierung der Cellulose ist hier ein chemischer Aufschlußprozeß erforderlich, der die Cellulose möglichst wenig angreift, das Lignin jedoch unter Abbau und chemischer Umsetzung in wasserlösliche Bruchstücke überführt und gleichzeitig die Hauptmenge der Begleitkohlehydrate entfernt. Technisch durchgeführt wird dies entweder in Form des sauren Bisulfitaufschlusses (Kochung mit wäßriger Lösung von ($Ca(HSO_3)_2 + SO_2$

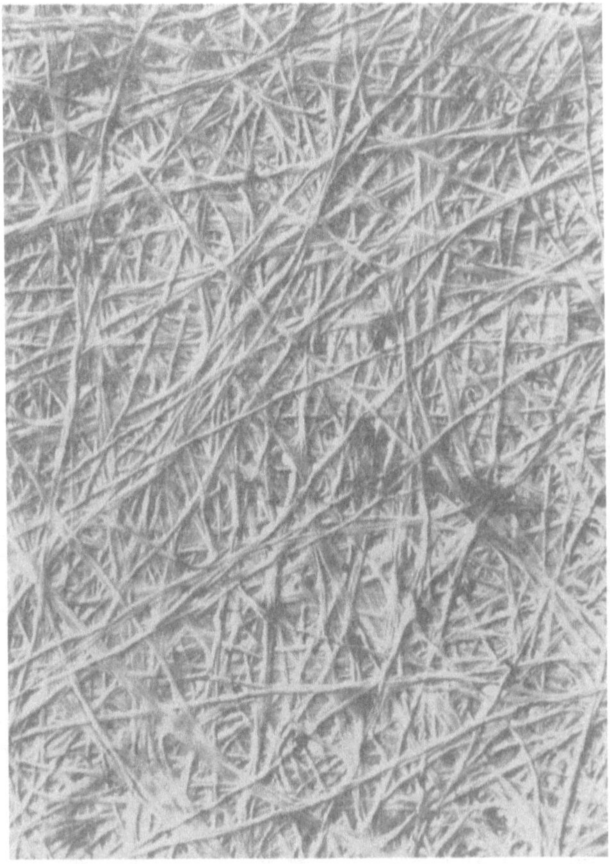

Abb. 2. Fibrillenstruktur einer Bakteriencellulose (1:24000; EM-Aufnahme H. J. PURZ, Institut für Polymerenchemie Teltow)

bei 130—150 °C), der das Lignin in lösliche Ligninsulfosäure überführt und die Begleitkohlehydrate größtenteils zu löslichen Mono- oder Oligosacchariden hydrolysiert, oder in Form eines alkalischen Aufschlusses (wäßrige Lösung von NaOH bzw. von $Na_2S + NaOH$ bei ~170 °C), wobei für spezielle Zellstoffe heute saure und alkalische Behandlung in Form einer „Mehrstufenkochung" kombiniert werden können. Zur weitgehenden Entfernung noch vorhandenen Restlignins und anderer Verunreinigungen wird der „Kocherstoff" anschließend gebleicht mit elementarem Chlor, Hypochlorit, ClO_2, oder neuerdings mit Luftsauerstoff, womit gleichzeitig ein oxydativer Abbau der Celluloseketten verbunden ist, der bei einem für chemische Weiterverarbeitung bestimmten Zellstoff sorgfältig kontrolliert bis zum gewünschten $\bar{P}$ geführt wird.

Der $\bar{P}_w$ technischer Holzzellstoffe liegt in der Größenordnung um 1000. Trotz dieses mehrstufigen chemischen Prozesses, der von entsprechenden mechanischen Sortier- und Reinigungsvorgängen begleitet ist, erreicht ein solcher Holzzellstoff in keinem Falle den Reinheitsgrad einer Baumwollcellulose, sondern enthält stets noch einige Prozente kürzerkettiger Fremdpolyosen (vorwiegend Pentosane), und die Celluloseketten weisen einzelne Störstellen (funktionelle Gruppen wie $>C{=}O$ und $-COOH$) auf. Während Bastfasern (Flachs, Hanf usw.) und Baumwollcellulosen (abgesehen von den zu kurzfaserigen „Linters") unmittelbar der textilen Verarbeitung zugeführt werden, sind Holzzellstoff-Fasern mit 1—3 mm Faserlänge hierfür zu kurz und können nur durch Auflösung und Verspinnung nach dem Viskose- oder Kupferseidenprozeß zu „Chemiefäden" verformt werden, sofern sie nicht über einen Blattbildungsprozeß direkt zum Flächenprodukt „*Papier*" verarbeitet werden. Für eine chemische Weiterverarbeitung werden etwa 10% des im Weltmaßstab erzeugten Holzzellstoffs sowie in geringem Umfange Baumwoll-Linters eingesetzt, während die Hauptmenge des Zellstoffs zur Papiererzeugung dient.

Chemische Umsetzungen an der Cellulosekette sind das

klassische Beispiel „polymeranaloger“ Reaktionen und in Kombination mit einer Abwandlung der übermolekularen Ordnung auch heute noch der einzige Weg zur Gewinnung neuer Celluloseprodukte. Reaktionsgeschwindigkeit und maximaler Umsetzungsgrad werden bei allen von Cellulose im festen Zustande ausgehenden Umsetzungen mehr oder weniger stark durch die übermolekulare und morphologische Struktur des Präparats bestimmt. Daher können chemische Umsetzungen und Wechselwirkungen in Form von „Accessibilitätsmethoden“ wie z. B. der Wasserdampfsorption, der Quellung in polaren Medien, der heterogenen Hydrolyse der Glucosidbindungen oder der Oxydation am Glucosering mittels N_2O_4 zur Erkennung struktureller Unterschiede zwischen verschiedenen Cellulosepräparaten dienen. Bei Umsetzungen in technischem Maßstabe wie z. B. einer Acetylierung ist mit einer ungleichmäßigen Substituentenverteilung zu rechnen [52], wobei der Grad dieser Ungleichmäßigkeit der Verteilung längs und zwischen den einzelnen Ketten sowohl von der Ausgangsstruktur, als auch von dem durch das Reaktionsmedium bedingten Quellungszustand abhängt.

Abgesehen von den später zu behandelnden Abbauvorgängen greifen chemische Umsetzungen und Wechselwirkungen vor allem an den zwei sekundären und der primären Hydroxylgruppe an, wobei zunächst eine Sprengung inter- und intramolekularer H-Brücken zwischen diesen Gruppen als Voraussetzung einer Verbindungsbildung erfolgen muß. Die Möglichkeiten einer solchen „Verbindungsbildung“ umfassen die breite Palette von einer unter begrenzter Quellung verlaufenden zwischenmolekularen Wechselwirkung mit polaren Flüssigkeiten über die Bildung lockerer, z. T. Auflösung der Cellulose bewirkender Additionsverbindungen bis zu definierten und beständigen Hauptvalenzderivaten wie Cellulose-Estern und Cellulose-Äthern, wobei Übergänge möglich sind und als gemeinsamer erster (und in manchen Fällen einziger!) Schritt eine Donator-Acceptor-Wechselwirkung mit der Cellulose-OH-Gruppe anzusehen ist, an der sowohl das Sauerstoffatom als Donor wie auch das Wasserstoffatom als Acceptor beteiligt ist [53]. In Abhängigkeit vom Reaktionsmedium sind alle diese Umsetzungen der Cellulose von einem unterschiedlich starken Kettenabbau begleitet.

Eine große Zahl polarer Flüssigkeiten wie Wasser, NH_3, niedere Alkohole, Formamid, aber auch Dimethylformamid oder Dimethylsulfoxid vermögen unter Sprengung intermolekularer H-Brücken und *EDA*-Wechselwirkung mit den Hydroxylgruppen die Cellulosestruktur begrenzt zu quellen, wobei der maximale Quellwert einerseits von der Ausgangsstruktur (Baumwollcellulose → hoher mittlerer Ordnungsgrad → niedriger Quellwert; Zellwolle → niedriger mittlerer Ordnungsgrad → hoher Quellwert), andererseits von Molvolumen und zwischenmolekularen Wechselwirkungsparametern (vor allem dem H-Brückenanteil δ_H und dem polaren Anteil δ_P des sog. Löslichkeitsparameters δ, vgl. S. 273) des Quellmittels abhängt, während die Quellgeschwindigkeit außerdem durch die Porenstruktur und den damit zusammenhängenden Trocknungszustand des Präparats bestimmt wird [54]. Die reversible Aufspaltung von H-Brücken („Haftstellen zwischen benachbarten Ketten) in Bereichen niedriger Ordnung durch Wassermoleküle nach

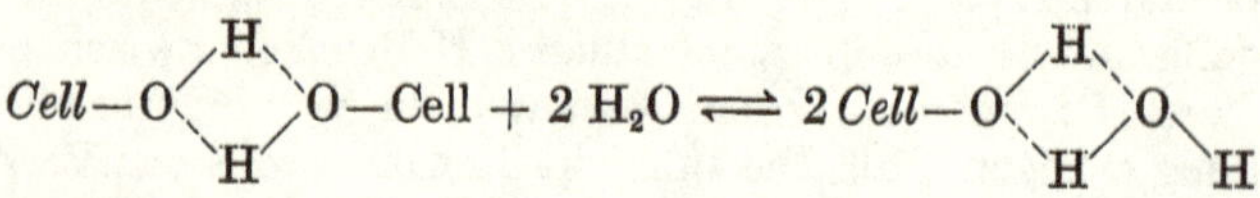

nimmt dabei nur auf Grund ihrer technologischen Bedeutung, nicht aber hinsichtlich der wissenschaftlichen Systematik eine gewisse Sonderstellung ein. Auf die „Weichmacherwirkung" dieser recht fest gebundenen Wassermolekeln ist in wesentlichem Maße die Elastizität und Biegefestigkeit der Cellulosefasern zurückzuführen; denn eine „absolut trockene" Cellulose ist ausgesprochen hart und spröde und für textile Zwecke unbrauchbar.

Durch eine der Wasserquellung folgende Trocknung werden nicht nur H-Brücken zwischen Kettenabschnitten innerhalb einer Faser zurückgebildet und dabei das Porensystem und die Oberfläche der Faser manchmal stark verändert („Verhornung"), sondern es können unter den Bedingungen der Papierherstellung (mechanische Aufsplitterung, sog. „Fibrillierung", der Einzelfasern durch nasse Mahlung in gequollenem Zustand) auch H-Brücken, also chemische Haftstellen zwischen den einzelnen Fasern nach der Blattbildung während des Entwässerungs- und Trocknungsprozesses entstehen, die als wesentlicher Träger der mechanischen Festigkeit eines Papierblattes anzusehen sind [55].

Obwohl manche Flüssigkeiten wie z. B. flüssiges NH_3 oder Äthylendiamin unter erheblicher Quellung auch in die hochgeordneten Bereiche der Faserstruktur eindringen und beispielsweise zu Änderungen im Röntgendiagramm führen, sind bis heute kaum Einkomponentensysteme bekannt geworden, die Cellulose unbegrenzt quellen, d. h. völlig in Lösung bringen, da hierzu nicht allein die Bildung eines *EDA*-Komplexes bzw. einer Additions- oder Hauptvalenzverbindung unter Sprengung intermolekularer H-Brücken auch in den hochgeordneten Bereichen, sondern zusätzlich eine ausreichende Solvatation dieser Verbindung im Reaktionsmedium nötig ist. Beiden Forderungen läßt sich im allgemeinen nur durch ein mindestens zwei Komponenten enthaltendes Lösemittelsystem Rechnung tragen. Als Celluloselösemittel, in denen das Ausgangspolymere durch Ausfällen z. B. mit Wasser zurückerhalten wird, sind heute bekannt [56]:

- verschiedene Flüssigkeitsgemische wie z. B. Dimethylsulfoxid (*DMSO*)-Methylamin oder SO_2-Diäthylamin-*DMSO*, deren Komponenten sowohl die Komplexbildung als auch die Solvatisierung gewährleisten
- Konzentrierte wäßrige Lösungen verschiedener Tetraalkylammoniumverbindungen
- konzentrierte wäßrige Mineralsäurelösungen z. B. von H_2SO_4

oder H_3PO_4, bei denen der Löseprozeß natürlich mit einem hydrolytischen Kettenabbau gekoppelt ist

- konzentrierte wäßrige Lösungen von Salzen aus einem kleinen stark polarisierenden Kation und einem großen, leicht polarisierbaren Anion ($ZnCl_2$, LiSCN)
- wäßrige Lösungen verschiedener Schwermetallkomplexe (s. u.).

Die beim Löseprozeß entstehenden Additionsverbindungen sind z. T. hinsichtlich Bindungstyp und stöchiometrischer Zusammensetzung auch heute noch nicht völlig bekannt. In vielen Fällen erfolgt wahrscheinlich ein Einbau cellulosischer OH-Gruppen in eine Hydratations- bzw. Koordinationslücke eines mit Wasser solvatisierbaren Komplexes. Diesen Additionsverbindungen zuzuordnen ist auch das Reaktionsprodukt der Umsetzung von Cellulose mit 10—20%iger wäßriger Natronlauge, wobei mit weit abgebauter Cellulose ebenfalls Auflösung, mit Holzzellstoff oder Baumwolle dagegen unter Bildung der technisch wichtigen „Natroncellulose I" nur begrenzte Quellung eintritt. Das Verhalten der Natroncellulose bei weiteren Umsetzungen läßt sich am besten unter Annahme eines Gleichgewichts zwischen hydratisiertem Celluloseanion und Molekülverbindung etwa entsprechend dem Schema:

$$\mathit{Cell}\text{—}O^{-}_{H_2O}Na^{+} \rightleftharpoons \begin{array}{l}\mathit{Cell}\text{—}O\text{—}H \\ \quad\quad\;\;\vdots \quad\;\; \vdots \\ \quad\quad\;\; H\text{—}O^{-}\,Na^{+}\end{array}$$

verstehen, wobei die meisten Ergebnisse chemischer und röntgenographischer Untersuchungen für das Vorliegen einer „1 : 1"-Verbindung 1 C_6 : 1 NaOH : x H_2O sprechen.

Besondere Bedeutung als Celluloselösungsmittel haben verschiedene Metallamminkomplexe der Übergangsmetalle. Seit mehr als 100 Jahren bekannt ist die Auflösung in Kupferoxydammoniak („Schweitzers Reagens"), nicht allein für analytische Zwecke zur $\overline{P}$-Bestimmung, sondern auch zur Gewinnung konzentrierter Spinnlösungen mit 10—15% Cellulose, die nach Zerstörung des Komplexes beim Spinnprozeß die „Kupferseide" liefern. In diesen Lösungen liegt die Cellulose sehr wahrscheinlich als komplexes Anion vor, das Kupfer über Hauptvalenzen gebunden enthält, während das zugehörige Kation der $[Cu(NH_3)_4]^{2+}$-Komplex ist. Neben Cuoxam und dem ebenfalls zur $\bar{P}$-Bestimmung verwendeten Cupriäthylendiammin („Cuen") wurden in den letzten Jahrzehnten von JAYME und Mitarbeitern eine Reihe weiterer celluloselösender Komplexe aufgefunden, die gegenüber Cuoxam den Vorteil eines stark verlangsamten Abbaus der gelösten Cellulose durch Luftsauerstoff haben und sich daher u. a. zur $\bar{P}$-Bestimmung eignen („Cadoxen", Na-Salz der Tartratoferrisäure [57]).

Während die bisher besprochenen Additions- und Komplexverbindungen nur im Überschuß des Bildungsmediums beständig sind, führt eine Veresterung oder Verätherung der Hydroxylgruppen unter den aus der organischen Chemie bekannten Bedingungen zu stabilen, definierten Hauptvalenzderivaten. Sofern diese Reaktionen im heterogenen System ohne vorherige Lösung der Cellulose ablaufen und keine vollständige Substitution aller OH-Gruppen erfolgt, ist eine von Ausgangsstruktur und Medium bestimmte Ungleichmäßigkeit der Substituentenverteilung entlang und zwischen den Ketten zu erwarten. Die Verteilung der Substituenten im einzelnen Glucosering hängt von einer meist unterschiedlichen Reaktivität der einzelnen OH-Gruppen ab, die ihrerseits durch Reaktionstyp, Volumen des Substituenten und Acidität der OH-Gruppe bestimmt wird.

Unter den *Celluloseestern* haben technische Bedeutung vor allem das *Nitrat*, das je nach Zusammensetzung der Nitriersäure ($H_2SO_4/HNO_3/H_2O$) in einer rasch verlaufenden Gleichgewichtsreaktion $(C_6H_{10}O_5)_n + 3n\ HNO_3 \rightleftharpoons (C_6H_7O_2(ONO_2)_3)_n + 3n\ H_2O$ mit N-Gehalten zwischen 10 und 13,5% (theoret. Wert des Trinitrats 14,14%) gewonnen wird und zur Herstellung von Sprengstoffen sowie vereinzelt als Lackgrundlage dient; ferner das *Acetat*, das zur Herstellung von Fasern, Folien, schwer brennbaren Sicherheitsfilmen sowie neuerdings Membranen für Trennzwecke Verwendung findet. Um eine gleichmäßige Substituentenverteilung als Voraussetzung einer gut verarbeitbaren Lösung zu gewährleisten, stellt man hierbei meist unter Verwendung von Linters als Rohstoff zunächst durch Umsetzung mit Essigsäureanhydrid unter Zugabe eines Katalysators ($HClO_4$, H_2SO_4) das Triacetat her, das dann vorsichtig zum sog. „$2^1/_2$-Acetat" verseift wird, welches im Gegensatz zum Triacetat in dem billigen Lösungsmittel Aceton gelöst und dann „trocken" ersponnen werden kann (Auspressen der Lösung durch Düsen, Entfernung des Lösungsmittels im Heißluftstrom). Neuerdings wird auch in Methylenchlorid gelöstes Triacetat unmittelbar zu Fasern versponnen, die gegenüber dem $2^1/_2$-Acetat verbesserte textile Eigenschaften zeigen. Während Acetat und Nitrat der Cellulose unmittelbar als faser- und filmbildende Substanzen Verwendung finden, hat das Estersalz der Dithiokohlensäure, das *Na-Cellulosexanthogenat*, technische Bedeutung als Zwischenprodukt beim *Viskoseprozeß* zur Herstellung von Celluloseregeneratfäden: Durch Einführung der hydrophilen Gruppe $-O-C\begin{smallmatrix}\nearrow S\\ \searrow S^-\end{smallmatrix}$ kann die Cellulose als Polyanion gelöst und durch ein saures Spinnbad als Cellulose II wieder ausgefällt werden. Man setzt dabei eine bis zum gewünschten $\overline{P}$ alkalisch-oxydativ abgebaute Na-*Cell I* mit ca. 40% CS_2 (auf Cellulose bezogen) bei 25—30 °C um und erhält einen mittleren „Substitutionsgrad" von etwa 0,5 Xanthatgruppen je Glucoserest, der zur Gewinnung einer homogenen, durch Lösen des Xanthogenats in etwa 4%ige wäßriger Natronlauge erhaltenen Lösung ausreicht. Nach einer Vergleichmäßigung der Substituentenverteilung durch „Umxanthogenierung" bei längerem Stehenlassen der Lösung (sog. „Nachreifeprozeß") wird die Lösung in ein wäßriges Fällbad von etwa 40 °C versponnen, das ca. 100 g/*l* H_2SO_4, ca. 200 g/*l* Na_2SO_4 und meist etwas $ZnSO_4$

enthält. Durch Wahl der Spinnbedingungen (Badzusammensetzung, Zusatzmittel (sog. Modifikatoren), Temperatur, Verstreckung des Fadens) lassen sich übermolekulare und morphologische Struktur des Fadens und damit auch seine textilmechanischen Eigenschaften in weiten Grenzen variieren und dem Verwendungszweck anpassen (z. B. Einsatz für Reifencordseide, sog. Hochmodulfasern für textile Zwecke).

Die Herstellung von *Celluloseäthern* erfolgt durch Umsetzung von Natroncellulose bzw. Zellstoff in wäßrig-alkalischem Medium mit Alkylierungsmitteln wie Dimethylsulfat, Alkylhalogeniden usw., mit Äthylenoxid, mit Chloressigsäure oder auch an einer —C=C-Doppelbindung (MICHAEL-Addition):

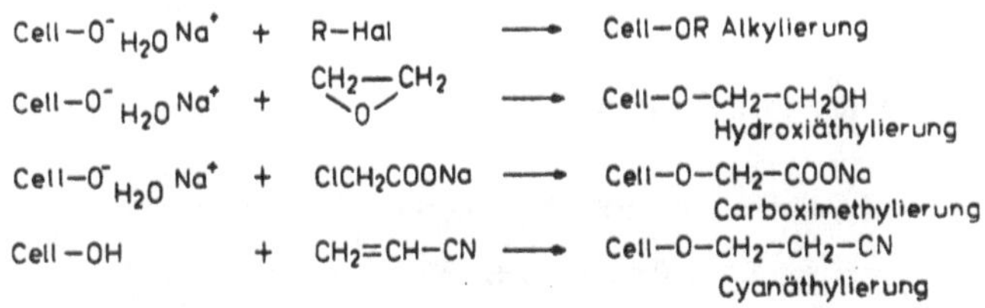

Mit steigendem Substitutionsgrad (*SG*) einer Methylcellulose wird der Zusammenhalt der Ketten durch Verringerung der Zahl der H-Brücken immer mehr gelockert und dadurch bei *SG* 1—2 eine Löslichkeit in Wasser, bei *SG* ~ 3 eine Löslichkeit in organischen Lösungsmitteln ermöglicht. Diese Abstufung der Löslichkeitseigenschaften durch Einstellung eines bestimmten Substitutionsgrades, sowie auch durch Variation des Substituenten einschließlich der Möglichkeit einer Gewinnung von Mischäthern erlaubt einen vielfältigen Einsatz dieser Produkte als Klebestoffe, Verdickungsmittel, Textil- und Papierhilfsmittel (vornehmlich Methyl-, Äthyl, Hydroxiäthyl- und Carboximethylcellulose), sowie in geringem Umfang als Plastmassen (Äthylcellulose, Benzylcellulose), da bei diesen Äthern das Schmelzintervall genügend weit unter der Zersetzungstemperatur liegt. Eine Bindung über —C—O—C-Ätherbrücken liegt auch vor beim Aufziehen sog. „Reaktivfarbstoffe“ auf Cellulose:

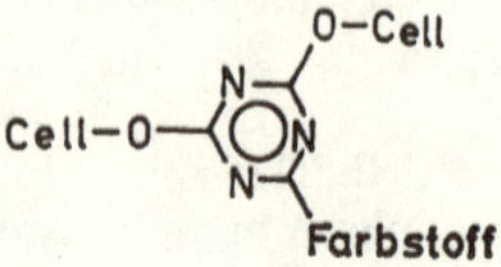

Mit geeigneten mehrfunktionellen Reagenzien lassen sich über solche Ätherbrücken Vernetzungen vornehmen, z. B. eine Vernetzung mit Formalin:

$$2\ \text{Cell–OH} + \text{HCHO} \longrightarrow \text{Cell–O–CH}_2\text{–O–Cell}$$

oder mit Divinylsulfon

$$2\ \text{Cell–OH} + \text{CH}_2\text{=CH–SO}_2\text{–CH=CH}_2 \longrightarrow$$
$$\longrightarrow \text{Cell–O–CH}_2\text{–CH}_2\text{–SO}_2\text{–CH}_2\text{–CH}_2\text{–O–Cell}$$

Solche Vernetzungsreaktionen haben heute erhebliche technische Bedeutung für die Veredelung von Baumwollgeweben (Verbesserung der Knitterbeständigkeit und Pflegeleichtigkeit).

Für eine Pfropfcopolymerisation an Cellulose steht eine breite Palette radikalischer Initiierungsverfahren (Kettenübertragung, Radikalbildung durch Direktoxydation z. B. mit Ce^{4+}, Zerfall von Peroxiden oder von Cellulosederivaten mit Diazogruppen, Strahlungsinitiierung) zur Verfügung, ohne daß, vor allem für die sich jetzt allmählich abzeichnende technische Anwendung, schon eine Entscheidung über den optimalen Weg gefallen ist. Als Monomere zum Aufbau der Pfropfzweige dienten bisher fast ausschließlich Acrylnitril, Styrol und Methacrylate. Auch hier bestimmt die Accessibilität der Celluloseketten, d. h.

das Spektrum der übermolekularen Ordnung, in wesentlichem Umfang Zahl, Länge und Verteilung der Pfropfzweige.

Ein Aufbau und Ausbau neuer Richtungen der präparativen organischen Chemie der Cellulose einschließlich der Entwicklung von Vorstellungen über die ablaufenden Mechanismen erfolgte in den vergangenen zwei Jahrzehnten vor allem durch ROGOVIN und seine Schule [58]. Ausgangsprodukt sind auch hier zumeist „klassische" Derivate der Cellulose, in erster Linie der Toluolsulfosäureester („Tosylat")

("Tosylat") 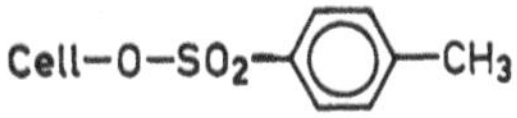

der Triphenylmethyläther („Tritylcellulose")

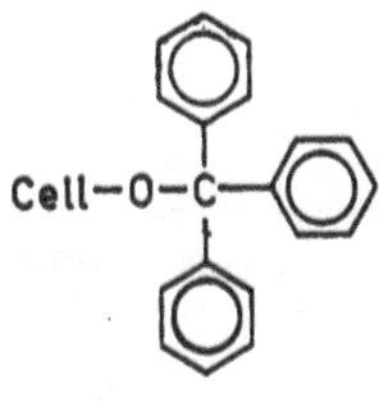

und die Perjodatoxydation zugängliche Dialdehydcellulose

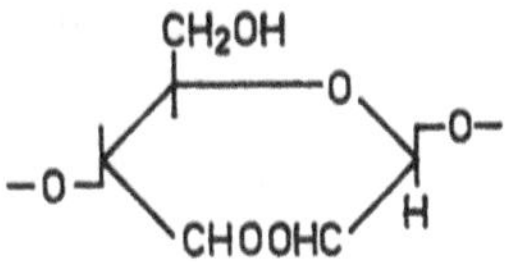

Als ein Beispiel für die von ROGOVIN erschlossenen Arbeitsrichtungen und zugleich für die Möglichkeiten einer Umsetzung am Makromolekül seien hier Herstellung und präparative Verwendung von sog. „Desoxicellulosen" ausführlicher beschrieben. Cellulosetosylat eignet sich auf Grund der Polarität zwischen cellulosischem C-Atom und abzuspaltender Gruppe als Ausgangsmaterial für S_N2-Substitutionen, wobei in $C_{2,3}$-Stellung die Substitution wesentlich schwerer verläuft als in C_6-Stellung. Während die klassischen Cellulosereaktionen der Veresterung und Verätherung den Einbau von Substituenten grundsätzlich nur über Sauerstoffbrücken gestatten, ermöglicht eine nucleophile Substitution an Cellulosetosylat sowohl die Gewinnung einer breiten Palette verschiedener Ester und Äther, als auch die Herstellung verschiedener Desoxicellulosen mit direkter Bindung eines Heteroatoms an den Kohlenstoff des Glucoserings:

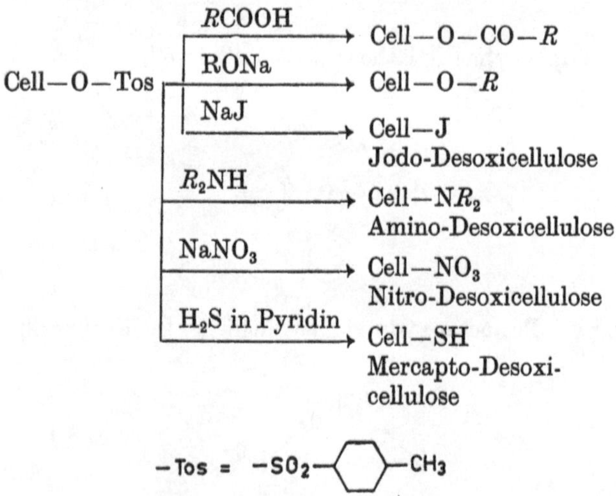

Unter diesen Deoxicellulosen erweist sich vor allem die Jodcellulose als geeignet für weitere Syntheseschritte am C-Gerüst:

$$\text{Cell–J} + \text{KCN} \longrightarrow \text{Cell–CN}$$

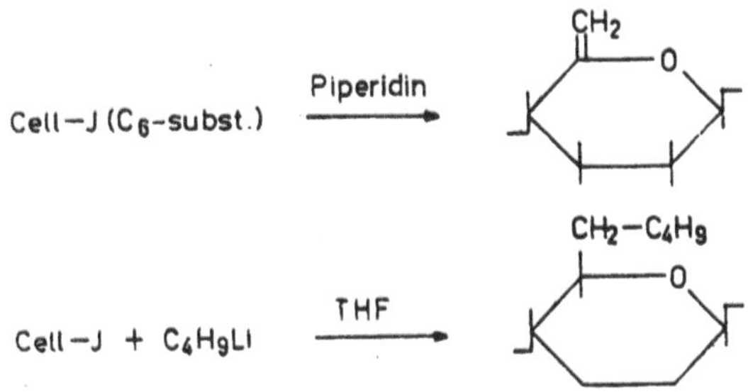

Das 5,6-Celluloseen kann als Ausgangsprodukt für radikalische Anlagerungen der verschiedensten Telogene dienen. S_N2-Reaktionen an Monosacchariden sind mit WALDEN'scher Umkehrung verbunden. Diese sterische Änderung am Cellulosemolekül kann natürlich nur bei C_2, C_3-Substitution realisiert werden. ROGOVIN und Mitarbeitern gelang der experimentelle Nachweis einer sterischen Änderung am C-Skelett bei der Verseifung eines C_6-tritylierten C_2-Tosyl-esters. Über ein inneres Anhydrid wurden Glucoseeinheiten in Altroseeinheiten umgewandelt:

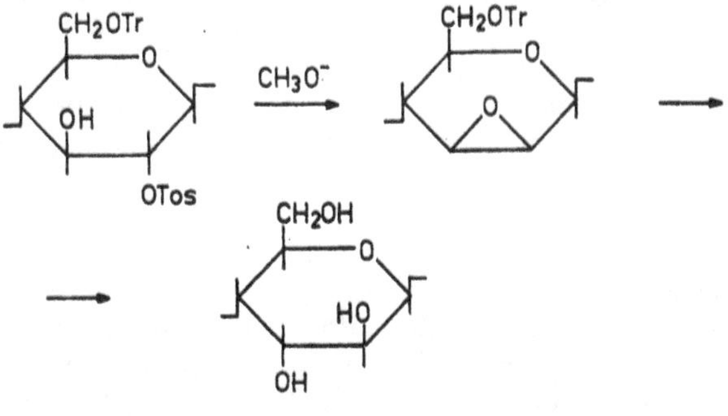

Es wurde bereits darauf hingewiesen, daß chemische Umsetzungen an den OH-Gruppen der Cellulose oft mit einem Kettenabbau verbunden sind. Während für den schon erwähnten hydrolytischen Abbau mit Säuren eine H^+-katalysierte Sprengung der Glucosidbindung anzunehmen ist:

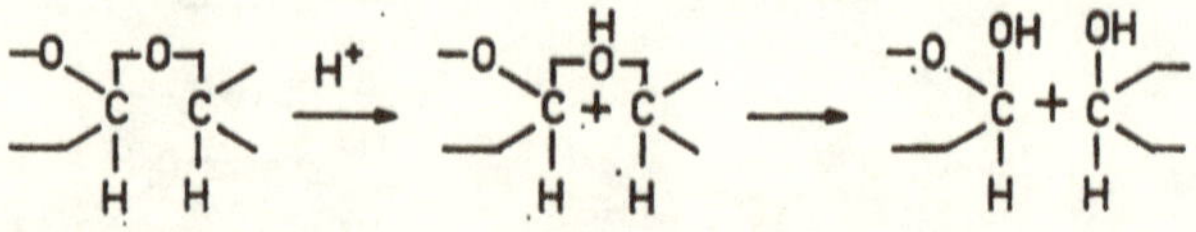

verläuft der oxydative Abbau wesentlich unübersichtlicher, indem hier primär unter Beibehaltung der ursprünglichen Kettenlänge ein oxydativer Angriff an den OH-Gruppen am C_2-, C_3- oder C_6-, bzw. auch am C_1-Atom unter Bildung von Keto-, Aldehyd-, Carboxyl- bzw. Estergruppen erfolgt und dann erst sekundär diese oxydativ geschädigte Cellulose vor allem in alkalischem Medium einer Kettenspaltung unterliegt, wofür wiederum verschiedene Reaktionsmechanismen infrage kommen.

Luftsauerstoff greift trockene Cellulose bei Raumtemperatur praktisch nicht an, baut jedoch in alkalischem Milieu rasch, in geringerem Umfange auch im neutralen Gebiet ab, vor allem bei Belichtung. Die zahlreichen Ergebnisse zum Photoabbau, zum mikrobiellen Abbau sowie zum thermischen Abbau können hier nur erwähnt werden, wobei auch bei diesen Prozessen der zeitliche Verlauf stark von der übermolekularen und morphologischen Struktur des Präparats abhängt.

Beim heterogenen hydrolytischen Abbau mit verdünnten Säuren wird nach längerer Reaktionszeit unter weitgehender Herauslösung ungeordneter Anteile ein nahezu konstanter, in seiner Höhe durch die Ausgangsstruktur bestimmter Ausgleichs-$\overline{P}$ („level-off-$\overline{P}$") zwischen 30 und 300 erreicht, dessen Höhe mit der Ausdehnung der geordneten Faserbereiche in Zusammenhang gebracht wird. Der durch Hydrolyse bis zum level-off-$\overline{P}$ erhaltene Rückstand von ca. 90% des eingesetzten Cellulosematerials findet nach entsprechender Aufarbeitung in

Pulver- oder Gelform heute als sog. „mikrokristalline Cellulose" vielseitige Verwendung [59].

Die Umkehrung des Hydrolysevorganges, nämlich eine Polysaccharidsynthese durch Kondensation von monomeren Zuckern bzw. Zuckerderivaten vor allem mit P_2O_5 in einem geeigneten Medium wie z. B. *DMSO*, wird heute im Labormaßstab intensiv bearbeitet. So wurde bereits vor zehn Jahren durch Polykondensation von 2,3,6-Tricarbanilylglucose und anschließende alkalische Verseifung der Estergruppen ein β-1,4-Polyglucosan mit $\bar{P}$-Werten zwischen 50 und 70 erhalten, das sich in jeder Hinsicht wie eine abgebaute Cellulose verhielt [60].

2.1.3. Lignin

Lignin kommt stets vergesellschaftet mit Cellulose und anderen Polysacchariden in der Zellwand aller höheren Pflanzen vor, der es die erforderliche Festigkeit gegen Druckbeanspruchung verleiht, während die Cellulosekomponente Zugbeanspruchungen aufnimmt. Im Gegensatz zu den Polysacchariden handelt es sich bei nativem Lignin um ein stark vernetztes Polymeres von sehr unregelmäßiger Primär-Struktur mit hoher Molmasse ($>$10000), das in keinem bekannten Lösungsmittel löslich ist und sich daher nicht unzersetzt isolieren läßt. Die technischen Holzaufschlußverfahren zur Zellstoffgewinnung liefern nur stark abgebaute Ligninderivate, und das nach Totalhydrolyse des Kohlehydratanteils erhaltene „Säurelignin" kann wohl zur ungefähren quantitativen Bestimmung des Ligningehaltes der Zellwand (17–22% bei Einjahrespflanzen, 19–25% bei Laubhölzern, 25–33% bei Nadelhölzern) dienen, ist jedoch chemisch stark verändert. Einem nativen Lignin am ähnlichsten ist das sog. „milled wood lignin" nach Björkman, erhalten als bräunlich-weiße, amorphe, thermoplastische Masse von der Molmasse 6–10000 durch Aceton- oder Dioxanestraktion eines vorher mit Toluol feingemahlenen Holzpulvers. Allerdings ist auch hier bei der Isolierung mit einem erheblichen Abbau zu rechnen, und das „milled wood Lignin" enthält noch einen erheblichen Kohlehydratanteil. Weitgehend kohlehydratfreie Präparate lassen sich durch Kombination von enzymatischem Polysaccharidabbau, Schwingmahlung und Extraktion gewinnen.

Der aromatische Charakter der Ligninbausteine ist seit langem bekannt. Er zeigt sich u. a. in charakteristischen, in der Holzanatomie verwendeten Farbreaktionen wie z. B. in der Rotfärbung mit Phloroglucin und Salzsäure. In allen Ligninarten liegt als Baueinheit ein Phenylpropanskelett, ferner eine größere Anzahl von Methoxylgruppen (15—20% CH_3O- im Laubholz- und 10 bis 15% CH_3O- im Nadelholzlignin), sowie phenolische und alkoholische Hydroxylgruppen und einzelne Carbonylgruppen vor. Im Laufe der letzten Jahrzehnte wurde die seit etwa einem Jahrhundert intensiv bearbeitete Frage nach Aufbau und Biogenese des Lignins durch verschiedene Forschergruppen weitgehend geklärt. Hierbei verfolgten K. Freudenberg und Mitarbeiter [61] vor allem den Weg der Isolierung und Identifizierung von Ligninzwischenprodukten beim fermentativen Aufbau aus Coniferylalkohol in vitro, während K. Kratzl [62] durch Applizieren von ^{14}C-markierten Ligninvorstufen im Pflanzengewebe den Verlauf der Synthese in vivo untersuchte.

Monomere Grundbausteine des Lignins sind in erster Linie der auch in vivo als Glucosid gefundene Coniferylalkohol (1) sowie der Sinapinalkohol (2) und der p-Cumarylalkohol (3)

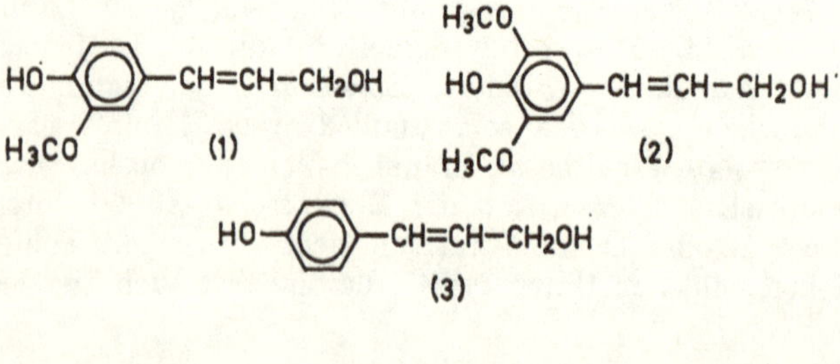

Nadelholzlignin ist im wesentlichen aus (1)-Bausteinen mit wechselndem, aber stets geringen Anteil von (3) aufgebaut, während Laubholzlignin in erster Näherung ein Copolymeres aus (1) und (2) darstellt.

Die Verknüpfung der Monomeren wird eingeleitet durch eine Dehydrierung unter Mitwirkung des Ferments Laccase, wobei das entstehende Radikal z. B. des Dehydroconiferylalkohols in drei mesomeren Formen (4a—c) weiterreagieren kann, wenn im nächsten Schritt zwei solcher Radikale zum Dimeren zusammentreten. Dieses ist entweder ein durch innermolekulare Stabilisierung entstandener phenolischer Körper (wie beispielsweise Dehydrodiconiferylalkohol (5), der einer weiteren Dehydrierung unterliegen kann, oder ein wenig beständiges Chinonmethid (6), das rasch eine Molekel Coniferylalkohol an der phenolischen OH-Gruppe zu dem drei Phenylpropanreste enthaltenden Produkt (7) addiert.

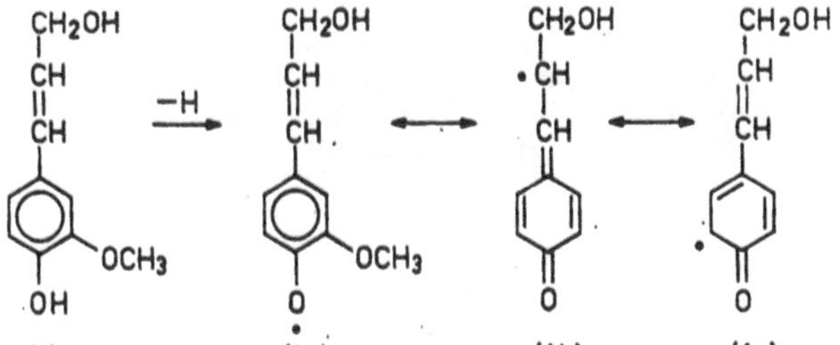

(1) (4a) (4b) (4c)

Die Kombination dieser beiden Aufbauprinzipien, nämlich einer Dehydrierungskondensation phenolischer Körper und einer ohne weitere Dehydrierung verlaufenden Addition des Monomeren an intermediär entstandene Chinonmethide, bedingt zusammen mit den Mesomeriemöglichkeiten des Ausgangsradikals die im Vergleich zu anderen Polymeren außerordentliche strukturelle Vielfältigkeit und Unregelmäßigkeit des Ligninmoleküls, für dessen Bau sich daher grundsätzlich keine generellen

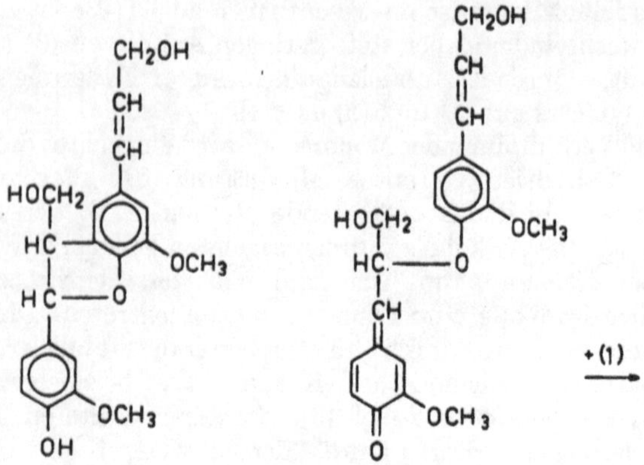

(5) (6)

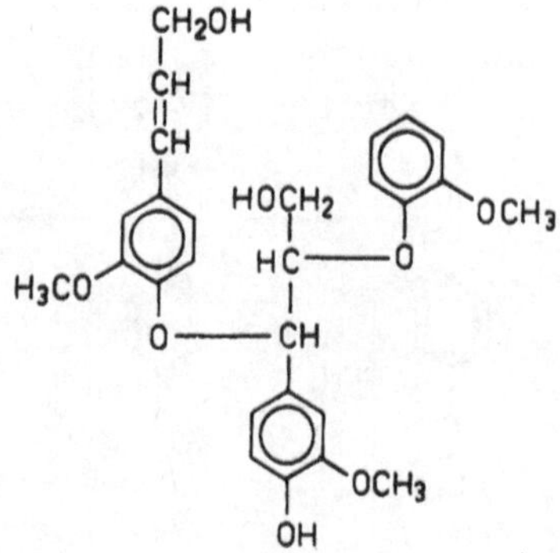

(7)

Formeln, sondern nur allgemeine Aufbauprinzipien angeben lassen. Die Bindung der Kohlehydratkomponente im Holz an den Ligninkomplex erfolgt wahrscheinlich analog dem Übergang (6) → (7) über eine Ätherbrücke durch Addition einer Zucker-Hydroxylgruppe an ein Chinonmethid. FREUDENBERG und NEISH fassen diese

Vorstellung über den Aufbau des Nadelholzlignins in folgendem Strukturschema [63] zusammen:

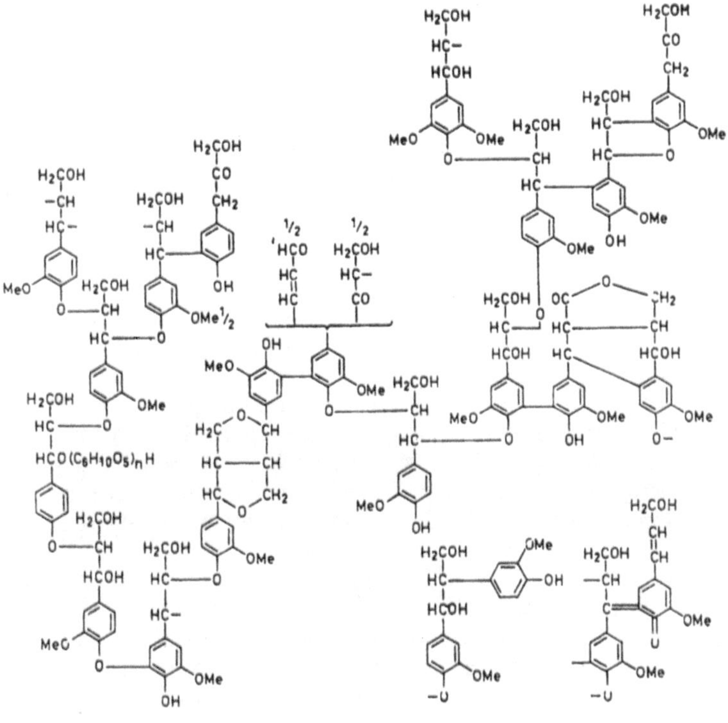

Im Zusammenhang mit dem Aufbau des Lignins und mit seiner Bindung an den Kohlehydratanteil sei auf kürzlich erschienene Modelluntersuchungen hingewiesen, bei denen eine Art „synthetisches Holz“ durch oxydierende Polymerisation von Isoeugenol an Cellulose erhalten wurde [64].

Unter den chemischen Umsetzungen des Lignins sollen hier die vorwiegend zur Strukturaufklärung interessanten Reaktionen der Acylierung, Alkylierung und Oxydation außer Betracht bleiben. Es werden vielmehr nur die für die Zellstoffgewinnung wichtigen Vorgänge behandelt, die sämtlich unter starkem Abbau zu wasserlöslichen Ligninbruchstücken führen. Nur auf diesem Wege ist eine Abtrennung der Cellulosekomponente von dem covalenten, mit dem Polysaccharidanteil über einzelne Hauptvalenzbindungen verknüpften Ligninnetzwerk möglich. Zeitlicher Verlauf und Vollständigkeit eines solchen Aufschlußprozesses werden durch die Topochemie der *Delignifizierung* in den einzelnen Zellwandschichten wesentlich bestimmt und erfordern daher für ihre eingehende Untersuchung die Kombination chemischer und morphologischer Arbeitsmethoden [65]. Bei dem wasserlösliche Ligninsulfosäuren ergebenden Sulfitaufschluß erfolgt einmal ein Einbau hydrophiler SO_3H-Gruppen, bevorzugt in α-Stellung zum Phenylrest, zum anderen eine Hydrolyse der Ätherbindungen zwischen den Ligninbausteinen wie auch der Lignin-Kohlehydrat-Bindungen unter Bildung kleinerer Bruchstücke. Bei ungenügender Sulfitierung ist in saurem Medium eine sekundäre, irreversible Kondensation von Ligninbruchstücken möglich, die zur sog. „Schwarzkochung" und damit zum Verlust der ganzen Zellstoffcharge führt. Für den alkalischen Aufschluß mit $NaOH + Na_2S$ („Sulfataufschluß") wird angenommen, daß zunächst ein Ersatz alkoholischer OH-Gruppen in α-Stellung zum Phenylrest (Benzylalkoholgruppierung) durch Mercapto- bzw. Sulfidgruppen stattfindet und dann eine durch diese SH-Gruppen begünstigte hydrolytische Spaltung unter Bildung neuer freier phenolischer OH-Gruppen erfolgt. Der vorherige Einbau der —SH bzw. —S-Gruppen erleichert die Bildung löslicher Bruchstücke gleichzeitig durch eine weitgehende Verhinderung einer sonst auch hier möglichen sekundären Lignin-Kondensation. Bei Nitrierung und Chlorierung des Lignins verlaufen Kernsubstitution unter Abspaltung von Methoxylgruppen und oxydativer Abbau nebeneinander. Es entstehen in verdünnter Alkalilauge lösliche, intensiv gefärbte Nitro- bzw. Chlorlignine. Beide Reaktionen können zur Isolierung der Cellulosekomponente des Holzes in analytischem wie in technischem Maßstabe dienen (Salpetersäureaufschluß von Holz; Chloraufschluß nach Pomilio für Einjahrespflanzen; Chlorierungsstufe bei der Bleiche von Sulfit- und Sulfatzellstoffen). Zunehmende technische Bedeutung vor allem für die Entwicklung umweltfreundlicher Zellstoff-Bleichprozesse gewinnt ein über radikalische Zwischenstufen verlaufender Ligninabbau durch molekularen Sauerstoff in alkalischem Medium [66].

Die Frage der technischen Verwendung der bei der Zellstoffgewinnung anfallenden großen Mengen an Ligninabbauprodukten — je Tonne Fichtenzellstoff etwa eine Tonne Trockensubstanz in der Ablauge, davon mehr als die Hälfte Lignin — ist vom polymerchemischen Standpunkt aus noch immer weitgehend ungelöst. Großtechnisch wird vielfach eine Ablaugenverbrennung zur Verringerung der Abwasserschwierigkeiten und zur Verbesserung der Wärmebilanz der Zellstoffbetriebe durchgeführt. Eine chemische Aufarbeitung der Ablaugen ist erschwert durch ihre sehr komplexe Zusammensetzung (Ligninbruchstücke stark unterschiedlicher Größe und Struktur, Mono- und Oligosaccharide, anorganische Bestandteile) und die verhältnismäßig große Verdünnung der Ablaugen. Ein begrenzter Einsatz als Chemieprodukt erfolgte bisher:

- durch Verwendung eingedickter Sulfitablauge bzw. von durch Eindampfen erhaltenem festem Lignin für den Straßenbau, sowie für Flotations- und Bohrhilfsmittel und als Bindemittel für Gießereiformen;
- durch Abbau zu definierten niedermolekularen Aromaten (Vanillinherstellung in technischem Maßstab) bzw. durch Pyrolyse zu beispielsweise Aktivkohle;
- unter Erhaltung der Polymerstruktur der Bruchstücke versuchsweise u. a. zur Herstellung von Ionenaustauschern, Lackrohstoffen und Duromeren.

2.1.4. *Proteine* [67]

Proteine sind aus Aminosäuren aufgebaut, die über Peptid(=Amid)-Bindungen miteinander verknüpft sind:

$$\sim\!\!\sim HN-\underset{\displaystyle R}{\underset{|}{CH}}-CO\sim\!\!\sim$$

Von den etwa 140 natürlich vorkommenden Aminosäuren sind ca. 25 proteinogen. Alle proteinogenen Aminosäuren sind α-Aminosäuren. Sie haben (außer Glykokoll) ein asymmetrisches C-Atom und kommen in Proteinen nur in der *L*-Form vor.

Die Klassifizierung der Proteine erfolgt bisher in einfacher Weise in *wasserlösliche Proteine* (*Globulärproteine*) und unlösliche *Fibrillärproteine*. Die $\overline{M}$ der Globulärproteine liegen zwischen 10^3 und 10^6 (z. B. Insulin 5700; Hämoglobin 65000; Urease 480000; Hämocyanin 5–6 $\times$ 10^6). Eine weitere Unterteilung der Proteine geht von Unterschieden in der Löslichkeit aus (Albumine — wasserlöslich; Globuline — löslich in Salzlösungen; Protamine — löslich in 85proz. Alkohol) und nach chemischen Reaktionen (Histone — mit NH_3 fällbar; Protamine — stark basisch). Die fibrillären Proteine haben eine faserartige Struktur auf Grund der Bündelung der Makromoleküle zu Mikrofibrillen. Hierzu gehören Kollagen (Bindegewebe, Hauteiweiß, Knochen, Knorpel), Keratine (Haare, Nägel, Hufe) und Seidenfibroin.

Die Globulärproteine bilden durch „intramolekulare Kristallisation" die in wäßriger Lösung stabile Sekundärstruktur der α-Helix (Abb. 3). Sie enthält pro Windung 3,7 Aminosäurereste, deren —CO- und —NH-Gruppen mit Partnern der beiden banchbarten Windungen sehr stabile H-Brücken ausbilden. Die Helixstruktur ist die energieärmste unter den möglichen Sekundärstrukturen, die sich durch Ausbildung von H-Bindungen ergeben können. In globulären Proteinen findet man daneben noch Abschnitte mit Faltblattstruktur und Bereiche mit nicht bekannter Ordnung. Das gesamte Makromolekül globulärer Proteine ist, bedingt durch die Wechselwirkungen der Substituenten R der Monomereinheiten und durch Disulfidbindungen zwischen Cystein-Resten, in jeweils charakteristischer Weise zu einer „Tertiärstruk-

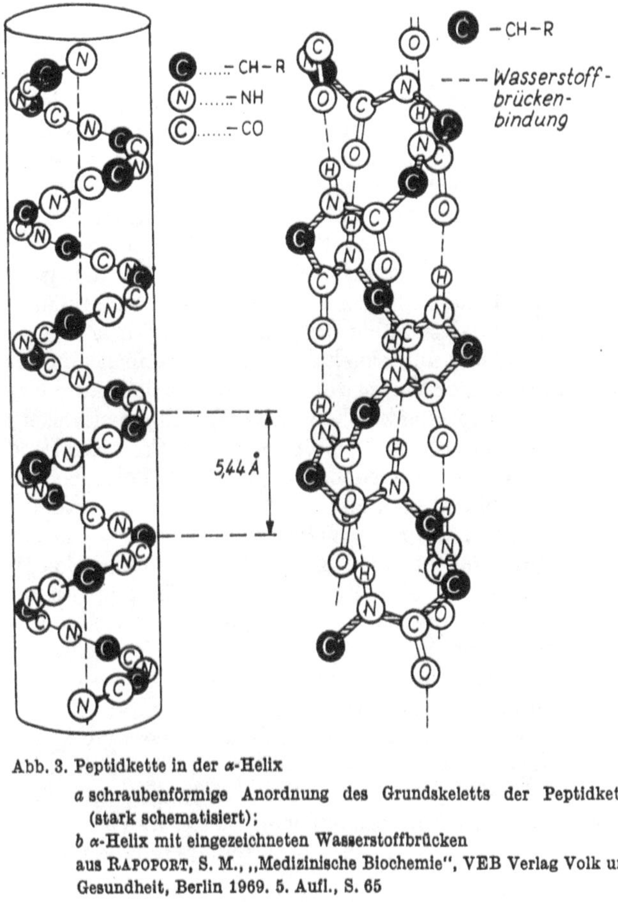

Abb. 3. Peptidkette in der α-Helix
a schraubenförmige Anordnung des Grundskeletts der Peptidkette (stark schematisiert);
b α-Helix mit eingezeichneten Wasserstoffbrücken
aus RAPOPORT, S. M., „Medizinische Biochemie", VEB Verlag Volk und Gesundheit, Berlin 1969. 5. Aufl., S. 65

tur“ verknäuelt (vgl. Abb. 3.1.). Die polaren Reste *R* der Monomereinheiten sind dabei vorwiegend nach außen gerichtet. Bei Denaturierungsvorgängen (durch Erhitzen, Säure- oder Harnstoffeinwirkung, Oxydationsmittel, Strahlung) werden Tertiär- und Sekundärstruktur grundlegend und sehr häufig irreversibel verändert. Aus der für die Wirkungsspezifität der einzelnen Eiweißkörper notwendigen geordneten übermolekularen Anordnung entsteht ein zumeist biologisch unwirksames statistisches Knäuel der Makromoleküle (vgl. S. 268). Verschiedentlich lagern sich Protein-Makromoleküle zu Aggregaten zusammen (Quartärstruktur). So besteht z. B. das Hämoglobin aus 2×2 identischen Polypeptidketten, deren jede eine prosthetische *Häm*-Gruppe trägt. In Viren sind eine große Zahl von Untereinheiten (Makromolekülen), vorzugsweise über H-Brücken, zu größeren Strukturgebilden vereinigt. So bauen 2130 identische Polypeptid-Untereinheiten aus jeweils 158 Aminosäureresten die spiralige Hülle des Tabakmosaikvirus auf. In der Wand dieser übermolekularen Architektur ist die für die Virusaktivität verantwortliche Ribonucleinsäure eingelagert. Virusproteine haben vielfach auch eine kubische Form. Die Viren als Kombination aus Proteinen und Nucleinsäuren (verschiedentlich auch mit Polysacchariden und Lipiden verknüpft) sind bereits Beispiele für zusammengesetzte Proteine (*Proteide*), die einen nicht aus Peptidresten bestehenden Teil mit besonderen biologischen Funktionen enthalten. Neben den gerade besprochenen Nucleoproteiden sind Lipoproteide (vornehmlich in Zellmembranen), Muco- oder Glykoproteide (Zellwände von Bakterien, Kollagen, Schleime, Blutguppensubstanzen), Chromoproteide (Hämoglobin, Katalase, Redoxenzyme) und Phosphoproteide (Caseine) die wichtigsten Koppelungsprodukte aus Proteinen und nieder- oder hochmolekularen Partnern. Die Bindungen zwischen diesen chemisch unterschiedlichen Strukturen sind teils kovalent (Phospho- und Glykoproteide), teils koordinativ.

Das die Substanz des Naturseidefadens bildende *Fibroin* besteht aus linearen Peptidketten, die im wesentlichen (ca. 80%) aus den Aminosäuren Glycin, Alanin und Tyro-

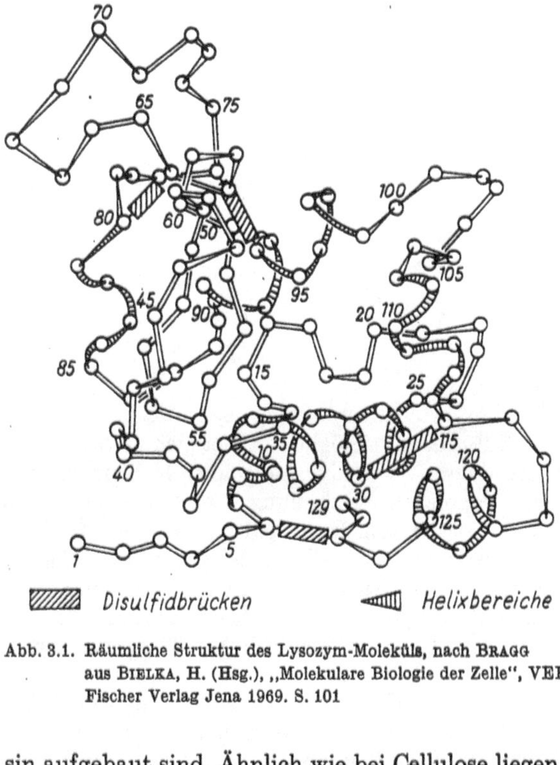

Abb. 3.1. Räumliche Struktur des Lysozym-Moleküls, nach BRAGG aus BIELKA, H. (Hsg.), „Molekulare Biologie der Zelle", VEB Gustav Fischer Verlag Jena 1969. S. 101

sin aufgebaut sind. Ähnlich wie bei Cellulose liegen neben Bereichen geringer gegenseitiger Ordnung der Ketten solche hoher Ordnung vor, die ein ausgeprägtes Röntgenfaserdiagramm liefern und durch starke intermolekulare H-Brücken zusammengehalten werden.

Diese hochgeordneten Kettenabschnitte enthalten vorwiegend die Bausteine mit kleinen Substituenten (Glycin, Alanin), welche die gegenseitige Ordnung und die Ausbildung der H-Brücken nur wenig behindern, während die großvolumigen Aminosäuren wie Tyrosin vorwiegend in den „amorphen" Bereichen sitzen. Genau wie Cellulose wird Seide durch Cuoxam sowie durch konzentrierte wäßrige Lösungen von LiBr und Mineralsäuren gelöst (Sprengung der H-Brücken).

Im Gegensatz zu Seide sind die Keratinsubstanzen der Wolle in allen bekannten Lösungsmitteln unlöslich und auch ziemlich beständig gegen einen hydrolytischen Angriff. Das physikalische und chemische Verhalten wird wesentlich bestimmt durch einen hohen Gehalt von Cystin,

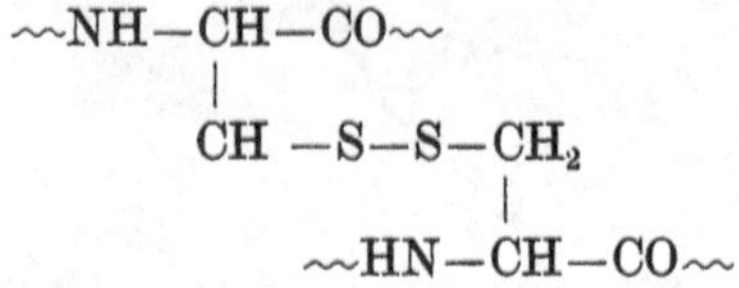

das eine Hauptvalenzvernetzung benachbarter Ketten über Disulfidbrücken ermöglicht zusätzlich zu der außerdem vorhandenen Wechselwirkung über H-Brücken und der innermolekularen Salzbildung zwischen sauren und basischen Substituenten. Eine Spaltung der Disulfid-Bindungen durch verdünntes Alkali oder schon durch heißes Wasser kann zu einer irreversiblen Strukturänderung und zur textilen Schädigung der Wollfaser führen, z. B. bei unsachgemäßem Waschen bei zu hoher Temperatur und Alkalität der Waschflotte.

Die ungeheure Vielfalt der Proteinarten ist dadurch bedingt, daß für den Aufbau dieser Copolymeren die ca. 25 verschiedenartigen proteinogenen Aminosäuren zur Verfügung stehen. Bereits bei Polymerisationsgraden von nur 10^3 ergeben sich daher 10^{75} verschiedenartige Anordnungsmöglichkeiten (in den Weltmeeren sind vergleichsweise nach Schätzungen nur ca. 10^{46} Wassermoleküle enthalten — Staudinger).

Die Aufklärung der Primärstruktur von Proteinen hat seit etwa anderthalb Jahrzehnten große Fortschritte gemacht. Die Bestimmung von Art und Menge der einzelnen Aminosäuren (Bausteinanalyse der Proteine) erfolgt vornehmlich durch automatisierte Ionenaustausch-Chromatographie von Hydrolysaten. Zur quantitativen Bestimmung der Aminosäuren im Eluat wird die Intensität der Ninhydrin-Färbung genutzt. Der Zeitbedarf pro Analyse ist nach dieser STEIN-MOORE-Technik auf wenige Stunden reduziert worden, wobei nur noch Mengen von $10^{-5}-10^{-9}$ Mol Aminosäure benötigt werden. Auch die Sequenzanalyse der Proteine ist heute mit kleinen Substanzmengen und in verhältnismäßig kurzen Zeiten (ca. 15 Aminosäurereste pro 24 h) möglich. Die Proteine werden zunächst mit proteolytischen Enzymen (Trypsin, Chymotrypsin) substratspezifisch gespalten. Die Enzyme greifen also an Peptidbindungen bekannter Aminosäuren an. Die Polypeptidgemische zerlegt man danach in Fraktionen neutraler, saurer und basischer Peptide. Diese Gruppenfraktionen werden auf Einheitlichkeit geprüft (durch Ionenaustauschchromatographie, Elektrophorese, Gegenstromverteilung, Papier- oder Dünnschichtchromatographie) und sodann der automatischen Sequenzanalyse unterworfen. Der EDMAN-Sequanator arbeitet dabei mit dem schrittweisen Abbau vom N-terminalen Kettenende her, wobei durch Einwirkung von Phenylsenföl ($C_6H_5N{=}C{=}S$) über Phenyl-2-Amino-thiazolin-5-on charakteristische 3-Phenyl-2-thiohydantione

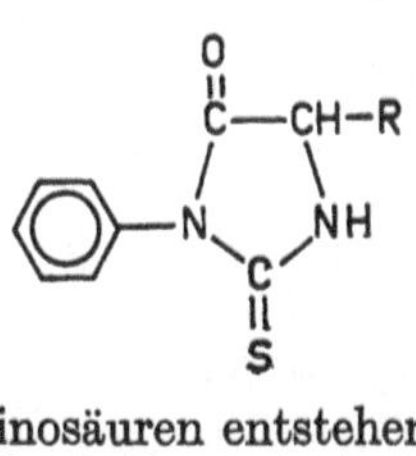

der einzelnen Aminosäuren entstehen. Mit der automatischen EDMAN-Technik lassen sich Sequenzen bis zu ca. 50 Aminosäuren analysieren. Sequenzanalysen liegen vor für Insulin (SANGER, manuell, 10 Jahre; A-Kette 21, B-Kette 30 Aminosäuren), für die Hämoglobine (β- und

γ-Ketten mit je 146 Aminosäureresten), für die Glycerinaldehyd-3-phosphat-Dehydrogenase (333 Aminosäurereste), um nur wenige Beispiele zu nennen. Die Sekundär- und Tertiärstruktur kann bisher nur an Protein-Kristallen (vornehmlich mittels Röntgenfeinstruktur-Analyse) ermittelt werden.

Die Eiweißstoffe unterliegen im Organismus einem verhältnismäßig rasch verlaufenden Auf- und Abbau. So betragen die Erneuerungsgeschwindigkeiten von Organen mit schnellem Umsatz (Leber, Plasma) nur ca. 10 Tage, die Proteine von Hämoglobin, Haut- und Muskeleiweiß werden in ca. 100 Tagen erneuert, Kollagene in ca. 1 Jahr.

Die Teilschritte der Eiweiß-Biosynthese sind im wesentlichen bekannt. Zunächst reagiert die einzelne Aminosäure mit Adenosintriphosphat zum Aminosäure-Adenosylphosphats-Mischanhydrid unter Mitwirkung einer für jede

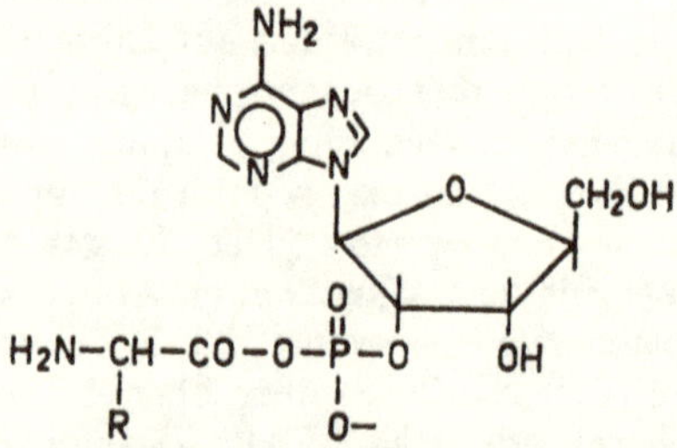

Aminosäure spezifischen Synthetase. An diese Synthetase ist auch die aminosäurespezifische Transfer-Ribonucleinsäure (t-*RNS*; vgl. S. 148) assoziiert. Die Aminosäure wird am Enzym auf die t-*RNS* umacyliert zur Aminoacyl-t-*RNS*, einem Ester mit der 3'-OH-Gruppe des endständigen Adenosins dieser Nucleinsäure. Dann wandert die Aminoacyl-t-*RNS* an das Ribosom, wo an einer Messenger(Boten)-*RNS* (m-*RNS*) das Proteinmolekül aufgebaut wird. Die Sequenzfolge des Proteins wird durch die Abfolge der Basentripletts der fixierten m-*RNS* festgelegt. Die m-*RNS* wurde dazu im Zellkern als „Spiegelbild" einer Desoxiribonucleinsäure (*DNS*)

synthetisiert. Diese *DNS* sind, wie im nächsten Abschnitt näher ausgeführt wird, die Träger der gesamten „genetischen Information", welche die Struktur aller zu einem Organismus gehörigen Eiweißstoffe bestimmt. Wichtigstes Bindeglied für den Aufbau der gesamten art- und individuums-spezifischen Eiweißstoffe in diesem Wechselspiel zwischen *DNS*, m-*RNS* und t-*RNS* ist der „Aminosäure-Code". Seine Unveränderlichkeit und seine Gültigkeit in der gesamten belebten Natur werden nur dadurch gesichert, daß die Synthetasen (s. o.) sehr strukturstabil sind, und so die jeweilige aktivierte Aminosäure exakt und ausschließlich mit der für sie spezifischen t-*RNS* verknüpfen. Die Struktur der „Bindungsstellen" der Synthetasen, durch die diese Spezifität und deren Stabilität festgelegt ist, ist noch unbekannt.

2.1.5. Nucleinsäuren [68]

Nucleinsäuren wurden zuerst als Nichteiweiß-Komponente der sog. „Nukleoproteide" im Zellkern gefunden. Als Träger der genetischen Information in den Chromosomen und durch ihre Rolle bei der Proteinsynthese in vivo stehen sie heute im Mittelpunkt der Biopolymeren-Forschung [69].

Die Nucleinsäuren sind Phosphorsäure-Polyester von Ribo-furanosen, wobei die 3- und 5-Hydroxylgruppen jeweils zweier Zuckereinheiten durch einen Monophosphatrest verknüpft werden. Jeder Zuckerrest ist glykosidisch mit einer Purin- oder Pyrimidinbase verbunden. Für eine Poly-D-ribo-nucleinsäure ergibt sich so folgende Primärstruktur (Ausschnitt):

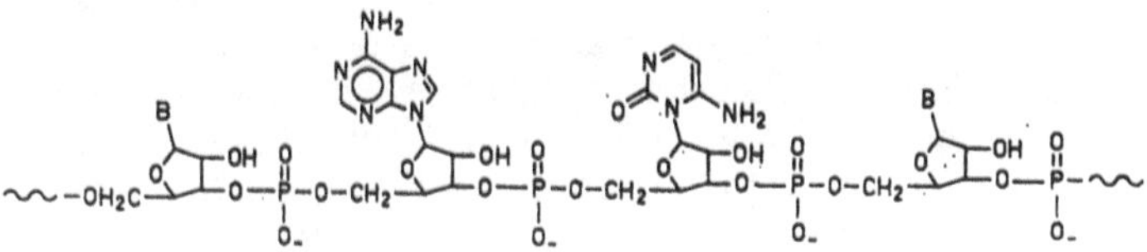

B = Purin- oder Pyrimidinbase

Außer Adenin (*A*) und Cytosin (*C*), die in dem hier skizzierten Kettenabschnitt als Zuckersubstituenten angenommen wurden, kommen noch als Seitengruppen in Nucleinsäuren vor:

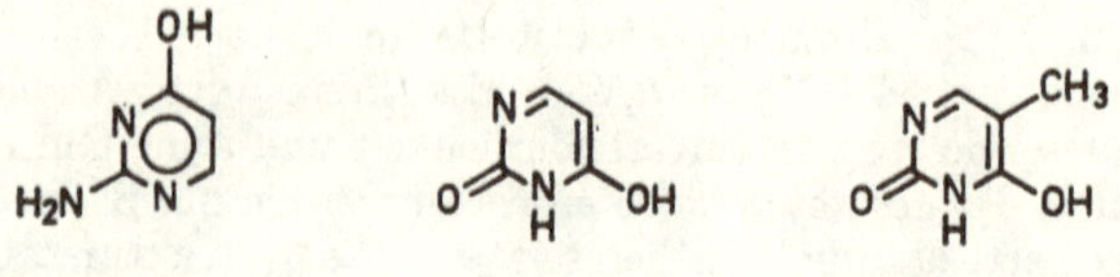

Guanin (G) Uracil (U) Thymin (T)

D-Ribose als Zuckerkomponente und die Basen *A*, *G*, *C* und *U* liegen vor bei den die Proteinsynthese steuernden *Ribonucleinsäuren* (*RNS*), 2-Desoxi-D-Ribose und die Basen *A*, *G*, *C* und *T* bei den Trägern der genetischen Information, den *Desoxiribonucleinsäuren* (*DNS*). Die Proteinkomponenten von Verbindungen zwischen Nucleinsäuren und Proteinen sind wahrscheinlich über ihre basischen Gruppen salzartig an das Phosphatanion gebunden.

Nucleinsäuren sind in besonderem Maße zu der schon bei den Proteinen erwähnten intramolekularen Kristallisation befähigt. Die Ausbildung der Sekundärstruktur der DNS fußt darauf, daß die Phosphatreste in den Poly-Desoxiribose-phosphat-Grundketten gewinkelt zum Furanosering stehen. Die energetisch günstigste Anordnung einer solchen Kette ist wiederum, wie bei den Proteinen, die Helix. Die Vorstellung von WATSON und CRICK, daß die *DNS*-Helix durch Wasserstoff-Brückenbindungen zwischen den „geschichtet" übereinanderliegenden Basen zweier ineinandergeschobener Helices stabilisiert ist (Abb. 4), wurde durch Röntgenstrukturuntersuchungen und elektronenmikroskopische Aufnahmen bestätigt. Die Ganghöhe einer Wendel, deren „äußeres Rückgrat" die beiden Poly-Desoxiribose-phosphat-Ketten bilden, umfaßt 10 Monomereinheiten (Basenpaare). Aus vorwiegend sterischen Gründen ergeben sich bei *DNS* Basenpaarungen zwischen Adenin und Thymin (*A*, *T*) mit 2 H-Brücken und zwischen Guanin und Cytosin (*G*, *C*) mit 3 H-Brücken. Die Basensequenzen zweier Helices sind also stets komplementär zueinander. Beim Erwärmen einer *DNS*-Lösung auf Temperaturen oberhalb 80 °C erfolgt Denaturierung, d. h. Übergang von der hochorganisierten Helixform in die unspezifische, statistische Knäuelform unter Verlust der biologischen Aktivität. Die Polymerisationsgrade von *DNS* liegen zwischen 10^3 und 10^6, für Gesamt-*DNS* aus Säugetiergeweben wurde ein $\overline{P}$ von 15100 bestimmt.

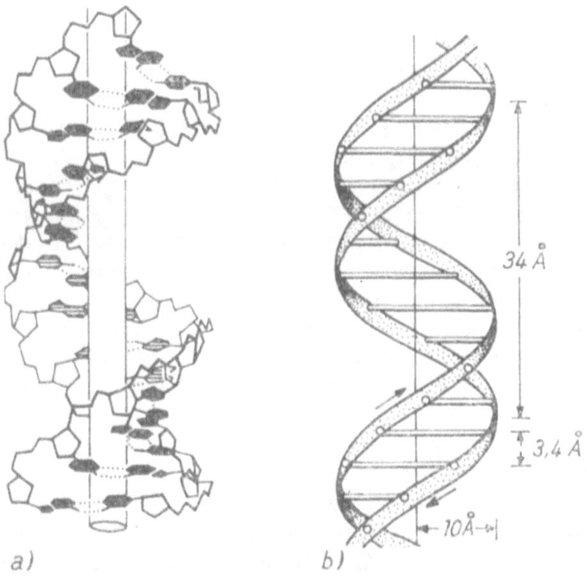

Abb. 4. DNS-Doppelhelix nach WATSON und CRICK

a) Räumliche Lage der Bausteine

b) Schematische Darstellung

aus BIELKA, H. (Hrsg.), „Molekulare Biologie der Zelle" VEB Gustav Fischer Verlag Jena, 1969. S. 46

Die genetische Wirksamkeit der *DNS* beruht darauf, daß die Erbanlagen in Form einer bestimmten Basensequenz der *DNS*-Kette verschlüsselt sind. Die für die Zellregeneration und für die Vererbung erforderliche Vervielfältigung dieser Informationen geht dann so vor sich, daß zunächst die Doppelhelix in zwei einfache „Tochterhelices" getrennt wird, an denen nach einem molekularen Matrizenmechanismus zwei neue Komplementärstränge entstehen. Die mit der Mutter-Doppelhelix strukturell völlig identischen Tochter-Doppelhelices können nun in gleicher Weise reduplizieren.

Die Entspiralisierung einer Doppelhelix soll mit ca. 10^4 Umdrehungen pro Minute verlaufen. Die Replikation zu zwei neuen Doppel-Helices erfolgt nun so, daß die Komplementär-Nucleosidtriphosphate an die Basen der einfachen Helix angelagert werden und sogleich enzymatisch unter Pyrophosphat-Abspaltung mit ihrer 3'-OH-Gruppe mit der jeweils endständigen 5'-Triphosphat-Gruppierung verknüpft werden.

Die Übersetzung oder Translation des genetischen Code in Aktivitäten zur Peptidsynthese bei der ständigen Regenerierung der Eiweißstoffe erfolgt außerhalb des Zellkerns an den Ribosomen. Für den Mechanismus dieser Translation hat man die Vorstellung, daß an den *DNS* Messenger(Boten)-*RNS* (m-*RNS*) nach dem Replikationsmechanismus synthetisiert wird. Diese m-*RNS* (P ca. 500—1500; Tabakmosaikvirus: P $\sim$ 6000) sind ihrer Basenfolge nach Spiegelbilder von Abschnitten der *DNS*-Kette. Ihre Basensequenz stellt nun den „Code", d. h. den verschlüsselten Ablaufplan für die Synthese der Aminosäuresequenzen in einem der spezifischen Eiweißstoffe der Organismen, dar. Jeweils ein Basen-Triplett der m-*RNS* ist charakteristisch für eine Aminosäure. Die als Aminoacyl-t-*RNS* in einem energiereichen Zustand vorliegenden Aminosäuren für die Polypeptid-Synthese (vgl. S. 144) finden das jeweilige Komplementär-Triplett an der m-*RNS* mit Hilfe ihres aminosäurespezifischen t-*RNS*-Tripletts. Dieses Triplett befindet sich nach der

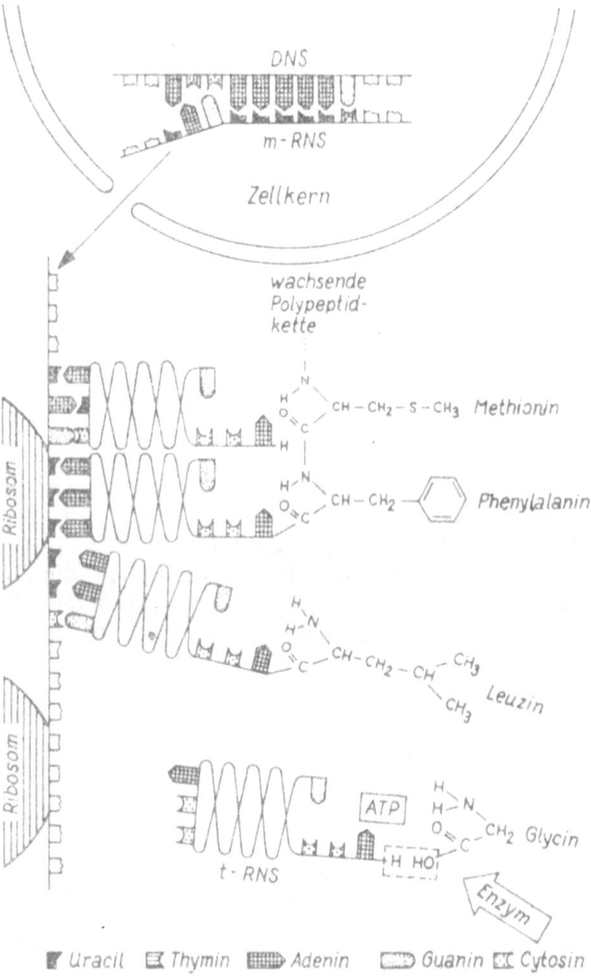

Abb. 5. Schematische Darstellung des Mechanismus der Eiweiß-Biosynthese nach SHDANOV, W. M., „Wissenschaft u. Menschheit", 1967, S. 239. Urania-Verlag Leipzig

Modellvorstellung an der Oberfläche der „Kleeblatt"-Sekundärstruktur der t-*RNS*. Man nimmt an, daß es dort ungepaart in der „Schleife" eines „Blattes" liegen soll. Die t-*RNS* haben *P* von 70–85. Abb. 5 gibt einen Eindruck vom Wechselspiel zwischen *DNS*, den *RNS* und der Eiweißsynthese.

Der Aminosäure-Code ist, wie man festgestellt hat, leicht „entartet". So gibt es für Glycin beispielsweise mehrere spezifische Basentripletts, nämlich *GGA*, *GGC*, *GGG* und *GGU*. Für Methionin ist nur das Basentriplett *AUG* spezifisch. Insgesamt sind $4^3 = 64$ Codierungen möglich. Sie sind heute alle entschlüsselt.

2.2. *Synthetische Polymere*

Der folgende Überblick muß sich auf einige systematisch und technisch wichtige Verbindungsklassen beschränken. Eine Gliederung erfolgt im wesentlichen nach chemischen Gesichtspunkten in: Polymere mit durchlaufender C-Kette, Polyäther, Polyester, Polyamide und -urethane sowie polymere Organosiliciumverbindungen.

2.2.1. *Polymere mit durchlaufender C-Kette*

2.2.1.1. *Polymere Monoolefine* [70]

Äthylen, das strukturell einfachste ungesättigte Monomere, wird als großtechnisches Produkt der Petrolchemie vorwiegend durch Pyrolyse von Äthan und Propan erhalten. Zwei verschiedene Polymerisationsverfahren werden technisch angewandt und führen zu Polymeren, die trotz gleicher chemischer Zusammensetzung recht unterschiedliche Eigenschaften zeigen.

Beim Hochdruckverfahren [71] erfolgt eine radikalische Polymerisation bei Temperaturen um 200 °C und hohen Drucken von ca 1500 at. Die Hochdruckpolymerisationen werden in Röhrenreaktoren oder in Rührautoklaven durchgeführt, wobei in kontinuierlicher Prozeßführung Umsetzungsgrade von ca. 20% erreicht werden. Als Katalysator dient meist eine geringe, genau dosierte Menge an molekularem Sauerstoff (0,01—0,1%); mit abnehmendem O_2-Gehalt sinkt der Umsetzungsgrad und steigt die Molmasse, die je nach Temperatur, Druck und O_2-Gehalt zwischen etwa 5000 und 50000 liegt. Die Reaktionsbedingungen werden so gewählt, daß das Polymere im Monomeren gelöst bleibt. Dies garantiert eine gleichbleibende Produktqualität auf der Grundlage eines überschaubaren kinetischen Ablaufs des Polymerisationsprozesses. Bei der Polymerisation werden große Wärmemengen frei (800 kcal/kg), die man z. B. beim Röhrenreaktor durch gute Kühlung, verbunden mit starkem Zurückdrängen von Wandansätzen, abführt. Infolge intramolekularer Übertragungsreaktionen ist Hochdruckpolyäthylen stets verzweigt. Diese Kurzkettenverzweigungen durch Butyl- bzw. Äthylseitenketten bedingen die niedrige Dichte von 0,915 bis 0,935.

Das Niederdruckverfahren nach Ziegler verläuft mit hoher Ausbeute bei Temperaturen unter 100 °C und Drücken von 1 atü und darunter. Die Polymerisation wird in aliphatischen Kohlenwasserstoffen vorgenommen, in denen sich das Polymere pulvrig abscheidet. Das Monomere muß für die komplexkoordinative Polymerisation hochrein sein. Luft- und Feuchtigkeitsspuren sind bei diesem Syntheseprozeß auszuschalten. Durch Variationen des Katalysators (meist Al-Trialkyl/$TiCl_4$, vgl. S. 81) kann die Molmasse in weiten Grenzen zwischen 10^4 und 10^6 verändert werden; durch Zudosierung geringer H_2-Mengen ist eine weitere Regelung möglich. Im Gegensatz zu Hochdruckpolyäthylen ist Niederdruckpolyäthylen bei im allgemeinen höherer Molmasse unverzweigt, was eine bessere Ordnung der Ketten ermöglicht und dadurch eine höhere Dichte von 0,94—0,96, einen höheren Erweichungspunkt (ca. 130 °C gegenüber 110—115 °C für Hochdruckpolyäthylen) und eine geringere Quellbarkeit in organischen Lösungsmitteln bedingt. Mit der Dichte steigen auch Zugfestigkeit, Modul und Wärmestandfestigkeit des Polymeren an.

Hohe Chemikalienbeständigkeit und gute dielektrische Eigenschaften beider Arten von Polyäthylen ergeben vielfältige Einsatzmöglichkeiten, z. B. in der chemischen Industrie, in der Kabelindustrie, in Landwirtschaft und Bauwesen, in der Verpackungsindustrie und in Konsumgütern (Rohre, Spritzgußartikel, Isolationen, Folien).

Hinsichtlich Korrosionsbeständigkeit, elektrischer Eigenschaften und vor allem Temperaturbeständigkeit wird Polyäthylen weit übertroffen durch *Polytetrafluoräthylen*, das durch Polymerisation des entsprechenden Monomeren unter Druck in wäßriger Suspension mit Peroxidisulfaten erhalten wird. Das Polymere kann bis 260 °C ohne Veränderung seiner mechanischen Eigenschaften eingesetzt werden. Allerdings ist es in allen bekannten Lösungsmitteln unlöslich und oberhalb seines sehr hoch liegenden Schmelzpunktes von 327 °C nicht genügend plastisch, so daß es nur durch Sintern und Pressen verarbeitet werden kann. Es wird als Dichtungs-, Lager- und Isoliermaterial sowie zu Beschichtungszwecken verwendet.

Aus Propylen werden kristalline Polymere mit isotaktischer bzw. syndiotaktischer Anordnung und dementsprechend hohem Kristallit-Schmelzpunkt von ca. 165 °C durch komplexkatalytische Polymerisation gewonnen. *Polypropylen* ist als Plastformkörper härter als Polyäthylen hoher Dichte und zeigt eine geringere Neigung zu Spannungsrißkorrosion. Fasern und Spaltfasern aus Polypropylen werden zur Herstellung von Teppichen und von technischen Textilartikeln angewandt.

Eine Copolymerisation von Äthylen und Propylen ist mit Ziegler-Natta-Katalysatoren ohne weiteres möglich, wobei die Copolymerisationsparameter katalysatorabhängig sind, aber in allen Fällen der Einbau des Äthylens in die Kette stark begünstigt ist. *Äthylen-Propylen-Copolymere* haben im Vergleich zum Polyäthylen eine höhere Biegsamkeit und bessere Löslichkeit infolge der als „kurze Zweige" wirkenden und die übermolekulare Ordnung der Ketten verringernden Methylgruppen. Mit Komplexkatalysatoren auf Basis Al-Alkyl/$VOCl_3$ entstehen amorphe, kautschukelastische Polymere, wenn der statistisch verteilte Propylenanteil 30% übersteigt. Durch Einbau geringer Mengen eines doppelt ungesättigten, nichtkonjugierten dritten Monomeren (z. B. Dicyclopentadien, Alkylidennorbornen) können die hervorragend alterungsbeständigen Äthylen-Propylen-Elastomeren in üblicher Weise mit Schwefel vulkanisiert werden.

Durch kationische Polymerisation von *Isobutylen* $CH_2{=}C\begin{smallmatrix}\diagup CH_3\\ \diagdown CH_3\end{smallmatrix}$ mit BF_3 oder $AlCl_3$ bei tiefer Temperatur wurden Polymere erhalten, die auf Grund ihrer Struktur eine Zwischenstellung zwischen thermoplastischen Vinylpolymeren und kautschukartigen Polymeren einnehmen und u. a. als Isoliermaterialien Verwendung finden. Copolymerisate mit 2–5% Isopren ergeben den ölfesten „Butylkautschuk".

2.2.1.2. Polymere Diolefine; Synthesekautschuke

Nachdem frühe Versuche zur Synthese des Naturkautschuks durch Polymerisation von Isopren nur zu unregelmäßig gebauten, stark verzweigten und vernetzten Polymeren ohne die gewünschten Eigenschaften geführt hatten, verlagerte sich der Schwerpunkt der Arbeiten für mehrere Jahrzehnte vom Nachbau des Naturproduktes zur Synthese von Homo- und Copolymeren mit kautschukähnlichem Verhalten unter Verwendung anderer Monomerer als Isopren. Der Aufbau eines hochmolekularen, reinen *cis-1.4-Polyisoprens* gelingt sowohl durch Polymerisation von Isopren mit Lithiumalkylen wie auch unter Verwendung von Ziegler-Natta-Katalysatoren. Diese Produkte sind chemisch und physikalisch mit dem Naturkautschuk identisch und werden bereits industriell produziert.

Hauptrohstoff für die Synthesekautschukproduktion ist jedoch seit ihren industriellen Anfängen das *Butadien*. Es wird großtechnisch aus Acetylen, aus Butan oder durch Benzin- oder Rohölpyrolyse gewonnen. Von der ursprünglichen Massepolymerisation mit Natrium (Buna), die Polymere mit ca. 50% 1.2-Strukturen („hängende Vinylgruppen") lieferte, wurde Mitte der dreißiger Jahre zur *Emulsions-Copolymerisation mit ca. 30% Styrol* als Comonomerem übergegangen. Als Emulgatoren werden Salze alkylierter Naphthalinsulfonsäuren, Seifen synthetischer Fettsäuren oder Kolophonium-Harzseifen eingesetzt. Die Polymerisationsauslösung erfolgt mit Persulfaten, in zunehmendem Maße aber mit Redoxsystemen, die die Durchführung der Polymerisation bei ca. 5 °C ermöglichen, wobei besser verarbeitbare Produkte (höhere trans-1.4-Anteile) erhalten werden. Da auch die Emulsions-Copolymerisate noch ca. 20% 1.2-Gruppierungen enthalten, die bei hohen Umsätzen bevorzugt zu Vernetzungen führen können, werden die Polymerisationen bei 60—70% Umsatz durch Zugabe von Phenyl-β-naphthylamin oder Hydrochinon abgebrochen. Die für die Gummitechnologie günstigsten Molmassen ($\overline{M}_w$ ca. $5 \cdot 10^5$) werden durch Regler (Dodecylmercaptan, Diisopropylxanthogendisulfid) eingestellt. Die technische Polymerisation wird in Batterien von 10—20 Rührkesseln (ca. 30 Upm) unter einem Druck von 5—10 at bei Gesamt-Verweilzeiten von 20—30 h durchgeführt. Unumgesetzte Monomere treibt man mit Dampf oder durch Anlegen von Vakuum ab. Der erhaltene Latex wird bei p_H 5 durch Zusatz von Schwefelsäure oder Essigsäure und Kochsalzlösung koaguliert.

Die Butadien-Styrol-Copolymeren (in der Literatur oft abgekürzt mit *SBR* = Styrene-Butadiene-Rubber) lassen sich gemeinsam mit Naturkautschuk vulkanisieren (vgl. S. 111); die sehr abriebfesten Vulkanisate werden zum beträchtlichen Teil zu Autoreifen verarbeitet. Copolymere mit geringen Mengen an Acrylsäure oder Methacrylsäure als ternärer Komponente (Carboxyllatices) werden für die

Teppichbeschichtung eingesetzt, da sie eine besonders gute Faserhaftung besitzen und bis zu 400% Füllstoffe aufnehmen können.

Styrol-Butadien-Styrol-Triblockcopolymere werden durch schrittweise anionische Polymerisation (vgl. S. 79) mit Li-Butyl in Kohlenwasserstoffen erhalten. Die Polymeren zeigen bei $\overline{M}_w$ von nur ca. $5 \cdot 10^4$ unvulkanisiert gute Festigkeit und Elastizität sowie hohe Kältebeständigkeit. Oberhalb des Erweichungsbereichs der Polystyrol-Blöcke ist Spritzguß- und Extrusionsverarbeitung möglich. Die Polymeren weisen bei der thermoplastischen Verarbeitung keine Gummielastizität mehr auf (geringe Spritzquellung!). Diese „Thermoelastoplaste" können im Temperaturbereich von —50 bis 60 °C verwendet werden, z. B. für Hartgummiartikel, die nicht sehr stark dynamisch beansprucht werden.

Im Weltmaßstab werden heute bereits ca. 20% der gesamten Synthesekautschukproduktion als *cis-1.4-Polybutadiene* durch Lösungspolymerisation mit $CoCl_2$/Al-Alkyl- oder mit TiJ_4/Al-Alkyl-Katalysatoren gewonnen. Sie werden bevorzugt zu Reifen-Laufflächen-Materialien verarbeitet. Die Emulsionspolymerisation von Butadien allein, z. B. mit Rh^{3+}-Verbindungen liefert Produkte mit ca. 70% trans-1.4-Gehalt, deren Gebrauchseigenschaften zwischen denen der Emulsions-Copolymerisate und der cis-1.4-Polybutadiene liegen.

Noch in der Entwicklung befinden sich „*Flüssigkautschuke*". Dies sind Polybutadiene von $\overline{M}$ 4000 mit OH- oder COOH-Endgruppen. Sie werden durch anionisch-bifunktionelle Initiatoren in Kohlenwasserstoff-Lösungsmitteln mit geringen Ätherzusätzen und durch nachfolgende Reaktion der lebenden Dianionen mit Äthylenoxid oder CO_2 erhalten. Auch Emulsionspolymerisation mit H_2O_2 oder Azo-Dicarbonsäuren als Initiatoren führt zu entsprechenden α, ω-difunktionellen Verbindungen. Die Verarbeitung dieser Produkte mit z. B. Makrodiisocyanaten (vgl. S. 184) zu Elastomeren würde eine beträchtliche Rationalisierung und Arbeitserleichterung bei der Produktion von Gummierzeugnissen ermöglichen. Über Struktur-Eigenschafts-Beziehungen solcher Produkte im Hinblick auf die bekannten Einsatzgebiete der technischen Gummierzeugnisse ist noch wenig bekannt.

Dem Polybutadien in der Struktur der Grundkette sehr ähnlich ist *trans-1.5-Polypentenamer*

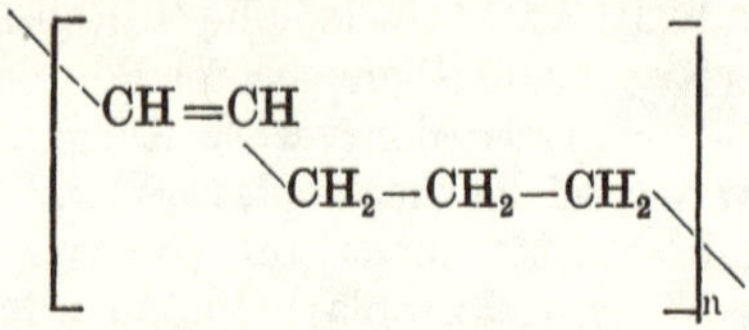

das durch ringöffnende Polymerisation von Cyclopenten mit $WCl_6/Al(C_2H_5)_2Cl$ (Mechanismus s. S. 45) in Toluol oder Chlorbenzol bei 0—20 °C erhalten wird. Die großtechnische Herstellung des Polymeren ist in Vorbereitung. Die Vulkanisate können mit hohen Füllstoffanteilen versetzt werden, ohne Einbußen der Zugfestigkeit zu zeigen. Infolge sehr guter Abriebfestigkeit, Rückprallhärte und Alterungsbeständigkeit hat das Polymere Aussichten, in die Reifenproduktion Eingang zu finden.

Als zweites, industriell genutztes Comonomeres für Butadien-Copolymere ist Acrylnitril zu nennen. Allerdings werden, verglichen mit einem Anteil des SBR von ca. 55% an der Weltproduktion von Synthesekautschuken (1973), nur ca. 5% „*Nitrilkautschuke*" (*NBR*) produziert. *NBR* gehört zu den klassischen Synthesekautschuken, die großtechnische Produktion begann vor 40 Jahren zusammen mit der von *SBR*. *NBR* wird noch heute unter sehr ähnlichen Bedingungen produziert wie *SBR* (kontinuierliche Emulsionspolymerisation bei 5 °C). Es werden vorzugsweise Polymere mit ca. 30 Massen% Acrylnitrilgehalt erzeugt. Sie finden Anwendung als Latices für Beschichtungen, als ölfeste Kautschuke sowie in Verschnittmischungen mit Polyvinylchlorid (z. B. für Kabelummantelungen oder Schuhsohlen).

Ein anderer Weg zu kautschukartigen Polymeren führt über das 2-Chlorbutadien (*Chloropren*). Chloropren polymerisiert wesentlich rascher als Butadien oder Isopren; man arbeitet auch hier meist in Emulsion. Das Polymere hat im wesentlichen 1.4-trans-Struktur. Zur Vulkanisation dienen Oxide wie MgO, wobei unter Abspaltung von Cl-Atomen benachbarte Ketten durch Ätherbrücken verknüpft werden. Das Polymere ist flammwidrig und wetterbeständig und wird u. a. für Gummiteile im Bauwesen verwendet.

2.2.1.3. Vinylpolymere

Als typische und technisch wichtigste Vertreter dieser sehr weitläufigen Substanzklasse sollen die Homo- und Copolymeren folgender Vinylverbindungen behandelt werden:

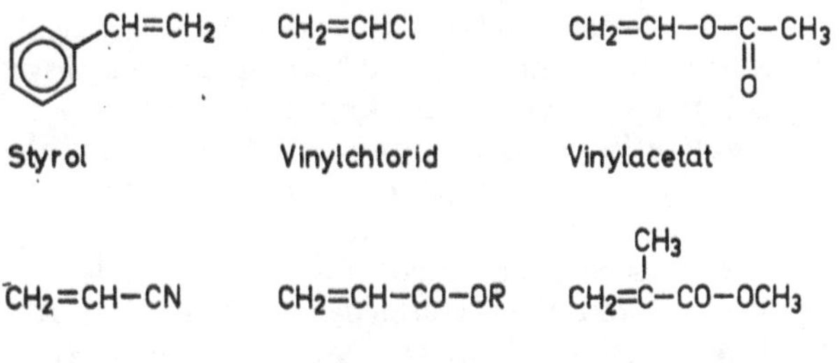

Die Umwandlung von Styrol in eine glasharte Masse durch Erwärmen oder Belichten wurde um 1840 erstmals beobachtet. Am Beispiel der radikalisch initiierten Styrolpolymerisation leiteten STAUDINGER und seine Mitarbeiter ab etwa 1920 die Grundgesetzmäßigkeiten der Polymerisationskinetik ab. Noch heute ist *Polystyrol* das Standardpolymere für die Weiterentwicklung von Methoden zur Charakterisierung von Polymerlösungen. Das Monomere gewinnt man technisch durch katalytische Dehydrierung von Äthylbenzol. Bei der vollkontinuierlichen *Massepolymerisation* in Strömungsrohren (Temperaturen von 100—180 °C ansteigend) wird mit thermischer Initiierung gearbeitet (Mechanismus vgl. S. 51). Die über Schnecken ausgetragenen Produkte haben $\overline{M}_w$ von ca. 300000 und eine relativ breite Molmassenverteilung. Da die so gewonnenen Polymeren keinerlei Zusatzstoffe enthalten, sind sie optisch hochrein und erscheinen glasklar bis zur Brillianz. Wegen ihrer hervorragenden dielektrischen Kennwerte sind sie insbesondere für den Einsatz in der Hochfrequenztechnik (Isolatoren, Isolierfolien) geeignet. Die *Perlpolymerisation* von Styrol (Teilchengröße der Produkte 0,1—1 mm) erfolgt diskontinuierlich mit organischen Peroxiden als Initiatoren und in Gegenwart von ZnO (ca. 5% bezogen auf Monomeres) und Polyvinylalkohol, um Suspensionsstabilität zu gewährleisten. Bei 70—90 °C wird ca. 24 Stunden polymerisiert.

Polystyrol wird hauptsächlich im Spritzguß verarbeitet. Als höchste Dauergebrauchstemperatur für die relativ spröden Produkte werden 65—80 °C angegeben. Polystyrol ist gegen Wasser, Säuren und Laugen beständig, es löst sich in aromatischen Kohlenwasserstoffen und in Chlorkohlenwasserstoffen. Haupteinsatzrichtungen für Polystyrole sind neben der Hochfrequenztechnik die Verpackungsindustrie, die Kraftfahrzeugausrüstung, der Apparatebau und die verschiedenartigsten Haushaltsartikel. In den letzten Jahren gewann es als Schaumkunststoff (Verarbeitung von pentanhaltigem Polymeren) ein neues, breites Anwendungsgebiet, insbesondere in der Kältetechnik.

Styrol-Acrylnitril-Copolymere mit Acrylnitrilgehalten um 25 Masse% sind weniger spröde als reines Polystyrol. Durch Pfropfcopolymerisation von Styrol-Acrylnitril-Monomermischungen auf Polybutadiene werden Copolymergemische (*ABS-Polymere* = Acrylnitril-Butadien-Styrol-Polymere; ca. 20% Polybutadien u. 25% Acrylnitril) mit feinverteilter Kautschukphase erhalten. Sie können im Spritzguß zu Produkten hoher Schlagzähigkeit (ca. 15fach im Vergleich zu Polystyrol) und Lösungsmittelbeständigkeit verarbeitet werden. Die Pfropfreaktion wird technisch sowohl an emulgierten Latices als auch an Lösungen von Polybutadien in den Monomermischungen vorgenommen. Sie setzt nach Kettenübertragung in der Allyl-Stellung der Polydiene ein oder erfolgt als Copolymerisation mit den hängenden Vinylgruppen der Butadien-Polymeren.

Polyvinylchlorid (*PVC*) [72] hat auf Grund der Vielfältigkeit seiner Anwendungsformen eine besonders große Bedeutung erlangt. Durch radikalisch initiierte Emulsionspolymerisation werden Latices erhalten, die unmittelbar zur Papier- oder Textilbeschichtung verwendet, zumeist aber zu Pulvern weiter verarbeitet werden. Beim Suspensionsverfahren wird mit organischen Peroxiden (z. B. Lauroylperoxid) initiiert, zur Emulsionspolymerisation werden wasserlösliche Initiatoren (z. B. Kaliumpersulfat) verwendet. Bei beiden Polymerisationstechniken treten in beträchtlichem Umfang Übertragungsreaktionen zum Monomeren auf. Wegen der hohen Aktivierungsenergie der Übertragungsreaktionen im Vergleich zu E_A der Wachstumsreaktion ist $\overline{P}_n (= k_w/k_{ü}$, vgl. S. 51) stark temperaturabhängig und kann bei der technischen Polymerisation durch die Einstellung der Temperatur (45—75 °C) geregelt werden. $\overline{M}_w$ der technischen Polyvinylchlorid-Typen liegt bei 60000—100000. Die Polymerisationsgrad-Verteilung hängt vom Syntheseprozeß ab.

Das Polymere zeigt eine gute Angriffsbeständigkeit gegen korrosive Gase sowie gegen nichtoxidierende Säuren, gegen Laugen und Salzlösungen. Bis 40 °C ist *PVC* gegen Wasser absolut beständig. Als Lösungsmittel zur Polymercharakterisierung wird vor allem Cyclohexanon angewandt, wobei auch in verdünnten Lösungen noch Assoziationserscheinungen zu beachten sind. Durch Pb^{2+}- und Sn^{4+}-Stabilisatoren wird der Wärmeabbau der Polymeren bei der Verarbeitung unterdrückt, mit o-Hydroxibenzophenon kann die Lichtstabilität von Folien und Formkörpern beträchtlich verbessert werden. Wo immer möglich, wird Ruß als unübertroffener Lichtstabilisator eingesetzt.

Durch „Weichmacher" (z. B. Trikresylphosphat oder Phthalsäureester mit 7—10 C-Atomen im Alkoholrest), die über Dipolwechselwirkungen fest in das Polymere eingelagert werden, läßt sich die Flexibilität der Verarbeitungsprodukte in weiten Grenzen variieren. *PVC*-hart (ohne Weichmacherzusatz) wird durch Extrusion zu Rohren, Profilen, Platten oder Folien bzw. im Spritzgußverfahren zu den verschiedenartigsten Formkörpern verarbeitet, wobei Temperaturen von 170—200 °C (Verweilzeiten 10—3 min.) angewendet werden. Aus Weich-*PVC* (mit 15—50% Weichmacher) werden im Spritzgußverfahren (bei 160—180 °C) vor allem Dichtungen, Steckermaterialien und kautschukelastische Produkte wie Schuhsohlen oder Stiefel u. v. a. m. hergestellt; es wird zur Kabel- und Drahtummantelung verwendet und in großem Umfang auf Kalandern zu Bodenbelägen verarbeitet. *PVC*-Schaumstoffe finden als Kunstleder breiteste Anwendung. Weichmacherhaltige Pasten (Plastisole) dienen zur Textilbeschichtung sowie zur Beschichtung von Stahlblechen für Korrosionsschutz-Zwecke.

Eine Verspinnung von reinem Polyvinylchlorid ist möglich nach Lösung des Polymeren in einem Gemisch von Aceton und CS_2 (Trockenspinnen) bzw. im Naßspinnverfahren aus Tetrahydrofuran-Lösungen. Copolymerisation des Vinylchlorids mit Vinylacetat, Vinylidenchlorid $CH_2 = CCl_2$ oder Acrylnitril erniedrigt den Erweichungspunkt und verbessert die Löslichkeit in Lösungsmitteln wie Aceton, was die Verarbeitung zu Fasern erleichtert. Eine bessere Acetonlöslichkeit des Polyvinylchlorids läßt sich auch durch „Nachchlorierung" des gelösten oder suspendierten Polymeren mit Chlorgas (Anstieg des Cl-Gehaltes von 56 auf 62—65%) erreichen; die hieraus hergestellte Faser ist sehr korrosionsbeständig und unentflammbar, aber infolge des niedrigen Erweichungspunktes nicht kochfest.

Vinylacetat dient bei vielen technischen Vinylpolymerisationen als Cokomponente. Homopolymerisate finden vor allem Verwendung für Klebemittel und als Ausgangsmaterial zur Gewinnung des durch direkte Polymerisation nicht zugänglichen *Polyvinylalkohols*. Zu diesem Zweck wird hochmolekulares Polyvinylacetat vollständig verseift — meist mit wäßrigem Alkali oder mit Na-Methylat in Methanol — und so das in Wasser gut, in organischen Lösungsmitteln nicht lösliche Polymere erhalten. Das Röntgendiagramm wie das fast völlige Ausbleiben der „1.2-Diol-Reaktion" mit HJO_4 sprechen für das Vorliegen linearer Ketten mit regelmäßiger „Kopf-Schwanz-Anordnung" des Monomeren. Abgesehen von den Verwendungsmöglichkeiten als Textilhilfsmittel (H_2O-Löslichkeit) und zur Herstellung ölfester Schläuche (Unlöslichkeit in organischen Lösungsmitteln!) wird Polyvinylalkohol insbesondere in Japan zur Faserherstellung eingesetzt. Die Wasserlöslichkeit wird dabei durch Acetalisierung der gereckten Fasern völlig beseitigt.

Während *Acrylsäure* $CH_2{=}CH-COOH$ selbst meist nur als Cokomponente eingesetzt wird und ihre Reinpolymerisate vorwiegend wissenschaftliches Interesse haben zum Studium des Verhaltens von Polyelektrolyten, gewann der *Methacrylsäuremethylester* beträchtliche Bedeutung als Monomeres. Er wird unter Verwendung organischer Peroxide als Initiatoren radikalisch in Substanz, in Lösung oder in Emulsion polymerisiert, wobei die Substanzpolymerisate erwartungsgemäß höhere Polymerisationsgrade aufweisen (2000—3000) als die in Gegenwart von Lösungsmitteln (Kettenübertragung) hergestellten. Die Polymethacrylate zeichnen sich durch hervorragende Lichtdurchlässigkeit (schon im nahen UV oberhalb 3000 Å) und Lichtbeständigkeit aus, die mit dem Fortfall des tertiären H-Atoms (verglichen mit den weniger lichtbeständigen Acrylsäureestern) in Zusammenhang gebracht wird. Polymethylmethacrylat findet in Form von Platten (Substanzpolymerisation) oder Folien eine ausgedehnte Verwendung als bruchsicheres organisches Glas. Die Ritzfestigkeit ist allerdings weit geringer als bei Silikatglas. Für splittersicheres „Verbundglas“ diente als Einlageschicht früher oft Polyacrylat, während man heute meist Acetale des Polyvinylalkohols, vorzugsweise Polyvinylbutyral, verwendet. Spezialanwendungen finden Polymethylmethacrylat für Zahnprothesen und Kunstzähne, Polymethyllaurat als Additiv zur Hochtemperaturverdickung und zur Erniedrigung des Stockpunktes von Schmierölen.

Polymere des *Acrylnitrils* sind zwar schon länger bekannt, fanden jedoch wegen ihrer Unlöslichkeit in allen gebräuchlichen Lösungsmitteln und ihres im Gegensatz zu Polyacrylsäureestern (~100 °C) sehr hohen, direkt unterhalb der Zersetzungstemperatur (~350 °C) liegenden Erweichungspunktes zunächst wenig Interesse. Erst die Auffindung geeigneter polarer Lösungsmittel, vor allem des Dimethylformamids durch Rein, welche die starken Nebenvalenzbindungen zwischen den C≡N-Gruppen benachbarter Ketten sprengen können, ermöglichte eine großtechnische Verwendung als Faserrohstoff für die wollähnlichen Acrylfasern. Polymerisiert wurde bisher meist in ca. 10proz. wäßriger Lösung des Monomeren mit Redoxsystemen wie Persulfat/Bisulfit, wobei das wasserunlösliche Polymere flockig ausfällt. Das Verfahren zeigt insofern gewisse Parallelen zu einer Emulsionspolymerisation, als das Kettenwachstum sowohl in der wäßrigen Phase wie auch in den Polymerteilchen erfolgt, da letztere in beträchtlichem Umfange aktive Polymerketten okkludieren, die dann eine um Zehnerpotenzen längere Lebensdauer als die Radikale in Lösung haben. Zur Herstellung von Spinnlösungen in einem Arbeitsgang, ohne Isolierung des festen Polymeren, ist die kontinuierliche Polymerisation in homogener Lösung die Methode der Wahl. Für Dimethylformamid als Lösungsmittel wurde in der DDR in Gemeinschaftsarbeit zwischen dem Institut für Faserstoff-Forschung der AdW und der Chemiefaserindustrie eine im VEB Chemiefaserwerk „Friedrich Engels“ Premnitz inzwischen großtechnisch bewährte

Technologie zur Lösungspolymerisation von Acrylnitril mit anschließender Direktverspinnung der Polymerlösung entwickelt [73]. Lösungspolymerisate sind völlig, Suspensionspolymerisate weitgehend unverzweigt, soweit es sich nicht um sehr hochmolekulare Fraktionen handelt. Die Fadenbildung erfolgt im Naßspinnprozeß, verschiedentlich auch durch Trockenspinnen. Naßgesponnene Fäden werden bei etwa 100 °C auf das 5—7fache unter Orientierung der Polymerketten in Richtung der Faserachse verstreckt. Fasern aus Lösungspolymerisaten zeigen einen wesentlich höheren Weißgehalt als vergleichbare Muster aus Suspensionspolymerisaten; das Trocknen und Wiederauflösen des Polymeren ist stets mit einer gewissen Verfärbungs-Schädigung verbunden. Bei Reinpolymerisaten bereitet die gute laterale Ordnung und das Fehlen farbstoffaffiner Gruppen gewisse Schwierigkeiten bei der Anfärbung, sodaß man heute zumeist Copolymerisate mit 5—10% Allyl- oder Styrolsulfonat bzw. mit Vinylpyridin für die Faserherstellung verwendet.

2.2.1.4. Phenol-Formalin-Kondensate; Poly-styrol-co-divinylbenzol (Ionenaustauscher)

Polykondensate aus Phenol und Formalin waren unter der Bezeichnung „Bakelite“ die ersten, schon vor etwa 65 Jahren in technischem Maßstab hergestellten Polymerwerkstoffe. Sie spielen auch heute als „Phenolpreßmassen“ und „Phenolgießharze“ eine wesentliche Rolle. Die Umsetzung von Phenol mit Formaldehyd-Überschuß führt im alkalischen Medium (NaOH, NH_3) zunächst zu flüssigen bis halbfesten, alkohollöslichen Produkten („Resole“), die bei weiterem Erwärmen in schmelzbare, unlösliche Harze übergehen, welche dann unter Einwirkung von Druck und Hitze irreversibel „aushärten“, d. h. unter starker Vernetzung unlösliche, unschmelzbare Massen bilden („Resite“). Im sauren Medium mit Phenolüberschuß entstehen Oligomere, die Gemische mehrkerniger

Substanzen der Grundstruktur

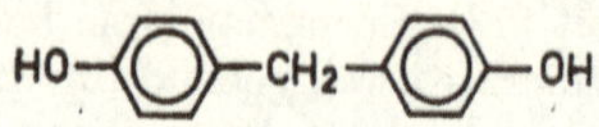

darstellen („Novolake"). Sie werden ebenfalls vorzugsweise alkalisch gehärtet. Die Bildung hochmolekularer Polymerer beim Härtungsprozeß der Resole im alkalischen Milieu (oberhalb 160 °C) vollzieht sich wahrscheinlich so, daß die primär entstandenen einkernigen Methylolverbindungen vornehmlich über Methylenbrücken polykondensieren:

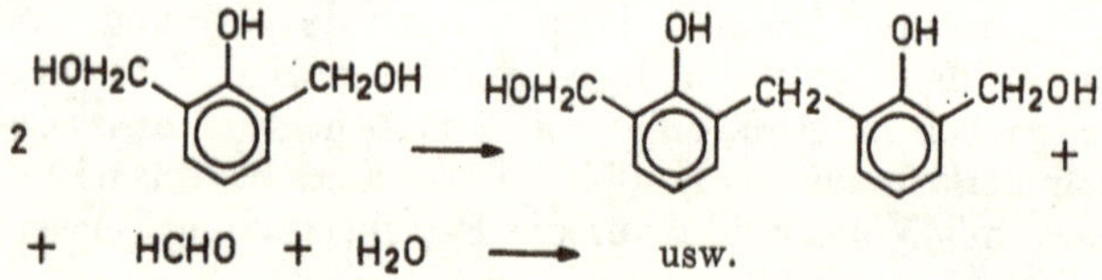

Daneben entstehen auch „Chinonmethide",

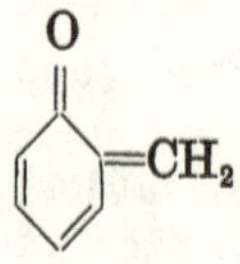

die rasch mit aktiven H-Atomen von Benzolkernen unter Kettenverlängerung kondensieren. Es ist bis heute noch unklar, welche der beiden Reaktionen bei der Härtung überwiegt. Modellbetrachtungen und Röntgenstrukturuntersuchungen haben zu der Auffassung geführt, daß in den Phenol-Formaldehyd-Duromeren nicht, wie weithin angenommen, engmaschig chemisch vernetzte Produkte vorliegen, sondern daß hochverknäuelte Makromoleküle gebildet werden, die durch Wasserstoffbrückenbindungen stabilisiert sind. Abb. 6 zeigt, daß von PRITCHETT aufgebaute Modell, das diese Vorstellungen stützt.

Die technische Herstellung der Preßmassen erfolgt in einem Zweistufenprozeß, wobei zunächst in saurem Medium Phenol mit Formalin (Mol-Verhältnis 1 : 0,8) bei Temperaturen unter 100 °C zu Novolaken kondensiert und diese dann mit Formaldehydüberschuß gehärtet werden, der in Form von Hexamethylentetramin zugegeben wird, um gleichzeitig mit Hilfe des freiwerden-

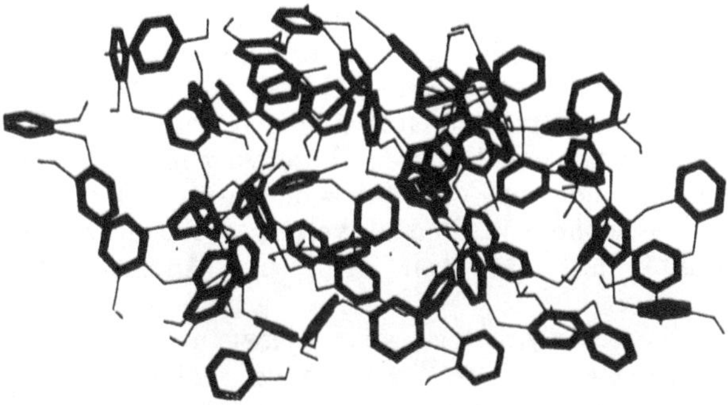

Abb. 6. Dreidimensionales Modell eines Phenolharzes nach Pritchett aus Encyclop. Polymer Sci. Technol. 10 (1969), S. 30. J. Wiley, New York

den NH_3 ein geeignetes alkalisches Milieu einzustellen. Die Harze werden vor der Preßhärtung mit Füllstoffen (Holzmehl) oder mit Verstärkungsfasern vermischt. „Hartpapiere“ als Grundlage für gedruckte Schaltungen und „Hartgewebe“, z. B. für Zahnräder sowie Holzspanplatten sind als flächige Verbundstoffe aus gehärteten Phenol-Formaldehyd-Harzen weitere bekannte Anwendungsformen dieser Polymeren. Phenolgießharze werden durch Umsetzung von Phenol mit einem größeren Formalinüberschuß (Mol-Verhältnis 1 :2,5) und NaOH als Katalysator hergestellt.

Vor kurzem wurde eine flammfeste Experimentalfaser bekannt, die durch Verspinnen von acetylierten Phenol-Formaldehyd-Polymeren gewonnen wird. Sie entwickelt bei der Zersetzung in der Flamme wenig Rauch. Es entstehen hauptsächlich Wasser und CO.

Die Beobachtung, daß freie phenolische OH-Gruppen in Phenol-Formaldehyd-Hrazen zum Ionenaustausch befähigt sind, führte zur Entwicklung der ersten Kunstharz-Ionenaustauscher [76]. Auf Basis der Phenolharze lassen sich durch Einbau von $-CH_2-COOH$, $-COOH$ und $-SO_3H$-Gruppen Kationenaustauscher abgestufter Acidität herstellen, wobei der Einbau der Austauschergruppen meist durch Verwendung entsprechend substituierter Phenole, in einzelnen Fällen durch Umsetzung am fertigen Polymeren vorgenommen wird (z. B. Einführung von $-COOH$ durch Umsetzung mit CO_2 unter Druck). Analog gibt die Verwendung von m-Phenylendiamin anstelle von Phenol vernetzte Kondensationsprodukte mit basischen Gruppen (Anionenaustauscher).

Heute werden Anionen- wie Kationenaustauscherharze fast ausschließlich auf Basis von vernetzten Polymerisationsharzen, z. B. durch Suspensions-Copolymerisation von Styrol mit ca. 10% Divinylbenzol hergestellt, wobei der Einbau der austauschaktiven Gruppen meist nachträglich am fertigen Polymergerüst vorgenommen wird. Hohe Austauschgeschwindigkeiten werden mit makroporösen Austauschern erzielt, die durch Suspensionspolymerisation in Lösungsmittel-Fällungsmittel-Gemischen gewonnen werden können. Großtechnisch werden Ionenaustauscher hauptsächlich in Wasserenthärtungs- und -entsalzungsanlagen sowie in Zuckerfabriken für die Reinigung der hochverdünnten Rohzuckerlösungen eingesetzt. Auch durch chemische Modifizierung von Polysacchariden können Austauscher für spezielle Verwendungszwecke bzw. Materialien für gelchromatographische Trennzwecke erhalten werden (Diäthylaminocellulose, „Sephadex“ auf Dextranbasis).

2.2.2. *Polymere mit Ätherbindung*

2.2.2.1. *Polyoxamethylene* [74]

Die Linearpolymeren des Formaldehyds mit der allgemeinen Strukturformel $HO-(CH_2-O)_n-CH_2-OH$ waren die ersten eingehend charakterisierten synthetischen Hochpolymeren, an denen vor allem durch die Arbeiten von STAUDINGER grundlegende Gesetzmäßigkeiten der makromolekularen Chemie aufgefunden wurden. Oligomere Polyoxamethylene entstehen beim Eindampfen wäßriger Formaldehydlösungen durch langsame Polykondensation des Hydrats $HO-CH_2-OH$. Die Bildung längerer Ketten wird durch das Formaldehyd-Abspaltungsgleichgewicht verhindert. Die Herstellung von hochpolymerem Polyoxamethylen [75] gelingt durch anionische Fällungspolymerisation von extrem wasserfreiem Formaldehyd bei tiefer Temperatur in Kohlenwasserstoffen, wobei unverzweigte Polymerisate ($\bar{P}_n$ 700—3000) als harte, zähe, nur in Halogenphenolen bei ~100 °C lösliche Massen mit einem Schmelzbereich von 173—181 °C erhalten werden. Wasser wirkt durch Übertragungsreaktion als Regler. Als Regler und sodann als Stabilisatoren gegen thermische Depolymerisation werden Carbonsäureanhydride genutzt. Derart endgruppenblockierte Homopolymere sind noch alkaliinstabil. Alkalistabile Acetalcopolymere werden technisch durch kationische Massepolymerisation von Trioxan (Initiator z. B. BF_3-Ätherat) unter Zusatz geringer Anteile (bis zu 5 Mol%) Äthylenoxid oder cyclischer Formale gewonnen. Homo- und Copolymere wurden im Spritzguß verarbeitet, z. B. zu starkbeanspruchten Maschinenteilen wie Zahnrädern. Die Materialien zeichnen sich durch große Härte, Steifigkeit und ausgezeichnete Formbeständigkeit über einen weiten Temperaturbereich aus. Trioxan kann auch mit Vinyläthern, Styrol, Isobutylen oder mit Acrylnitril copolymerisiert werden.

2.2.2.2. *Polyäther mit Alkylen- oder Arylengliedern*

Äthylenoxid, technisch hergestellt aus Äthylen durch direkte Oxidation oder über das Äthylen-Chlorhydrin, wird anionisch mit NaOH in Wasser oder Glykol unter Druck bei 120—135 °C polymerisiert, wobei je nach den Reaktionsbedingungen Polymerisationsgrade zwischen 10 und 1000 erhalten werden können. Die *Polyäthylenoxide* sind wasserlöslich. Sie finden in der Kosmetik breite Anwendung, neuerdings auch als Antistatika für Synthesefaserstoffe. Oligooxialkylierte Fettsäuren, Fettalkohole oder Alkylphenole werden als Dispergier-, Netz- und Waschmittel eingesetzt.

Die *Polypropylenglykole* von niedrigem $\bar{P}_n$ sind noch wasserlöslich, wobei durch Dissoziation der Oxoniumhydrate bei höheren Temperaturen die Löslichkeit abnimmt. Polypropylenoxide werden als langkettige Diole vornämlich zur Synthese von Polyurethan-Schaumstoffen eingesetzt. Für Hartschaum verwendet man verzweigte Produkte auf Basis von z. B. Tris-hydroximethylpropan. Wegen der geringeren Reaktionsneigung der sekundären OH-Endgruppen bei der Polyurethanbildung werden die linearen oder verzweigten Polypropylenoxide zumeist noch oxäthyliert.

Grenzflächenaktive Polymere mit einem in weiten Grenzen abstufbaren „Hydrophil-Hydrophob-Verhältnis“ lassen sich durch Block-Copolymerisation von Äthylenoxid und Propylenoxid gewinnen, wobei die Polypropylenoxidblöcke den hydrophoben Anteil darstellen („Pluronics“).

Poly-tetramethylenoxid (Polytetrahydrofuran) ist durch kationische Polymerisation von Tetrahydrofuran mit z. B. BF_3-Ätherat bei Raumtemperatur zugänglich. Das Polymere bzw. seine Copolymeren mit Äthylen- oder Propylenoxid werden ebenfalls vorzugsweise als Polyurethankomponenten verwendet, u. a. auch für die Herstellung von Polyurethan-Elastomerfäden. Blockcopolymere aus Terephthalsäure, Äthylenglykol und Polyalkylenoxiden finden als „Thermoelastoplaste" Anwendung. Sie können im Spritzguß- oder Extrusionsverfahren zu den Elastomerformkörpern verarbeitet werden.

2.6-Disubstituierte Phenole können mittels oxydativer Polykondensation in *Polyphenylenoxide*

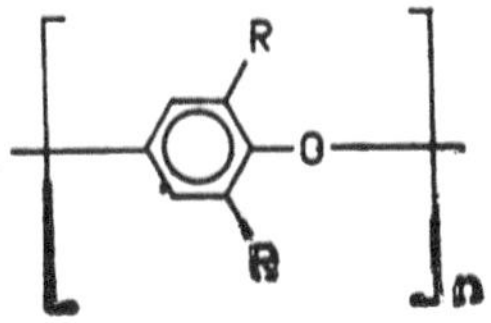

übergeführt werden. Pyridin wirkt als Lösungsmittel und als Ligand für den Oxydationskatalysator CuCl. Oxydationsmittel ist Luftsauerstoff. Poly-2.6-dimethyl-phenylenoxid wird als Verbundwerkstoff mit z. B. Polystyrol im Spritzguß verarbeitet und hauptsächlich in der Elektronik verwendet. Poly-2.6-diphenyl-phenylenoxid (Monomersynthese aus 3 Mol Cyclohexanon) ist im Trockenspinnverfahren verarbeitet worden; Faserpapiere aus diesem Material eignen sich als Isolierstoffe für Temperaturen bis 180 °C und Spannungen im Bereich von 10^5 V.

Polysulfone sind aromatische Polyäther, die aus dem Dinatriumsalz von 4.4'-Dihydroxidiphenylmethan und 4.4'-Dichlordiphenylsulfon in Dimethylsulfoxid synthetisiert werden. Folien aus diesem Polymeren sind bis 170 °C dauerwärmebeständig, haben ausgezeichnete dielektrische Kennwerte und werden darum als Isoliermaterialien für höhere Dauergebrauchstemperaturen erprobt.

2.2.2.3. Polyepoxide

Diese Polymeren, die als Lack- und Gießharze sowie in der Metallklebetechnik Verwendung finden, werden durch einen thermisch induzierten chemischen Vernetzungsprozeß aus flüssigen Oligomer-Vorprodukten gewonnen. Dazu setzt man z. B. 4.4'-Dihydroxi-diphenylpropan mit einem ca. 10fachen Überschuß an Epichlorhydrin bei ca. 100 °C in Gegenwart von 40proz. NaOH zum Bischlorhydrin um,

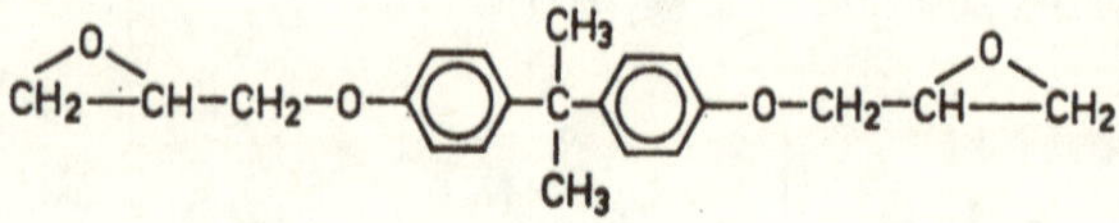

das außerdem Oligomeranteile mit der Gruppierung

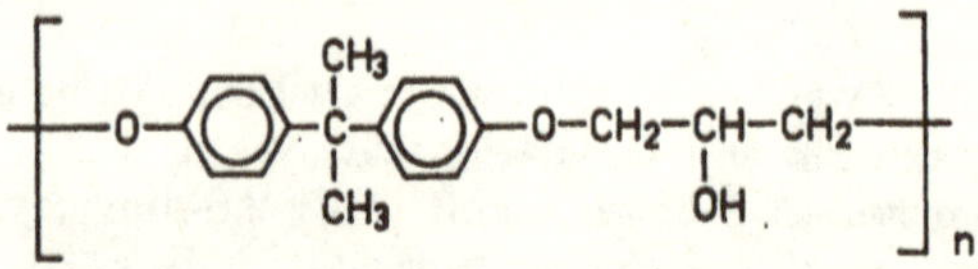

(n im Gesamtprodukt ca. 0,2) enthält. Zur Härtung dieser fließfähigen Oligomeren bei Raumtemperatur wird hauptsächlich Diäthylentriamin eingesetzt. Die primären und sekundären Aminogruppen reagieren unter vernetzender Polyaddition mit den Epoxidgruppen. Tertiäre Amine und BF_3-Addukte katalysieren eine Polyätherbildung der Epoxidgruppen. Für Wärmehärtungen bei 120—180 °C werden flüssige Anhydride wie z. B. Hexahydro-phthalsäureanhydrid oder das Diels-Alder-Addukt aus Methylcyclopentadien und Maleinsäureanhydrid eingesetzt. Dabei werden zunächst die freien OH-Gruppen unter Veresterung addiert; die entstehenden COOH-Gruppen reagieren mit den Epoxidgruppierungen, katalysieren aber gleichzeitig die kationische Epoxid-Polymerisation. Bei der Härtung tritt nur geringfügiger Schwund ein.

Da bei dieser Vernetzung keinerlei flüchtige Bestandteile auftreten, können bei Härtungstemperaturen von ca 180 °C Formstücke ausgezeichneter Maßhaltigkeit bzw. festhaftende, elastische Überzüge (Einbrennlacke) hergestellt werden.

2.2.3. Polymere mit Schwefelatomen in der Kette

Auf die Möglichkeit der Vernetzung von Makromolekeln über Schwefelbrücken wurde bereits hingewiesen (Vulkanisation des Kautschuks, Cysteinbrücken im Keratin). Als Glieder einer durchlaufenden Kette finden wir S-Atome in verschiedenen kautschukelastischen Polymeren, die durch Umsetzung aliphatischer Dihalogenverbindungen mit Alkalipolysulfid entstehen. Das klassische Produkt war Poly-äthylentetrasulfid,

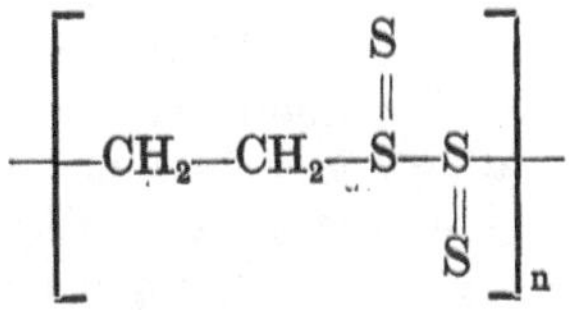

das durch Suspensionspolykondensation von Äthylenchlorid mit Na_2S_x in wäßrigem Medium synthetisiert wird. Durch Behandlung mit NaOH entsteht aus diesem hochelastischen Polymeren ein hartes, sprödes Polydisulfid. Heute wird bevorzugt das Poly-disulfid aus Bis-2-chloräthylformal $Cl-CH_2-CH_2-O-CH_2-O-CH_2-CH_2-Cl$ oder seinem Copolymeren mit Äthylenchlorid als zweitem Reaktionspartner hergestellt. Die hochmolekularen, festen Produkte erreichen Molmassen bis zu $5 \cdot 10^5$ und werden hauptsächlich zu Schläuchen und Dichtungen verarbeitet. Niedriger molekulare Polymere, die durch Behandlung der Polymerdispersionen aus dem Syntheseprozeß mit NaSH oder mit Na_2SO_3 erhalten werden ($\overline{M}$ 500–100000), sind flüssig und werden als Fugendichtungsmassen bei Großblockbauweise sowie im Schiffsbau verwendet.

2.2.4. *Polymere mit Esterbindung*

2.2.4.1. *Lineare Polyester* [77]

Lineare Polyester lassen sich durch thermische Polykondensation aus α,ω-Diolen und Dicarbonsäuren bzw. aus ω-Hydroxicarbonsäuren gewinnen. Der letztgenannte Weg hat bisher kaum technische Bedeutung erlangt, ist aber historisch interessant, da Carothers und Hill an einem Polyester aus ω-Hydroxidecansäure zwei Grundprinzipien der Synthesefasergewinnung auffanden, nämlich die Möglichkeit der Fadenbildung aus der Schmelze und der nachträglichen Kaltverstreckung des Fadens zur Erzielung optimaler textiler Eigenschaften (vgl. S. 252). Der niedrige Schmelzpunkt von 50—70 °C schließt eine industrielle Anwendung rein aliphatischer Polyester als fadenbildende Hochpolymere aus. Aliphatische Copolyester aus Adipinsäure bzw. aus Mischungen von Adipinsäure mit Phthalsäure einerseits und Äthylenglykol, Diäthylenglykol bzw. Propylenglykol und Glycerin andererseits als Komponenten werden als polymere Ausgangsmaterialien für Polyesterurethane eingesetzt.

Zu einem Massenpolymeren (Weltproduktion 1973 ca. 3 Mio t) entwickelte sich Polyäthylenterephthalat [78], das überwiegend zu Endlos- und Stapelfasern versponnen wird, aber auch für die Folien- und Formteilherstellung (Spritzguß) Bedeutung gewinnt. Die großtechnische Polymersynthese erfolgt durch Vakuum-Schmelzepolykondensation eines aus Bis-β-Hydroxiäthylterephthalat (Formelschema s. S. 92) und seinen Oligomeren bestehenden Vorproduktes, das entweder durch diskontinuierliche Umesterung von Dimethylterephthalat und Äthylenglykol oder durch kontinuierliche Veresterung von hochreiner („fiber grade") Terephthalsäure mit Glykol gewonnen wird. Umesterungskatalysatoren wie z. B. Mn^{2+} oder Co^{2+}-Verbindungen fördern den thermischen

Abbau (Esterspaltung in $\sim$COOH + CH_2 = CH—O—OC$\sim$) des Polymeren bei der Schmelzepolykondensation (Verfärbungen) und werden daher durch Zusatz von organischen Estern der Phosphor- oder Phosphorigsäure vor der Polykondensation in unlösliche Folgeprodukte übergeführt [79]. Als Katalysatoren für die Vakuum-Schmelzepolykondensation werden technisch hauptsächlich Verbindungen von Sb^{3+} (Oxid, Acetat) oder von Ge^{4+} in Mengen von ca. 10^{-4} Mol/Mol Monomeres eingesetzt, wobei die Reaktion in zunehmendem Maße in kontinuierlich arbeitenden, liegenden Reaktionsrohren mit Ausbreitung der Schmelze zu dünnen Filmen (z. B. durch rotierende Scheiben oder Wendeln) erfolgt (280 °C/1—2 Torr). Für die meisten Fasereinsatzzwecke wird das Polymere ($\bar{P}_n \sim 120$) durch Zusatz von 0,4% TiO_2 vor der Polykondensation „mattiert", um den Mattweißton der als häufigste Mischungskomponente verwendeten Baumwollfasern einzustellen. Das Polymere schmilzt bei etwa 260 °C und ist in allen gebräuchlichen Lösungsmitteln außer Phenolen unlöslich. Die Fadenbildung erfolgt durch Schmelzspinnen des scharf getrockneten Polymeren bei 280 °C, im kontinuierlichen Verfahren unmittelbar im Anschluß an die Polykondensationsphase. Nach Kaltverstreckung auf das etwa 4fache zeigen die Fasern die bekannten hohen Festigkeits- und Elastizitätswerte sowie ausgezeichnete Lichtstabilität. Polyäthylenterephthalat-Faserstoffe werden vornehmlich zu Oberbekleidung, Gardinen und Reifencord verarbeitet.

Mit dem ersten Glied der homologen Reihe der Dicarbonsäuren, der Kohlensäure, lassen sich ebenfalls Polyester aufbauen. Von technischem Interesse sind im Hinblick auf einen genügend hohen Schmelzpunkt nur Polymere mit Benzolkernen in der Kette, die in diesem Fall von der Diolkomponente geliefert werden. Zur Herstellung solcher Polycarbonate setzt man Diphenylalkane mit OH-Gruppen in 4.4'-Stellung, vorzugsweise Dihydroxidiphenylpropan, mit Phosgen in alkalischem

Medium um:

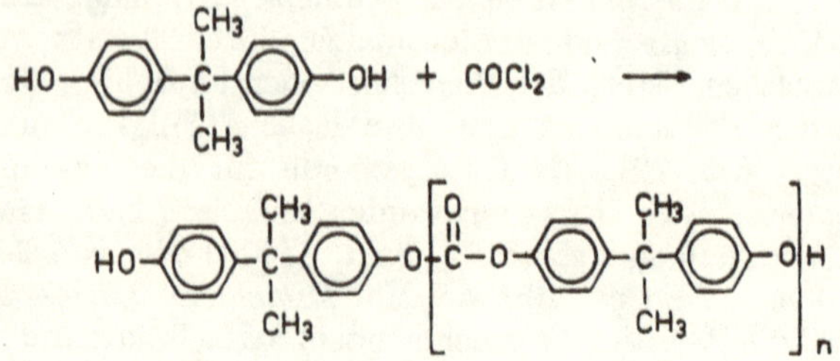

Die im festen Zustand farblosen und durchsichtigen Polymeren ($\overline{M}_w \sim 30000$) schmelzen bei 260 °C (amorphe Produkte erweichen ab 170 °C) und lassen sich thermoplastisch verformen. Sie sind löslich in Methylenchlorid und infolge ihres hydrophoben Charakters (H_2O-Aufnahme 0,1–0,3% bei 95% relativer Feuchte) beständig gegen Neutralsalze, Säuren und schwache Alkalien in wäßriger Lösung. Die sehr starren Molekülketten ergeben eine hohe Festigkeit und Schlagzähigkeit der Verarbeitungsprodukte. T_g (vgl. S. 234) liegt bei 149 °C, die Dauerwärmebeständigkeit bei ca. 140 °C. Spritzgußformteile aus Polycarbonaten haben sich als leistungsfähige Konstruktionselemente in der Elektrotechnik/Elektronik bewährt.

2.2.4.2. *Vernetzte Polyester*

Voraussetzung für den Aufbau dreidimensional vervenetzter Polyester ist die Anwesenheit einer mindestens trifunktionellen Komponente. Das klassische Beispiel für solche Polymere sind die als Weichmacher und Lackharze viel verwendeten „Glyptale“ aus Glycerin und Phthalsäure. Beim Erhitzen beider Komponenten auf Temperaturen zwischen 150 °C und 200 °C entstehen zunächst lineare Oligomere, indem auch hier die primären Hydroxylgruppen rascher verestert werden als die sekundären. Die Vernetzung beginnt, wenn eine Kettenlänge von 7—8 monomeren Resten erreicht ist (vgl. Formelbild S. 31). Eine Verbesserung der Wasserbeständigkeit läßt sich durch Variation der Säurekomponente erreichen, indem man die durch Dien-Synthese aus Maleinsäureanhydrid und verschiedenen Terpenen erhaltenen Reaktionsprodukte einsetzt oder längerkettige ungesättigte Fettsäuren als Mischkomponente verwendet, die dann durch Luftoxydation an den C=C-Doppelbindungen eine zusätzliche Vernetzung über Sauerstoffbrücken ermöglichen, ganz analog der Härtung eines Leinölfirnisüberzuges.

Als Konstruktionsmaterialien für Dachkonstruktionen, im Automobil- und Bootsbau sowie als Harzlacke werden vernetzte „ungesättigte Polyester" verwendet, die man mit Glasseiden-Stapelfasern, -Strängen („Rovings") oder -Geweben „verstärkt". Die ungesättigten Polyester werden durch Schmelzepolyaddition z. B. von Maleinsäureanhydrid und Glykol gewonnen. Die entstehenden Polyäthylenfumarate mit Molmassen von ca. 1500 vermischt man mit Styrol oder mit Methylmethacrylat zu flüssigen oder festen Produkten, die durch Formguß, Pressen oder mit Spritztechniken in die endgültige Form gebracht werden. Diesen Mischungen (UP-Harze) setzt man phenolische Inhibitoren zu, um eine vernetzende Copolymerisation der Komponenten vor dem Härtungsprozeß zu verhindern. Als „Härter" enthalten die Gieß-, Preß- oder Lackharze organische Peroxide (für Wärmehärtung bei 90—180 °C), für kalthärtende Mischungen (Arbeitstemperaturen unter 80 °C) werden außerdem noch Beschleuniger (Co-Salze) zugesetzt. Die Einlagerung der Verstärkungsmaterialien verleiht dem Verbundwerkstoff eine etwa 10fach höhere Zug- und Biegefestigkeit sowie eine ca. 20fach höhere Kerbschlagzähigkeit im Vergleich zur reinen Matrix.

Als Elektroisolierlacke für Dauergebrauchstemperaturen von ca. 150—200 °C werden Copolyester aus den Komponenten Terephthalsäure, Äthylenglykol und Glycerin in großem Umfang verwendet. Sie können zur Erhöhung der Wärmebeständigkeit ihrer mechanischen und elektrotechnischen Eigenschaften noch durch Copolykondensation mit Trimellithsäure- oder mit Pyromellithsäureimid-Derivaten, z. B. mit

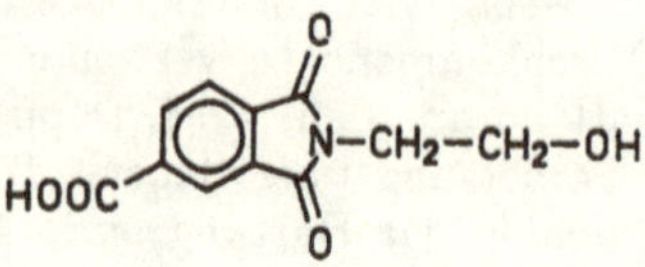

modifiziert werden. Die Verarbeitung erfolgt aus Lösungen der unverzweigten Präpolymeren in Dimethylformamid. Die mit den Lösungen behandelten Drähte werden zur Verflüchtigung des Lösungsmittels und zur vernetzenden Polykondensation des Lacküberzuges durch Einbrennkammern geführt; innerhalb von wenigen Sekunden bis zu wenigen Minuten wird dort ein gut härtender, porenfreier gleichmäßiger Überzug mit ausgezeichneten mechanischen und elektrischen Kennwerten erzielt.

2.2.5. *Polymere mit Stickstoffatomen in der Kette*

2.2.5.1. *Lineare Polyamide* [80, 35]

Lineare Polyamide entstehen vorzugsweise durch

1. Polykondensation äquivalenter Mengen an α, ω-Dicarbonsäuren mit α, ω-Diaminen unter Wasseraustritt.

$$\mathrm{HOOC{-}}R\mathrm{{-}COOH} + \mathrm{H_2N{-}}R'\mathrm{{-}NH_2}$$

$$\rightarrow \mathrm{H{-}[{-}HN{-}}R'\mathrm{{-}NH{-}CO{-}R{-}CO{-}]{-}_{\it n}OH}$$

2. Polykondensation von ω-Aminocarbonsäuren

$$\mathrm{H_2N{-}}R\mathrm{{-}COOH} \rightarrow \mathrm{H{-}[{-}HN{-}}R\mathrm{{-}CO{-}]{-}_{\it n}OH}$$

3. Hydrolytisch-kationische bzw. anionische Polymerisation von Lactamen, z. B.:

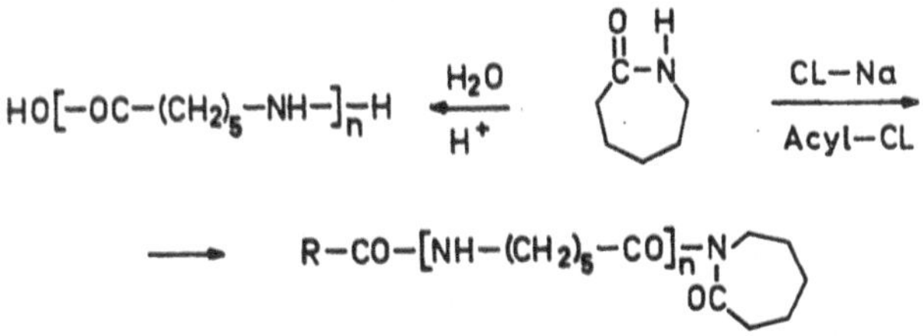

CL = Caprolactam-Rest

Hydrolytisch-kationische Polymerisation erfolgt erst von siebengliedrigen Lactamen an, wobei Polymerisation, Polykondensationen und Endgruppen-Binnengruppen-Reaktionen nebeneinander ablaufen (vgl. S. 45).

4. Umsetzung von Dicarbonsäuredichloriden mit α,ω-Diaminen (Dispersions- bzw. Lösungspolykondensation, vgl. S. 96)

$$\mathrm{ClCO{-}}R\mathrm{{-}COCl} + \mathrm{HN{-}}R'\mathrm{{-}NH_2}$$

$$\rightarrow \mathrm{H{-}[{-}HN{-}}R'\mathrm{{-}NH{-}CO{-}}R\mathrm{{-}CO{-}]{-}_{n}OH}$$

Großtechnische Bedeutung zur Herstellung der Ausgangspolymeren für die durch Schmelzspinnen und anschließende Kaltverstreckung daraus herzustellenden Polyamidfasern haben die Reaktionswege 1—3. Der unter 4. genannte Reaktionstyp wird für die Gewinnung z. B. von Poly-m-phenylen-isophthalamid genutzt (vgl. S. 181).

Die Schmelzpunkte aliphatischer Polyamide zeigen das von den Paraffinen her bekannte und auch bei Polyestern beobachtete „Alternieren“, (höherer Schmelzpunkt bei Aufbau aus Komponenten mit gerader Anzahl an C-Atomen im Vergleich zu den benachbarten Gliedern mit ungerader C-Zahl) und nehmen zu, je dichter die Amidbindungen in der Kette aufeinander folgen.

Bei den für die Faserherstellung genutzten aliphatischen Polyamiden liegen Schmelzpunkt (Polycaprolactam 220 °C, Poly-hexamethylenadipamid 256 °C) und Zersetzungstemperatur (> 300 °C) weit genug auseinander, um sie durch Reaktionen im schmelzflüssigen Zustand herstellen und auch durch Schmelzspinnverfahren verformen zu können (Arbeitstemperaturen ca. 270 °C).

Haupt-Faserrohstoffe unter den Polyamiden sind Polycaprolactam (Polyamid 6, nach der Anzahl der C-Atome in der Monomereneinheit) und das Polymere aus Hexamethylendiamin und Adipinsäure (Polyamid 6.6; bei dieser Ziffern-Bezeichnungsweise von Polyamiden aus einem Monomerenpaar wird zuerst die C-Kettenlänge im Diamin genannt). Die Weltproduktion an diesen beiden Polymeren betrug 1973 ca. 3 Mio t. Weitere Verfahren zur Fasererzeugung gründen sich auf die Polykondensation der 7-Aminooenanthsäure („Oenanth"-Faser) und der aus Ricinusöl gewonnenen 11-Aminoundecansäure („Rilsan").

Die Synthese von Polycaprolactam für Spinnzwecke geht auf P. Schlack zurück, der zusammen mit seinen Mitarbeitern die technische Realisierung von Polymersynthese, Schmelzspinn- und Kaltreckprozeß in ungewöhnlich kurzer Zeit durchsetzen konnte. Die Polymerbildung aus dem heute großtechnisch zugänglichen Caprolactam (Basis Synthesephenol) erfolgt nach hydrolytischer, carbonsäurekatalysierter Ringöffnung des Lactams durch kationische carboxylgruppenkatalysierte Polymerisation, die begleitet ist von Polykondensationen der Amino- und Carboxylgruppen der entstehenden Polyamidketten (vgl. S. 44). Durch technologische Regulierung des Wassergehalts der polykondensierenden Schmelze wird bei Arbeitstemperaturen von ca. 270 °C der gewünschte $\overline{P}_n$ (ca. 100—120) eingestellt, wobei z. B. Essigsäure als Regler stabilisierend mitwirkt, wie schon auf S. 97 erörtert wurde. Die technische Polymerisation erfolgt in senkrecht stehenden Strömungsrohren, deren Prototyp, das *VK*-Rohr (*VK* = vereinfacht kontinuierlich), von Ludewig [167] entwickelt wurde. Heute werden strömungstechnisch durchkonstruierte Rohre mit 3—10 t Fassungsvermögen zur Polymerisation benutzt, wobei Verweilzeiten von ca. 20—30 Stunden üblich sind. Das Polyamidgranulat wird erschöpfend mit heißem Wasser extrahiert, um die ca. 10% niedermolekularer Anteile (davon 87% Caprolactam, 13% Cyclooligoaminocaproyle [168]) bis auf Restgehalte von ca. 0,5% zu entfernen. Diese Ringverbindungen sind infolge des Ring-Ketten-Gleichgewichts im Polymerisat enthalten. Einige Verfahren zur Herstellung von Fadenmaterialien für technische Einsatzzwecke (z. B. für Cordfäden) arbeiten mit kontinuierlicher Abtrennung der niedermolekularen Anteile in Vakuumsstufen, die der Polymerisation/Polykondensation nachgeschaltet sind. So aufbereitete Polymerschmelzen werden direkt versponnen.

Die Gleichgewichtsanteile an ringförmigen, niedermolekularen Verbindungen müssen entfernt werden, da Spinn- und Reckprozeß, aber auch Texturier- und Färbeverfahren durch die hochschmelzenden, hochkristallinen Oligomeren gestört werden (Produktivitäts- und Qualitätsverminderung). Durch die ca. 9% des „Weichmachers" Caprolactam würde die im Vergleich zu z. B, Polyesterfasern ohnedies geringe Fadensteifigkeit der Polyamidfadenmaterialien noch stark herabgesetzt („lappiger Griff" der Gewebe).

Das Polyamid kann oberhalb 100 °C O_2-Spuren aufnehmen; sie erwirken beim Übergang des Polyamids in den schmelzflüssigen Zustand Verfärbungs- sowie Abbaureaktionen und Ausbildung von Gelstrukturen [81]. Man schützt daher das Polymere während des gesamten technologischen Prozesses durch Stickstoffatmosphäre (O_2-Gehalt ca. 1 ppm) vor Sauerstoff-Aufnahme und -Schädigung. Dies umfaßt die Verfahrensstufen Polymerisation, Extraktion, Trocknung (auf 0,01% Restwassergehalt), Transport, Lagerung und Verspinnung von Polycaprolactam nach dem Schmelzspinnverfahren. Jeder Polyamidsynthese- und -Schmelzspinnfaserbetrieb verfügt daher über entsprechende Stickstoff-Feinreinigungsanlagen. Für den Schmelzspinnprozeß sind höchste mechanische Präzision und Temperaturkonstanz der Spinneinrichtungen (ca. 0,5 grd) Voraussetzung für hohe Produktivität und Qualität der Produkte. Das schmelzflüssige Polymere wird nach dem Austritt aus den Spinndüsen mit ca. 800—4000 m/min zu Fäden von ca. 20—100 μm Durchmesser (als Mono- und Polyfile) verzogen, die Durchmessertoleranzen von nur 0,1% haben dürfen (sonst „Farbstreifigkeit") und die beim nachfolgenden Reckprozeß bei Geschwindigkeiten von ca. 800 m/min noch auf das 3—4fache gereckt werden müssen, ohne daß mehr als 1—2 Fadenbrüche auf 10000 km auftreten. Beim Spinnen und Recken von Synthesefasern spielen sich innerhalb von Sekundenbruchteilen Ordnungs- und Orientierungsvorgänge ab, die insbesondere bei Polyamiden noch durch Beteiligung mehrerer Phasen unterschiedlicher Ordnungsgrade von sehr komplexer Natur sind. Feuchtigkeitsaufnahme und Aufnahme von sog. Spinnpräparation (oberflächenaktive Gleitmittel) wirken bei diesen Prozessen mit, daher müssen Spinn- und Reckprozeß in Räumen mit konstantem Klima (65% rel. Feuchte, 20 °C) durchgeführt werden.

Polyamidfaserstoffe werden durchweg mattiert (0,4% TiO_2) und zumeist lichtstabilisiert (Mn-Verbindungen) gefertigt. Sie finden als Rein- oder Mischgewebe in Bekleidungs- und Raumtextilien breiteste Anwendung und werden außerdem als Verstärkungsgewebe für technische Gummiprodukte eingesetzt. Spritzgußverarbeitung von reinen, von glasfaserverstärkten und von schlagzähen (Zusatz von feindispergierten „weichen" Polymeren) Polycaprolactamen wird, zumeist neben der Faserherstellung, in weit kleinerem Umfang praktiziert.

Durch aktivierte anionische Polymerisation von wasserfreiem Caprolactam (Initiator Lactam-Na, Aktivatoren N-Acryl-lactame oder N-Carbamoyl-lactame) bei 100 bis 150 °C werden Formkörper, insbesondere stark beanspruchbare Maschinenteile, in einem Arbeitsgang erzeugt.

In den USA wird traditionell vorwiegend *Polyamid-6.6*

produziert. Um für die Synthese dieses Polymeren den Einsatz genau äquimolarer Mengen der beiden Komponenten und damit einen reproduzierbaren Polykondensationsverlauf zu gewährleisten, stellt man zunächst das Hexamethylendiaminadipat in reiner Form her („AH-Salz") und unterwirft dieses dann in ca. 60%iger wäßriger Lösung nach Zugabe von ca. 1 Mol-% eines Reglers (Essigsäure oder Adipinsäure) unter sorgfältigstem Sauerstoffausschluß der Polykondensation, die in einem Autoklaven meist zweistufig durchgeführt wird: Vorkondensation bei ca. 220 °C unter Druck, Nachpolykondensation bei 275 °C unter möglichst vollständiger Entfernung des Wassers (Lösungswasser und Kondensationswasser) bei Normaldruck oder unter Vakuum. Die Schmelze wird dann durch Schlitzdüsen ausgepreßt und als Profilband abgekühlt. Zum Schmelzspinnen wird Granulat eingesetzt. Das Polymere hat einen $\overline{P}_n$ von ca. 100 und enthält nur sehr geringe Mengen (ca. 1%) an niedermolekularen Anteilen.

Poly-m-phenylen-isophthalamid wird in kleineren Tonnagen durch Lösungspolykondensation von Isophthalylchlorid und m-Phenylendiamin in N.N-Dimethylacetamid bei ca. —10 °C synthetisiert und nach Neutralisation der Reaktions-HCl mit $Ca(OH)_2$ aus ca. 20-proz. Lösungen des salzhaltigen Lösungsmittels in Fällbäder aus Lösungsmittel/Wasser-Gemischen versponnen. Aus den verstreckten Fasern werden Schutzbekleidung (meist noch durch nachträgliche Chlorierung flammwidrig modifiziert) und hochwertige Elektroisolierpapiere mit einer Langzeit Wärmebeständigkeit von ca. 180 °C hergestellt. Poly-p-benzamid und Poly-p-phenylen-terephthalamide werden auf ähnliche Weise synthetisiert, nur verwendet man dazu Tetramethylenharnstoff oder Hexamethyl-phosphorsäure-trisamid als Lösungsmittel und verspinnt die nach dem Syntheseprozeß isolierten Polymeren in komplizierten Spinn- und Reckverfahren (Spinnlösungsmittel z. B. konz. H_2SO_4) zu sog. Hochmodulfasern (Anfangsmodul ca. 600 p/den; Vergleichswerte: Flachs 600—800 p/den, Glascord ca. 350 p/den, Stahlcord ca. 280 p/den Celluloseregeneratfaser-Cord ca. 250 p/den, Polyäthylenterephthalat-Cord 120 p/den und Polycaprolactam-Cord 30 p/den). Solche Fasern werden versuchsweise als Verstärkungsmaterialien für Hochleistungsreifen eingesetzt.

2.2.5.2. *Polyimide*

Aus Pyromellithsäureimid und z. B. 4.4'-Diaminodiphenyloxid erhält man durch Lösungspolyaddition eine Polyamid-säure, die mit Lösungsmittelanteilen zu den Fertigartikeln (hauptsächlich Folien) verarbeitet wird. Thermische Dehydratisierung dieser Materialien liefert dann Polyimid-Produkte (Formelbild vgl. S. 89). Sie werden für die Isolierung von thermisch hochbeanspruchten Elektromaschinenwicklungen sowie in der Raumfahrt-Technik genutzt.

Vernetzte Polymere mit Imid-Struktur erhält man aus Bis-maleinimiden, z. B.

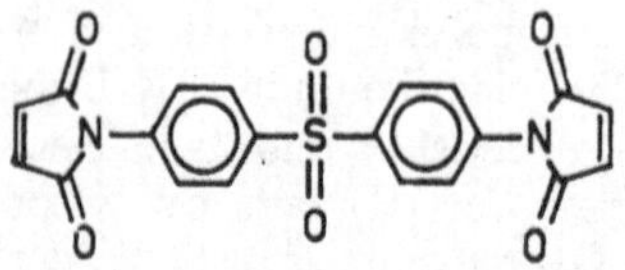

durch Pressen bei ca. 250 °C, in Gegenwart eines molaren Unterschusses an aromatischem Diamin. Vernetzende Polymerisation und Polyadditionsreaktion der Diamine laufen nebeneinander ab. Laminate aus Poly-bis-maleinimiden mit ca. 50% Glas- oder C-Fasern behalten im Temperaturbereich zwischen 25 und 250 °C ihre Biegefestigkeit und den Biegemodul unverändert bei.

2.2.5.3. *Polyurethane* [82]

Die Prinzipien der Polyurethanchemie wurden ab 1937 von O. Bayer u. Mitarb. in der Industrieforschung erarbeitet. Die großtechnische Nutzung der Produkte begann in den fünfziger Jahren.

Die für diese Polymeren charakteristischen Urethan-Binnengruppen entstehen durch Polyaddition von Isocyanat- und Hydroxylgruppen.

Im Sinne des Gleichgewichts

$$\sim\sim NCO + HO\sim\sim \rightleftharpoons \sim\sim NH-\underset{\underset{O}{\|}}{C}-O-\sim\sim$$

werden sie, je nach der Struktur des benachbarten Kohlenwasserstoffgerüsts (aromatisch, aliphatisch), bei ca. 120—250 °C wieder reversibel gespalten (vgl. S. 98). Als Katalysatoren für die Umsetzung der OCN-Gruppen mit OH-Gruppen, aber auch mit Harnstoff- oder Urethangruppen von kurzkettigen Block-copolymeren oder von Polyurethan-Harnstoffen (aus Reaktionen von „Präpolymeren" (s. u.) mit kettenverlängernden Diaminen) werden tertiäre Amine und Sn-Verbindungen (Sn-(II)-acetat; Dibutyl-Sn-(IV)-dilaurat) verwendet.

Wiewohl Urethan- und Amidgruppe etwa die gleiche molare Kohäsionsenergie von ca. 8,5 kcal/Mol besitzen, schmelzen lineare, aliphatische Polyurethane um durchweg ca. 60 °C tiefer als die entsprechenden Polyamide mit gleicher Anzahl von CH_2-Gruppen in den Monomereinheiten. Dies wird auf die verminderte Rotationsbehinderung von O-vicinalen CH_2-Gruppen im Vergleich zu CO-vicinalen CH_2-Gruppen zurückgeführt.

Aus linearen aliphatischen Polyurethanen (Ausgangsprodukte: Hexamethylendiisocyanat, Butandiol-1.4) können Borsten von hoher Steifigkeit bei geringem Wasseraufnahmevermögen (ca. 1%) durch Schmelzextrusion hergestellt werden. Elastomerfäden mit Textilcharakter und von weit geringerem Durchmesser als die zuvor verwendeten Kautschukfäden werden durch Verspinnen von harnstoffgruppenhaltigen linearen, aromatischen Polyäther-Urethanen aus Dimethylformamid-Lösungen erhalten. Zur Synthese der spinnfähigen Polymeren setzt man „Makro-Diisocyanate", die durch Masse-Polyaddition von z. B. Polytetrahydrofuran ($\overline{M} \sim 2000$) und Toluylen-2.4-diisocyanat (Molverhältnis z. B. 3 : 4) erhalten werden, im Spinnlösungsmittel mit aliphatischen Diaminen oder mit Hydrazin um. Solche Polyätherurethan-Fäden werden hauptsächlich zur Herstellung von Miederwaren verwendet.

Kompakte Elastomere werden ebenfalls über „Präpolymere" (Makrodiisocyanate) gewonnen, nur erfolgt die „Kettenverlängerung" mit z. B. Butandiol oder mit aromatischen Diaminen unter intensiver Durchmischung in der Schmelze bei ca. 120 °C. Durch Einsatz von weniger als der äquimolaren Menge des verknüpfenden Diols oder Diamins kommt es zur Folgeumsetzung der Urethan- bzw. Urethan- und Harnstoff-Binnengruppen mit restlichen OCN-Gruppen. Dabei entstehen Netzwerke mit Ankergruppen vom Biuret-Typ und ggf. vom Allophanat-Typ:

```
~~—N—CO—NH—~~            ~~—N—CO—O—~~
   |                        |
   CO                       CO
   |                        |
   NH                       NH
   |                        |
   ≀                        ≀
```

Biuret-Verknüpfung Allophanat-Verknüpfung

Die Netzwerkdichte der vernetzten Polyurethane wird durch das Molverhältnis-NCO/OH- bzw. H_2N- (> 1) eingestellt. Meist sind als Vernetzungsstellen auch freie OH-Gruppen von dreiwertigen Alkoholen (aus dem Grundpolyester oder durch Zusatz entsprechender Vernetzer) oder eigens zugesetzte Polyamine wirksam.

Polyätherglykole als Basiskomponenten ergeben weiche, hydrolysestabile Produkte, die allerdings eine geringe Einreißfestigkeit haben und wegen der Häufung von Äthergruppen gegen Lichtalterung stabilisiert werden müssen. Hohe Einreißfestigkeiten erhält man mit Polyester-diolen (vorzugsweise Polyäthylenadipat). Die kompakten Formteile aus vernetzten Polyurethanen werden vor allem als Dämpfungselemente in Maschinen- und Fahrzeugbau angewandt. Im Schleudergußverfahren wurden versuchsweise einlagenfreie Reifen hergestellt, die aber aus wirtschaftlichen Gründen und wegen ihrer noch nicht hinreichenden Bodenhaftung bislang keine Konkurrenz für die Kautschukreifen darstellen.

Haupteinsatzgebiet für Polyurethane sind die gegenwärtig in Mengen von ca. 1,2 Mio t (Weltproduktion) erzeugten Schaumstoffe. 75% davon sind Weichschaumstoffe, denen lineare oder schwach verzweigte aliphatische Polyester zugrunde liegen. Für die Herstellung von Hartschaumstoffen werden stark verzweigte Polyester (Copolykondensation mit z. B. Tris-hydroximethyl-propan oder höherfunktionellen Alkoholen) eingesetzt. Die Schaumbildung wird durch Zusatz von ca. 2 Masse% Wasser zum Präpolymeren erreicht. Das Wasser löst CO_2-Bildung nach

$$\sim\!\sim\!-\mathrm{NCO} + \mathrm{H_2O} \rightarrow \left[\sim\!\sim\!-\mathrm{NH}-\mathrm{C}\begin{matrix}\nearrow \mathrm{O}\\ \searrow \mathrm{OH}\end{matrix}\right]$$

$$\rightarrow \sim\!\sim\!-\mathrm{NH_2} + \mathrm{CO_2}$$

aus, wobei gleichzeitig Kettenverlängerung über Harnstoffbindungen und Vernetzung einsetzen. Die gewöhnlich bei Raumtemperatur beginnenden Reaktionen sind in wenigen Minuten beendet. Im Inneren der Schaumstoffe kommt es dabei zur Temperaturerhöhung auf 120—170 °C. Durch eine ausgefeilte Verfahrenstechnik (Dosierung, Intensivmischung) und entsprechende Rezepturen (Katalysatoren, Netzmittel, Schaumstabilisatoren auf Basis siliziumorganischer Verbindungen) werden die gewünschten Porengrößen und der Typ des Porensystems (offenzellig, geschlossenzellig) reproduzierbar eingestellt. Syntheseleder wird durch gesteuerte Koagulation von Dimethylformamid-Lösungen vorgefertigter Polyurethane auf Wirrfaser-Vliesen von Synthesefaserstoffen hergestellt. Wasserdampfsorption und Wasserdampftransport sowie die Schmiegsamkeit von Syntheseleder werden gegenwärtig noch durch Änderungen der chemischen Struktur der Polyurethan-Matrix und der Morphologie der Materialien verbessert.

2.2.5.4. Harnstoff-Formalin-Kondensate

Für die monomeren Komponenten Harnstoff $H_2N-\overset{\overset{\displaystyle O}{\|}}{C}-NH_2$ und Formaldehyd in wäßriger Lösung

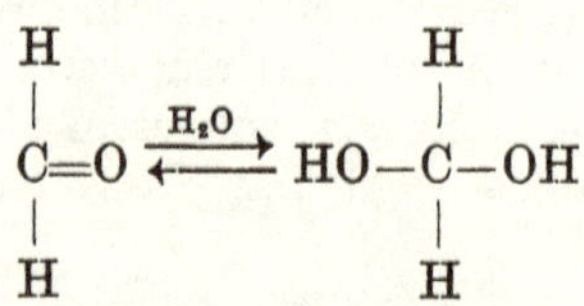

könnte man zunächst eine bifunktionelle Reaktionsweise unter Bildung linearer Polymerer erwarten. Diese entstehen auch bei der Polykondensation in saurem Medium, haben aber bisher kaum Interesse gefunden. Eingehend untersucht wurde dagegen die Umsetzung in alkalischem Medium mit anschließender Weiterreaktion unter Wechsel des Milieus von alkalisch nach sauer. Sie führt, vermutlich zum Teil über trifunktionelle ringförmige Verbindungen, zu dreidimensional vernetzten, härtbaren Polymeren. Diese finden ausgedehnte Verwendung für Preßmassen, die zuerst unter dem Namen „Pollopas“ bekannt wurden. Das folgende Formelschema soll eine ungefähre Vorstellung des möglichen Reaktionsablaufs vermitteln:

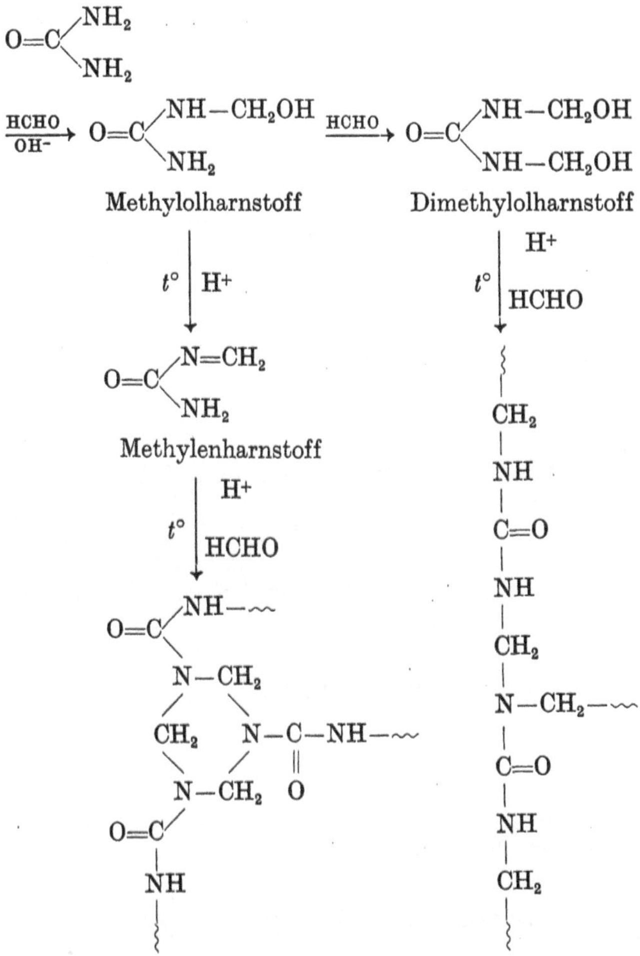

Zur Herstellung solcher Harnstoff-Formaldehyd-Harze läßt man die Komponenten im Molverhältnis von 1:1,5

zunächst in alkalischem Medium (NH_3, H_2O) reagieren, entfernt, gegebenenfalls nach Zusatz eines Füllstoffes (Cellulose), das Wasser durch vorsichtige Trocknung, fügt dem Preßmassenpulver als Härtungsbeschleuniger eine Substanz zu, die beim Erhitzen Säure freisetzt (z. B. Chloracetamid), und läßt dann nach Einpressen in die Form bei Temperaturen oberhalb 100 °C aushärten. Für Leime verwendet man Polykondensate, die noch nicht so weit vernetzt und daher noch in Wasser löslich bzw. quellbar sind. Als stickstoffhaltige Komponente wurden auch Thioharnstoff, Melamin (Melaminharze)

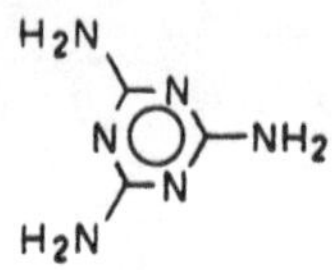

oder Dicyandiamid $H_2N{-}\underset{\underset{NH}{\|}}{C}{-}NH{-}C{\equiv}N$ benutzt.

Durch Einbau von Diolen verschiedener Kettenlänge OH—X—OH entsprechend

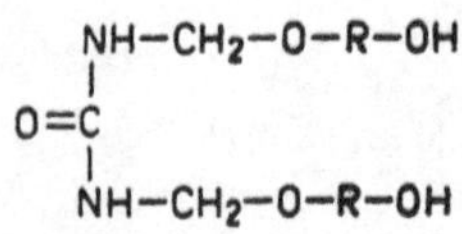

läßt sich die Löslichkeit der Harze beeinflussen (Lackharze, Textilhilfsmittel).

2.2.5.5. *N-heterocyclische Polymere* [83]

Hohe Temperaturbeständigkeit (Beginn des thermogravimetrisch erkennbaren Masseverlusts bei 400—600 °C) und eine Langzeitbeständigkeit der mechanischen und zumeist auch ihrer dielektrischen Eigenschaften (extrapoliert 3–10 Jahre) bei Temperaturen von 180–250 °C und höher werden erreicht, wenn die Polymerkette hauptsächlich aromatische, pseudoaromatische oder aromatisch-heterocyclische Strukturen enthält. Polyphenylene sollten in dieser Beziehung besondere chemische und physikalische Stabilität aufweisen. Die bislang synthetisierten Polyphenylenstrukturen enthalten aber Fehlstellen (nichtaromatische Anteile) und ergeben nur relativ spröde Formkörper. Lediglich durch Polymerisation von Benzol im kalten Plasma konnten ultradünne, flexible und guthaftende Schichten mit Polyphenylen-Netzwerkstruktur erhalten werden. Sie sind von Interesse für elektronische Anwendungen.

Seit etwa 20 Jahren sind nun einige Tausend weitere Strukturen synthetisiert worden, von denen hohe Temperatur- und Wärmebeständigkeit bei guten Verarbeitungs- und Formkörpereigenschaften erwartet wurden. Nur wenige davon werden in technischem Maßstab produziert, wie z. B. die aromatischen Polyäthersulfone (vgl. S. 166), Polyhydantoine (Syntheseschema vgl. S. 90), aromatische Polyamide (vgl. S. 181) und Polyimide (vgl. S. 182). Diese Polymeren enthalten aber noch Binnengruppen, die hydrolytische oder oxydative Spaltungen erleiden oder fördern können bzw. zu Vernetzungen unter Versprödung führen können. Einige heterocyclische Polymere sind ihnen in der Thermostabilität deutlich überlegen. Die Erhöhung der Dauerwärmebeständigkeit um nur wenige 10 °C muß aber zumeist mit beträchtlichem Mehraufwand bei der Monomersynthese und bei der Verarbeitungstechnologie erkauft werden. Kleintechnisch erzeugt und geprüft wurden bisher u. a. Poly-phenylen-(1.4)-co-(1.3)-1.3.4-oxadiazole-(2.5) (vgl. S. 90), Poly-benzimidazole (vgl. S. 89), Polychinoxaline (vgl. S. 91) und Poly-benzimidazo-pyrrolone (vgl. S. 89). Unter Verarbeitungs- und Anwendungsgesichtspunkten besonders interessant sind die Polychinoxaline, die als bisher fast einziger Strukturtyp mit hoher Dauerwärmebeständigkeit in leichtverdampfbaren Lösungsmitteln wie Methylenchlorid löslich und so auf einfache Weise zu Überzügen oder Folien verarbeitbar sind.

2.2.6. Siliciumorganische Polymere [84]

Der Aufbau des Polymerenskeletts erfolgt bei den meisten anorganischen und allen organischen polymeren Si-Verbindungen über den gleichen Bindungstyp, nämlich die gegen chemische und thermische Beanspruchung sehr stabile Si—O—Si-Bindung. Diese ermöglicht die Bildung von Ketten, Ringen oder vernetzten Strukturen, je nachdem, wieviele Valenzen des Si-Atoms über solche Si—O-Bindungen festgelegt sind.

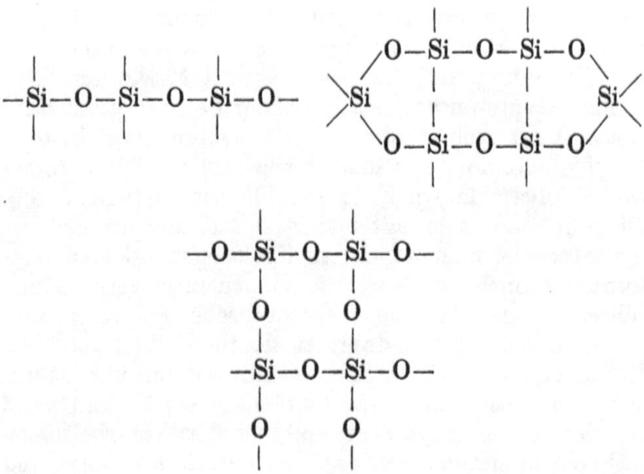

An dieses Skelett aus Silicium- und Sauerstoffatomen sind bei den siliciumorganischen Polymeren über die noch freien Valenzen am Si die organischen Substituenten geknüpft, wobei es sich im einfachsten Falle um Alkyl- oder Arylreste handelt und die so entstandenen Si—C-Bindungen etwa die gleiche Bindungsenergie aufweisen wie eine C—C-Bindung. Das physikalische und chemische Verhalten dieser Polymeren wird dann sowohl durch den Molekülbau (Kette-Ring-Netz) wie auch durch die Art der Substituenten bestimmt.

Der klassische Weg zur Synthese siliciumorganischer Polymerer ging von $SiCl_4$ aus, das durch Umsetzung mit Grignardverbindungen *R*-MgCl zu den verschieden hoch substituierten Chloralkylsilanen $RSiCl_3$, R_2SiCl_2, R_3SiCl sowie zum R_4Si alkyliert werden kann. Diese Chloralkylsilane, die heute technisch durch Direktsynthese nach dem MÜLLER-ROCHOW-Verfahren (z. B. $Si + 2\,CH_3Cl \rightarrow (CH_3)_2SiCl_2$) zugänglich sind, hydrolysieren leicht unter Bildung der wenig beständigen alkylierten Silanole

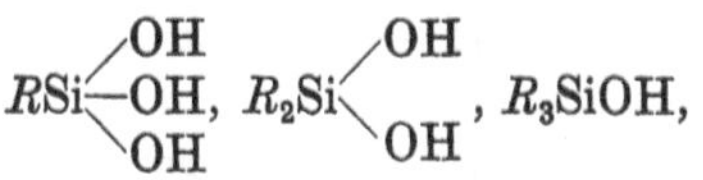

die z. T. spontan, z. T. erst bei höheren Temperaturen über Si—O—Si-Bindungen kondensieren. Hierbei entsteht aus R_3SiOH das dimere alkylierte „Disiloxan", während Silandiole $R_2Si(OH)_2$ und Silantriole $RSi(OH)_3$ „Polysiloxanketten" oder -Ringe bzw. vernetzte Strukturen bilden. Im Gegensatz zur intramolekularen Stabilisierung einer Diol- oder Triolgruppierung an einem C-Atom

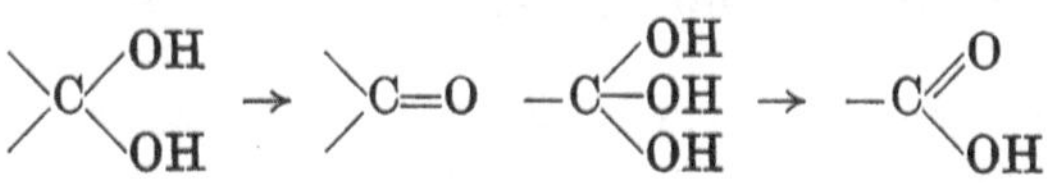

erfolgt also am Si-Atom die Wasserabspaltung unter Aufbau eines polymeren Alkyl- oder Arylsiloxans (üblicherweise als „Silikone" bezeichnet). Ein reines Silandiol $R_2Si(OH)_2$ reagiert bei dieser Kondensation als bifunktionelles Monomeres zu langen Ketten oder zu Ringen; ein Zusatz des monofunktionellen $R_3Si(OH)$ bzw. des trifunktionellen $RSi(OH)_3$ wirkt kettenabbrechend bzw.

als Ausgangspunkt für Verzweigungen und Vernetzungen, so daß man durch Wahl des Verhältnisses R : Si Molekülgröße und Molekülbau in weiten Grenzen variieren kann, während die Kondensationsgeschwindigkeit, vor allem der Verlauf der „Aushärtung“ bei vernetzten Polymeren vorwiegend durch die Substituenten R bestimmt wird. Technische Anwendung finden die Silikone vor allem als:

Silikonöle, die meist aus linearen $-\overset{\displaystyle R}{\overset{|}{\underset{\underset{\displaystyle R}{|}}{Si}}}-O$-Ketten aufgebaut sind und infolge ihrer thermischen Beständigkeit, ihrer geringen Flüchtigkeit und ihres niedrigen Viskositäts-Temperatur-Koeffizienten in einem sehr weiten Temperaturbereich verwendbar sind;

Silikonkautschuk (lange, z. T. verzweigte Ketten mit wenigen Vernetzungsstellen), der sich durch gute Isolatoreigenschaften und große thermische Beständigkeit auszeichnet;

Silikonharze für Lackzwecke (vernetzte Polymere), wobei diese Silikonlacke nach Aushärtung durch „Einbrennen“ bei Temperaturen um 200 °C eine beträchtliche Temperaturbeständigkeit bis oberhalb 350 °C bei guten mechanischen und elastischen Eigenschaften aufweisen.

3. Makromoleküle im festen Aggregatzustand

Wie schon mehrfach erwähnt, werden die physikalischen Eigenschaften eines polymeren Festkörpers wie auch der Ablauf heterogener chemischer Umsetzungen an Polymeren nicht allein durch dessen chemische Struktur („Primärstruktur“), Kettenkonfiguration (Taktizität) und zum Teil durch die mittlere Molmasse und Molmassenverteilung bestimmt, sondern hängen in starkem Maße ab von der gegenseitigen Anordnung der Makromoleküle und auch der Teile einer Einzelkette. Ausgehend von anschaulichen, qualitativen Modellbetrachtungen soll in diesem Kapitel ein Überblick gegeben werden über die bei polymeren Festkörpern auftretenden Ordnungszustände und ihre experimentelle Charakterisierung, über die in enger Beziehung dazu stehenden Phänomene beim Schmelzen und Erstarren sowie bei mechanischer Deformation und über einige Zusammenhänge zwischen Struktur und makroskopischen Werkstoffeigenschaften polymerer Festkörper. Hierbei wird — dem Rahmen dieses Buches entsprechend — zumeist eine qualitativbeschreibende Darstellungsweise gewählt; hinsichtlich einer quantitativen Behandlung sei auf entsprechende Monographien zur Physik der Hochpolymeren [85] verwiesen. Ausgangspunkt der folgenden Betrachtungen sind stets die linearen Polymeren. Mit zunehmender Vernetzungsdichte wird die Frage einer Abgrenzung zwischen molekularer Konformation und übermolekularer Struktur immer problematischer.

3.1. Ordnungszustände im Polymerfestkörper und ihre Charakterisierung

3.1.1. Modellvorstellungen zum Ordnungszustand polymerer Festkörper

Für niedermolekulare Festkörper läßt sich die räumliche Anordnung der Teilchen (Atome, Ionen, Moleküle) beim Kristallisieren aus Lösung oder Schmelze im wesentlichen durch Energiebetrachtungen verstehen. Beispielsweise erfolgt die Bildung eines Kochsalzkristalls so, daß die unter Berücksichtigung der Ionenradien maximal mögliche Absättigung der elektrostatischen Anziehungskräfte zwischen Natriumionen und Chlorionen stattfindet, wobei das einzelne Ion als starre Kugel unveränderlicher Form und Größe angesehen werden kann. Auch zum Verständnis der Ordnungszustände in festen Polymeren spielen Energiebetrachtungen eine wesentliche Rolle. Für Linearpolymere hat dabei eine ausgeprägte Anisotropie der Bindungskräfte erhebliche Bedeutung, indem in Richtung der Rückgratkette covalente Bindungen, senkrecht dazu zwischen Ketten oder Kettenabschnitten dagegen zwischenmolekulare Bindungen vorliegen, die — auf das einzelne Atom bzw. die einzelne Atomgruppe bezogen — wesentlich schwächer sind. Nur bei manchen Proteinen und bei makromolekularen Salzen aus Polykation und Polyanion („Symplexe", vgl. S. 342) liegt außerdem eine elektrostatische Bindung vor.

Bei den „zwischenmolekularen Kräften" unterscheiden wir:

– *Dispersionskräfte*, die ähnlich wie die homöopolare Bindung ihre Entstehung einem Quanteneffekt verdanken und bei unpolaren Stoffen wie Polyäthylen allein maßgebend sind, aber auch bei Polymeren mit vielen polaren Gruppen trotz einer geringen Stärke der Einzelbindung (1—2 kcal/mol) zur Bindungsenergie zwischen den Ketten merklich beitragen, da sie zwischen allen Atomen benachbarter Ketten wirksam werden;
– *Dipol-Dipol-Kräfte*, die nur zwischen Molekeln mit permanenten Dipolen (Polyacrylnitril, Polyvinylchlorid) auftreten können und deren Bindungsstärke im Gegensatz zu den Dispersionskräften mit steigender Temperatur stark abnimmt;
– *Induktionskräfte*, die zwischen permanenten Dipolen und leicht polarisierbaren Atomen oder Atomgruppen auftreten können;
– *Wasserstoffbrückenbindungen*, die hervorgerufen werden durch die Wechselwirkung von hauptvalenzmäßig an N oder O gebundenen H-Atomen mit benachbarten OH- oder CO-Gruppen, wobei die Bindungsenergie dieser vor allem bei Cellulose, Proteinen und Polyamiden für den Zusammenhalt der Ketten maßgebenden Bindungen bei verhältnismäßig hohen Werten von 5—10 kcal/Mol liegt.

Eine exakte Berechnung des Anteils der einzelnen Bindungskräfte im Polymerfestkörper ist bis heute nicht möglich; zur Abschätzung der zwischenmolekularen Bindungskräfte zwischen Polymermolekeln verwendet man meist die sog. „Kohäsionsenergien" der verschiedenen in Frage kommenden Atomgruppen, die ein summarisches

Maß der gesamten intermolekularen Wechselwirkung darstellen und für eine erste Näherung als additiv betrachtet werden können (vgl. Tab. 7).

Tabelle 7

Molare Kohäsionsenergien verschiedener organischer Gruppen (nach [86])

Gruppe	molare Kohäsionsenergie cal/Mol	Gruppe	molare Kohäsionsenergie cal/Mol
$-CH_3$	1780	$-COOC_2H_5$	6230
$=CH_2$		$-NH_2$	3530
$-CH_2-$	990	$-Cl$	3400
$=CH-$		$-F$	2060
$-O-$	1630	$-Br$	4300
$-OH$	7250	$-I$	5040
$=CO$	4270	$-NO_2$	7200
$-CHO$	4700	$-SH$	4250
$-COOH$	8970	$-CONH_2$	13200
$-COOCH_3$	5600	$-CONH-$	16200

Dispersions- und Dipolkräfte nehmen mit einer hohen Potenz des Abstandes zwischen den beteiligten Gruppen ab, und auch das Wirksamwerden einer H-Brückenbindung ist an eine eng begrenzte, optimale Bindungslänge von 2,5—2,8 Å geknüpft. Die aus der molaren Kohäsionsenergie errechneten Energiebeträge stellen daher Maximalwerte der zwischenmolekularen Wechselwirkung dar, die bei Polymeren schon aus sterischen Gründen oft nicht erreicht werden, beispielsweise, wenn sperrige Seitengruppen in räumlich unregelmäßiger Anordnung eine optimale Aneinanderlagerung der Ketten verhindern. Bei Polymeren können die zwischenmolekularen Wechselwirkungen sowohl intramolekular als auch intermolekular in Erscheinung treten, um bestimmte Ordnungszustände zu stabilisieren. Vor der Behandlung einiger wesentlicher Modellvorstellungen für solche Ordnungszustände sei darauf hingewiesen, daß für ihre Ausbildung nicht allein Enthalpieeffekte, sondern entsprechend $\Delta G = \Delta H - T\Delta S$ auch ein gegenläufiger Entropiefaktor zu berücksichtigen ist: Die Gestalt eines einzelnen isoliert gedachten Kettenmoleküls ist nicht bleibend festgelegt, sondern vielmehr durch die Wärmebewegung einem ständigen Wechsel unterworfen. Für genügend lange Ketten hat hierbei der „Zustand größter Unordnung", nämlich ein lockeres Knäuel (vgl. S. 268), statistisch die größte Wahrscheinlichkeit, da es die maximale Anzahl von Realisierungsmöglichkeiten („Mikrozuständen") aufweist. Für eine maximale energetische Wechselwirkung mit einer Nachbarkette bzw. einem anderen Kettenabschnitt ist dagegen nur eine bestimmte, statistisch auf Grund ihrer einen einzigen Realisierungsmöglichkeit recht „unwahrscheinliche" Kettenkonformation am günstigsten. Thermodynamisch am stabilsten ist dann diejenige gegenseitige Anordnung der Ketten, bei der die freie Enthalpie ΔG zu einem Minimum wird. Ist hierbei infolge geringer energetischer Wechselwirkung zwischen den Ketten der Entropiefaktor, also die Verknäuelungstendenz, maßgebend, so ergeben sich polymere Festkörper mit geringer übermolekularer Ordnung. Erlaubt dagegen die chemische Primär-Struktur unter Berücksichtigung sterischer Faktoren eine Ausbildung zahlreicher und starker Nebenvalenzbindungen zwischen den Ketten bzw. Kettenabschnitten (Überwiegen des Energiefaktors), so entstehen hochgeordnete Polymere. Viele Polymerfestkörper weisen Ordnungszustände auf, die zwischen diesen beiden Extremen liegen, wobei sowohl die Gesamtstruktur „homogen unterschiedlich gut" geordnet sein kann, als auch in kleinen Bereichen Anteile unterschiedlicher Ordnung nebeneinander vorliegen können.

Als Beispiel eines intramolekularen Ordnungszustandes wurde die *Helixbildung* bei Proteinen und Nukleinsäuren bereits erwähnt. Diese Helixbildung tritt bei Makromolekülen verhältnismäßig häufig auf, vor allem in hochgeordneten Festkörpern, z. B. in isotaktischen Polyvinylverbindungen („einsträngige" Helix) oder in manchen faserbildenden Proteinen („dreisträngige" Helix des Kollagens). Zur Kennzeichnung solcher Helixstrukturen dient einmal die Zahl der beteiligten Einzelketten („Stränge" der Helix), zum anderen eine Zahl p_q, wobei p die Zahl monomerer Einheiten pro q Windungen angibt, nach denen die Ausgangslage wieder hergestellt ist (Abb. 7).

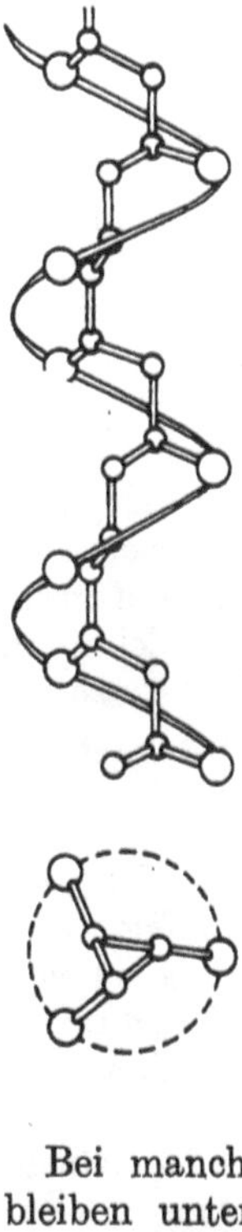

Abb. 7. Einsträngige Helix von isotaktischem Polypropylen (Typ 3_1, 3 Grundbausteine/Windung) aus ELIAS, H.-G., „Makromoleküle", Hüthig & Wepf, Basel 1972, S. 110

Bei manchen Polymeren (Proteinen, Nukleinsäuren) bleiben unter bestimmten Bedingungen solche Helixstrukturen auch in Lösung als eine Art „eindimensionaler Kristall" bestehen, der durch eine „kooperative Wechselwirkung" über H-Brücken stabilisiert wird (vgl. S. 138). Unter kooperativer Wechselwirkung versteht man dabei generell die Beeinflussung einer Reaktionsgeschwindigkeit und/oder eines Reaktions-Mechanismus durch Nachbargruppen oder Nachbarbausteine entlang der Polymerkette. Solche kooperativen Effekte umfassen sowohl Nachbargruppeneffekte bei chemischen Umsetzungen an der Polymerkette (vgl. S. 102), wie auch die Stabilisierung intramolekularer Ordnungszustände (z. B. der Doppelhelix einer Nukleinsäure durch Basenpaarung). Eine mathematische Behandlung erfolgt heute vielfach auf Basis eines linearen *Ising*-Modells, d. h. einer Berücksichtigung ausschließlich des Einflusses der beiden nächsten Nachbarn beim kooperativen Prozeß. Hinsichtlich des mathematischen Modells und seiner Anwendung auf konkrete Fälle sei hier vor allem auf die Darstellungen von Schwarz und Engel [87] verwiesen und an Hand der folgenden Abb. 8 nur kurz erläutert, wie bei solchen kooperativen Prozessen „Keimbildungsschritte“ gegenüber „Wachstumsschritten“ stark benachteiligt sind, wobei der kooperative Parameter σ umso kleiner ist, je ausgeprägtere Kooperativität vorliegt und wobei diese Größe σ zugleich die sogenannte „kooperative Kettenlänge“ bestimmt. Das Auftreten solcher intromolekularer Ordnungszustände in Lösung ist in starkem Maße medienabhängig („Helix-Knäuel-Übergänge“ z. B. bei einer p_H-Änderung oder bei Zusatz bestimmter organischer Flüssigkeiten zur wäßrigen Lösung).

Auf hochgeordnete Festkörper beschränkt ist eine andere Möglichkeit zur intramolekularen Ordnung, nämlich die an aus Lösung hergestellten Einkristallen von beispielsweise Polyäthylen durch Keller [88] und durch Stuart und Fischer [89] entwickelte Vorstellung der *Kettenfaltung*, d. h. der Anordnung einer Kette in regelmäßigen, parallel gelagerten Schleifen mit recht kleinem Krümmungsradius (Abb. 9), wobei durch Aufeinanderlagerung mehrerer Einzelkettenschichten dünne Lamellenpakete entstehen. Zur Kennzeichnung solcher Faltungsstrukturen dienen die meist in der Größenordnung zwischen 50 und 200 Å liegende Faltunsslänge und der Radius der Faltungsbögen.

Dieses Ordnungsprinzip der Kettenfaltung wurde zu-

Wachstumsschritt:

$$\begin{matrix} \cdots AAB \\ \cdots BAA \end{matrix} \underset{k_D}{\overset{k_F}{\rightleftharpoons}} \begin{matrix} \cdots ABB \\ \cdots BBA \end{matrix}; \quad \frac{k_F}{k_D} = s$$

Keimbildungsschritt:

$$\cdots AAA \underset{k_{DA}}{\overset{k_{FA}}{\rightleftharpoons}} \cdots ABA; \quad \frac{k_{FA}}{k_{DA}} = \sigma s$$

kleiner Wert für $\sigma \rightarrow$ stark erschwerte Keimbildung, hohe Kooperativität

Kooperative Länge $N_0 = \frac{1}{\sqrt{\sigma}} \gg 1$

Abb. 8. Schema kooperativer Prozesse
vgl. PHILIPP, B., Plaste u. Kautschuk 21 (1974), S. 324

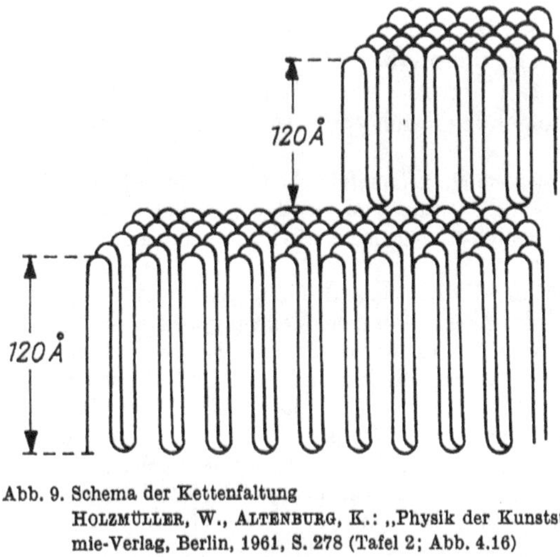

Abb. 9. Schema der Kettenfaltung
HOLZMÜLLER, W., ALTENBURG, K.: „Physik der Kunststoffe", Akademie-Verlag, Berlin, 1961, S. 278 (Tafel 2; Abb. 4.16)

nächst in einem gewissen Widerspruch zu den seit mehreren Jahrzehnten bestehenden Vorstellungen zur intermolekularen Ordnung von Kettenmolekülen entwickelt, die sich auf ein umfangreiches, vor allem an Cellulose gewonnenes Versuchsmaterial stützen konnten. Bei diesem *Kristallitstrangmodell* der intermolekularen Ordnung nimmt man eine durch zwischenmolekulare Kräfte (Dispersionskräfte, H-Brücken) stabilisierte parallele Aneinanderlagerung einer größeren Anzahl (> 50) weitgehend ausgestreckter Ketten an, die dann auf Grund einer regelmäßigen Anordnung der Bausteine in allen 3 Raumrichtungen Anlaß zu scharfen Röntgeninterferenzen geben, ähnlich wie dies von niedermolekularen Kristallen her bekannt ist. Eine Weiterentwicklung des Kristallitstrangmodells stellt das „extended-chain-Modell“ [90] dar, das zur Beschreibung des Ordnungszustandes von Polymerproben herangezogen wird, die unter maximaler Streckung und Orientierung, gegebenenfalls unter Verwendung hoher Drucke, hergestellt wurden [91].

Bei der Anwendung dieser Modellvorstellungen auf reale Polymere und bei einer Diskussion der in der Vergangenheit oft übermäßig betonten Analogie zwischen Polymerkristall und niedermolekularem Kristall müssen allerdings folgende Gesichtspunkte beachtet werden:

- Die dargelegten Modellvorstellungen spiegeln schematisierte „Idealzustände“ wieder und müssen zur Beschreibung des realen Einzelfalles gegebenenfalls miteinander kombiniert werden;
- eine ideale dreidimensionale Ordnung ist bei Polymerketten auf Grund der Molekülform, der Molekülgrößenverteilung und der Anisotropie der Bindungskräfte beim Festkörper im Gegensatz zu niedermolekularen Stoffen auch nicht näherungsweise erreichbar. Wir müssen also mit einer Vielzahl von Gitterbaufehlern in sogenannten „Polymerkristallen“ rechnen, wie auch umgekehrt sog. „amorphe“ Polymere immer noch eine gewisse Nahordnung infolge Assoziatbildung oder Packungseffekten bei der Entstehung des Festkörpers aus Schmelze oder Lösung aufweisen;
- auf Grund der großen und unterschiedlichen Kettenlänge ist eine völlig gleichmäßige dreidimensionale Ordnung über größere Bereiche hinweg von vornherein recht unwahrscheinlich. Es werden vielmehr Bereiche höheren und geringeren Ordnungszustandes nebeneinander vorliegen, wobei einzelne

lange, durchlaufende Polymerketten mehreren geordneten Bereichen zugehören können.

Diese Vorstellung eines unterschiedlichen und innerhalb kleiner Bereiche wechselnden Ordnungszustandes wurde vor allem durch röntgenographische Arbeiten an Cellulose und einigen synthetischen Polymeren (HESS und KIESSIG) sowie aus Sorptions- und Dichtemessungen an Cellulose erhalten und hier von HERMANS und KRATKY ausgehend vom Kristallitstrangmodell zum Modell der „Fransenmicelle" entwickelt [92]. Dieses Modell hat unter Berücksichtigung der vor allem von HOSEMANN und

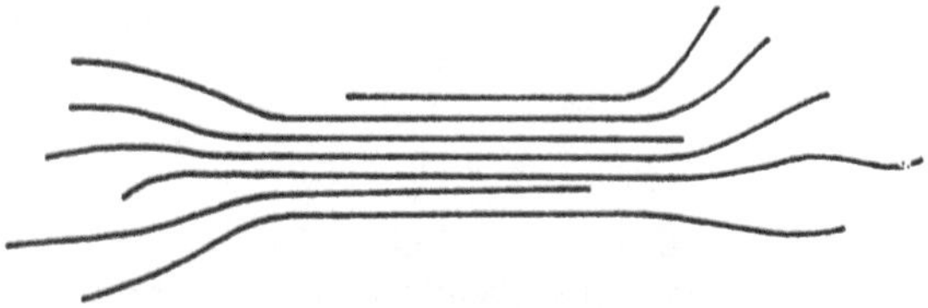

Abb. 10. Fransenmicelle nach HERMANS, P. H.: „Physics and Chemistry of Cellulose Fibres", Elsevier-Publ. Comp. Inc., New York/Amsterdam/London/Brüssel, 1949, S. 29 (Abb. 15)

BONART [93] vorgeschlagenen Korrekturen bis heute seine Bedeutung für die gesamte Cellulosechemie und darüber hinaus vor allem für die Korrelation makroskopischer Fasereigenschaften mit Parametern der molekularen und übermolekularen Struktur behalten. Entsprechend Abb. 10 nimmt das Modell der Fransenmicelle in seiner ursprünglichen Form einen verhältnismäßig steilen Übergang an zwischen Bereichen hohen Ordnungsgrades (sog. „Micellen") und Bezirken geringer Ordnung. Nach der ursprünglich von HERMANS für Celluloseregeneratfasern vertretenden Auffassungen werden diese durch die aus den „Micellen" herausragenden Kettenenden gebildet, während KRATKY in stärkerem Maße durchlaufende Ketten annimmt, die die einzelnen „Micellen" hauptvalenzmäßig verknüpfen.

Beim Modell der Kettenfaltung läßt sich der Vorstellung eines über kleine Bereiche wechselnden Ordnungszustandes dadurch Rechnung tragen, daß man eine „wenig geordnete Deckschicht" auf den hochgeordneten Lamellen annimmt, die durch Unregelmäßigkeiten in der Anordnung von Kettensegmenten im Bereiche der Faltungsbögen zustandekommt (vgl. Abb. 11). So wird beispielsweise für ca. 100 Å breite Lamellen aus trans-1,4-Poly-

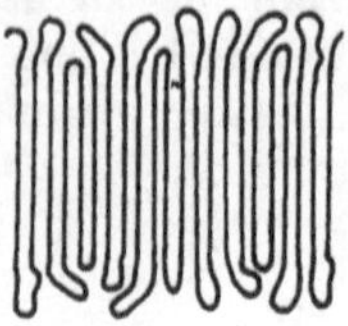

Abb. 11. Kettenfaltung
a) Hochgeordnete Faltungsanordnung
b) Unregelmäßige Faltung in einem Kristall
PETERLIN, A., Makromolekulare Chem. 74 (1964), S. 109

butadien eine Dicke dieser Deckschicht von je etwa 14 Å und damit eine Faltungslänge für den hochgeordneten Anteil von 72 Å angenommen [94].

Eine Synthese zwischen den beiden einander scheinbar widersprechenden Strukturprinzipien der „Kettenfaltung" und der „Kristallitstrangbildung mit durchlaufender Einzelkette" ergibt sich aus den Vorstellungen von HOSEMANN und BONART zur *parakristallinen Ordnung* hochpolymerer Substanzen. Ausgehend von Modellbetrachtungen zu den verschiedenen Möglichkeiten einer Gitterstörung bei festen Hochpolymeren wird entsprechend Abb. 12 angenommen, daß ein Teil der Ketten in den höher geordneten Bereichen zurückfaltet und dadurch die Möglichkeit schafft für eine unregelmäßige, lockere Anordnung der durchlaufenden Ketten in den ungeordneten Bereichen [93]. Übergänge zwischen „amorphem" und „teilkristallinem" Zustand von Polymeren als Schmelze und als Festkörper lassen sich mit dem in letzter Zeit von PECHHOLD u. a. [95] entwickelten Mäandermodell begrifflich erfassen, bei dem entsprechend Abb. 13 unter Kombination der Grundvorstellungen der „Fal-

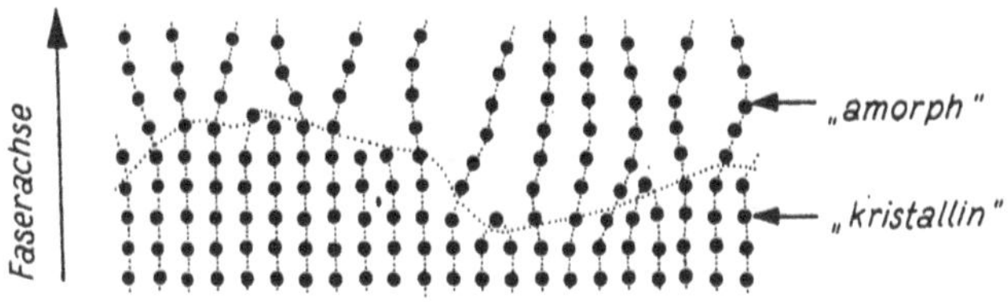

Abb. 12. Übergang zwischen geordneten und ungeordneten Bereichen nach HOSEMANN (Makromolekulare Chem., **39** (1960), S. 118)

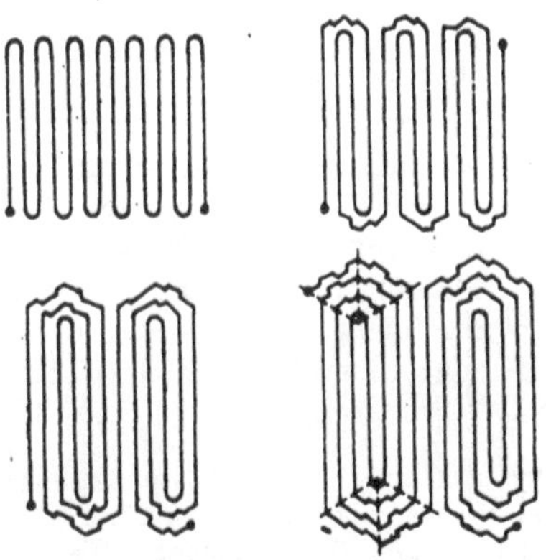

Abb. 13. Dielektrische und mechanische g-Faktoren für die Tieftemperaturrelaxation in POM als Funktion der reziproken Temperatur aus PECHHOLD, W., LISKA, E., BAUMGÄRTNER, A., Kolloid-Z./Z. Polymere **250** (1972), S. 1020

tungslamelle" und des „Kristallinstranges" eine variable Ausdehnung der „Defektschicht" und eine variable Zahl von „Kristallkinken" (kettenverkürzenden Rotationsisomeren) angenommen wird, um Ordnungszustände von „amorph" bis „teilkristallin" zu veranschaulichen und mittels einiger „Mäanderparameter" halbquantitativ zu beschreiben.

In zu weitgehender Schematisierung wurde aus dem Modell der Fransenmicelle gefolgert, daß der übermolekulare Bau vieler Polymerer durch eine *Zweiphasenstruktur* mit in absoluten Zahlenwerten angebbarem „kristallinen" und „amorphen" Anteil charakterisiert werden könne, eine Auffassung, die wegen ihrer Einfachheit und Anschaulichkeit weite Verbreitung fand, aber seit etwa 1940 von KARGIN und seiner Schule [96] mit Recht heftig kritisiert wurde, wobei zuerst vor allem experimentelle Untersuchungen an Cellulose zugrundegelegt wurden. Nach KARGIN ist das Auftreten scharfer Röntgeninterferenzen noch kein ausreichender Nachweis eines „kristallinen Anteils", wenn nicht auch thermodynamische Kriterien, wie Unterschiede in der Schmelz- bzw. Lösungswärme, für das Vorliegen von zwei definierten Phasen sprechen. Da dies z. B. bei Cellulose nicht der Fall ist, rechnet sie KARGIN zu den „einphasig-amorphen Polymeren", deren Ketten natürlich trotzdem eine beträchtliche gegenseitige Ordnung aufweisen können. Auch wenn man sich der KARGINschen Auffassung nicht in all ihren Folgerungen anschließt, so sollte man doch bei der Anwendung des für den Chemiker recht anschaulichen „Zweiphasenmodells" beachten, daß:

— keine definierten Phasengrenzen im Sinne der Phasenlehre vorliegen, sondern zwischen hochgeordneten und ungeordneten Bereichen Übergangszustände mit durchlaufenden Ketten existieren, welche die physikalischen Eigenschaften wie auch den Verlauf chemischer Umsetzungen am Polymeren mit bestimmen;
— jede quantitative Bestimmung des sog. „kristallinen Anteils" daher nur relative, von der Methode und dem Auswerteverfahren abhängige Werte liefern kann, und diese Abgrenzung in keinem Falle frei von Willkür ist, auch nicht bei der oft als Bezugsmethode angegebenen Röntgendiffraktometrie. An die Stelle der Begriffe „kristallin" und „amorph" sollte daher besser die Bezeichnung „geordnet" oder „ungeordnet" treten, worauf seit etwa 1956 vor allem von RUSCHER und Mitarbeitern [97] hingewiesen wurde.

Eine begriffliche Weiterentwicklung erfuhr das „Zweiphasen-Modell" einmal durch die Vorstellung des „Drei-

und Mehrphasenmodells“, die vor allem für solche Polymere sinnvoll erscheint, bei denen in Bereichen hoher Ordnung unterschiedliche Kettenanordnungen auftreten können, analog den „Kristallmodifikationen“ nieder-

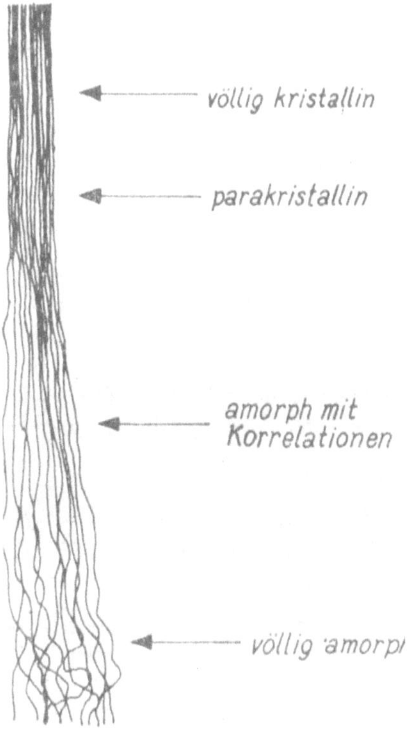

Abb. 14. Laterale molekulare Ordnung von Polymeren nach J. W. S. Hearle (J. Polymer Sci., C: Polymer Symposia (1967) 20, S. 224)

molekularer Stoffe. Hierzu sei u. a. auf Arbeiten von Ruscher und Dechant [98] an teilkristallinen Polymeren wie Cellulose oder Polyamid 6 verwiesen. Zum anderen entstand — gewissermaßen komplementär zum Zweisphasen-Modell — der Begriff des „lateral order spektrums" [99], wonach „kristalliner" und „amorpher" Zustand Grenzzustände darstellen, zwischen denen kontinuierlich alle Ordnungszustände möglich und in von Präparat zu Präparat wechselnden Anteilen realisiert sind (Abb. 14). Zur Definition des „Ordnungsgrades" wurde im Falle der Cellulose beispielsweise die Zugänglichkeit der OH-Gruppen herangezogen, die von der Stärke der H-Brücken und der Regelmäßigkeit der H-Brücken-Vernetzung („kooperative Wirkung", vgl. S. 195) abhängt. Als sehr fruchtbar erwiesen sich solche Gedankengänge u. a. zur Interpretation von Accessibilitätsbestimmungen (vgl. S. 215) an Celluloseregeneratfäden, bei denen die Übergangsbereiche zwischen hochgeordneten und weitgehend ungeordneten Anteilen eine besonders wichtige Rolle auch hinsichtlich der makroskopischen Eigenschaften spielen. Andererseits ist z. B. bei Polyäthylen ein verhältnismäßig steiler Übergang „hochgeordnet" — „weitgehend ungeordnet" anzunehmen und daher die Anwendung des klassischen Zweiphasen-Modells zur Erfassung der übermolekularen Ordnung zweckmäßig.

3.1.2. Methoden zur Charakterisierung von Ordnungszuständen im Polymerfestkörper mit einigen Anwendungsbeispielen

Die im vorigen Abschnitt behandelten Modellvorstellungen stehen in enger Wechselbeziehung zur Entwicklung der experimentellen Methodik für die Charakterisierung von Ordnungszuständen, indem einerseits die Modellvorstellungen auf Basis und zur Interpretation vorliegender Experimentalergebnisse entstanden, andererseits die Erweiterung der experimentellen Methodik Voraussetzungen für die Präzisierung und Ergänzung der Modellvorstellungen schuf. Ausgehend von einem Zweiphasen-Modell des Polymerfestkörpers ergibt sich zunächst die Frage nach Aufbau, Größe, Form, Mengenanteil und gegenseitiger Lage der geordneten Bereiche, zu deren Beantwortung heute vor allem folgende Methodengruppen dienen:

- Röntgendiffraktometrie im Weit- und Kleinwinkelbereich
- IR-Spektroskopie und in begrenztem Umfange Breitlinien-NMR-Spektroskopie (vom Ordnungsgrad abhängige Kettenbeweglichkeit, vgl. S. 229)
- optische Methoden (Doppelbrechung, vgl. S. 220)
- direkte Elektronenmikroskopische Abbildung
- Bestimmung makroskopischer physikalischer Kennwerte wie Dichte oder Temperaturabhängigkeit der Wärmekapazität (Bestimmung der Schmelzwärme), die in definierter Weise vom Ordnungszustand abhängen
- indirekte chemische und chemisch-physikalische „Accessibilitätsmethoden".

Wichtigstes Hilfsmittel zur Aufklärung der gegenseitigen räumlichen Anordnung der Ketten in den kristallin geordneten Bereichen ist nach wie vor die Aufnahme und quantitative Auswertung eines Röntgeninterferenzbildes, analog der Kristallstrukturanalyse niedermolekularer Substanzen. Bei Polymeren arbeitet man im einfachsten Falle analog dem DEBYE-SCHERRER-Verfahren nach einem Planfilm-Pulververfahren mit monochromatischer Röntgenstrahlung und registriert die durch Reflektion an den Netzebenen der kristallin geordneten Bereiche erhaltenen scharfen Reflexe photographisch, oder man verwendet ein Diffraktometer mit Zählrohrregistrierung. Die Auswertung der Röntgendiagramme erfolgt auch hier zunächst durch Bestimmung der Netzebenenabstände auf Basis der BRAGGschen Gleichung

$$n\lambda = 2d \sin \varphi ,$$

ist aber bei Polymeren infolge der geringen Kristallitgröße und eines oft stark gestörten Gitterbaues (nur wenige vermeßbare Reflexe) meist ungleich schwieriger als bei niedermolekularen Stoffen. Selbst wenn man von hochorientierten Proben mit weitgehend punktförmigen Reflexen ausgeht und neben der Lage auch die relative Intensität der Reflexe zur Auswertung benutzt, ist eine eindeutige Zuordnung zu einer bestimmten Raumgruppe und eine Festlegung der Molekülanordnung oft nicht möglich, falls man nicht zusätzliche Daten zur Kettenkonformation, z. B. Bindungslängen und Valenzwinkel, mit verwendet, für deren Ermittlung man vor allem die IR-Spektroskopie heranzieht. Weitere Informationen aus den Röntgendiffraktogrammen werden durch Vermessen der Reflexbreite sowie aus der azimutalen Verteilung (Orientierung s. S. 220) und aus der unterschiedlichen Intensität der einzelnen Reflexe erhalten.

Für eine große Anzahl natürlicher (z. B. Cellulose, Keratin, Fibroin) und synthetischer Polymerer (z. B. Polyamid 6, Polyäthylenterephthalat, Polyäthylen) bestehen heute ziemlich gesicherte Vorstellungen über die geometrische Anordnung der Molekeln in den geordneten Bereichen. Viele Linearpolymere können bei gleicher chemischer Primärstruktur in unterschiedlichen „Kristallmodifikationen" auftreten, wobei diese „Polymorphie" sowohl durch eine unterschiedliche Kettenkonformation, als auch durch eine unterschiedliche Packungsdichte der Ketten zustandekommen kann. In Abhängigkeit von der Vorbehandlung, z. B. der Kristallisationstemperatur, können dabei verschiedene Modifikationen mit unterschiedlicher Gitterzelle nebeneinander vorliegen, so beispielsweise bei Polyamid 6 eine monokline α- und eine hexagonale γ-Modifikation [100]. Anhand von Abb. 15 sei hier das klassische Beispiel einer solchen Polymorphie bei Polymeren, nämlich die Cellulose mit ihren beiden wichtigsten Modifikationen der Cellulose I und der Cellulose II auf Basis des in seinen Grundzügen auch heute noch akzeptierten Strukturmodells von MEYER und MISCH etwas ausführlicher behandelt, wobei sich zugleich das Wirksamwerden verschiedener Bindungskräfte in einem solchen „Kristallgitter" eines Polymeren demonstrieren läßt. Cellulose I und II unterscheiden sich im Röntgendiagramm und besitzen verschiedene Gitterzellen. Für „Cellulose I" („native" Cellulose, vgl. S. 115) liegen in Richtung der a-Achse zahlreiche starke H-Brücken zwischen OH-Gruppen vor, während der Zusammenhalt in Richtung der c-Achse hauptsächlich durch Dispersionskräfte bewirkt wird. Bei der lockerer gepackten „Cellulose II“ (sog. „Regeneratcellulose“, vgl. S. 124) kann man in Übereinstimmung mit dem chemischen Ver-

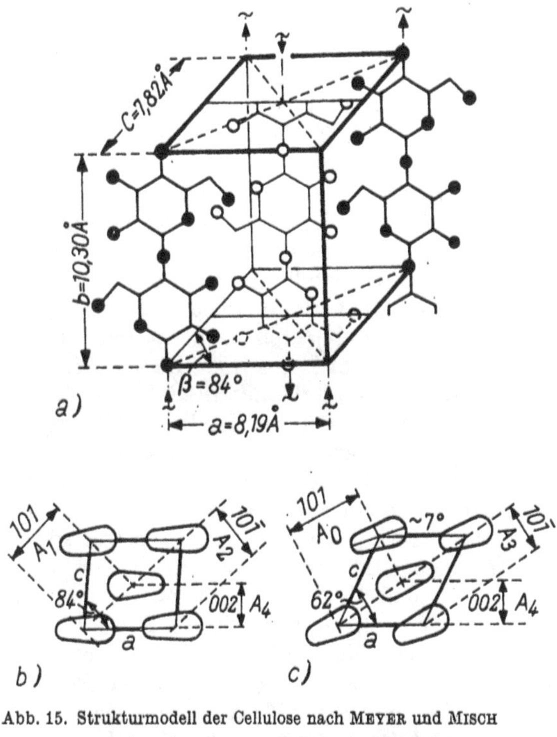

Abb. 15. **Strukturmodell der Cellulose nach Meyer und Misch**

a) Elementarkörper der Cellulose I; b) Schnitt senkrecht zur Faserachse (b-Achse) durch den Elementarkörper der Cellulose I; c) Schnitt senkrecht zur Faserachse (b-Achse) durch den Elementarkörper der Cellulose II

Treiber, E.: „Die Chemie der Pflanzenzellwand“, Springer-Verlag, Berlin/Göttingen/Heidelberg, 1957
a) S. 152 (Abb. IV, 14), b) und c) S. 158 (Abb. IV, 21a u. b)

halten die stärksten zwischenmolekularen Bindungen in der (101)-Ebene annehmen, während senkrecht dazu der Zusammenhalt geringer ist, so daß sich beim Auflösen unter zunehmender Aufweitung des Abstandes zwischen den (101)-Ebenen zweidimensionale Roste bzw. Lamellen bilden können.

Aussagen über Form und Größe der geordneten Bereiche lassen sich in gewissem Umfange ebenfalls aus den Röntgenbeugungsdiagrammen gewinnen, wobei die geordneten Bereiche allerdings eine „Mindestkantenlänge" van ca. 20—30 Å aufweisen müssen, damit überhaupt Röntgenreflexe auftreten. Die Linien in einem Röntgenweitwinkeldiagramm (Debye-Scherrer-Diagramm entsprechend Abb. 18) werden breiter und unschärfer sowohl bei einer Verringerung der Kristallitdimensionen als auch bei einer Verschlechterung der Gitterordnung. Während bei niedermolekularen kristallinen Stoffen oft eine eindeutige Zuordnung von Linienbreite und Teilchengröße möglich ist, kann bei Polymeren zunächst nur ein sog. „Teilchengrößenäquivalent" aus der Linienbreite berechnet werden, in das „Kristallit-Breite" und Gitterordnung einschließlich der unterschiedlichen Verteilung dieser Größen gleichermaßen eingehen, bzw. das als formale Größe einen unteren Grenzwert für die Kristallitbreite unter Annahme einer idealen kristallinen Ordnung angibt. Angaben über die Länge der geordneten Bereiche (Kristallitstrangmodell) bzw. über die Faltungshöhe (Kettenfaltungsmodell) können durch Auswertung der unter kleineren Winkeln auftretenden Reflexe erhalten werden. Auf Grund solcher röntgendiffraktometrischer Untersuchungen kann man sich die geordneten Bereiche der Cellulose als langgestreckte Kristallitstränge von etwa 30—50 × 70—100 Å im Querschnitt, bei einer Länge von wenigstens ca. 500 Å, vorstellen. Für Polyolefine sind auf Grund entsprechender Ergebnisse Faltungshöhen in der Größenordnung von etwa 100 Å anzunehmen, wobei sich für die Reihe der n-Alkane zeigen läßt, daß die Langperiode zunächst mit der Länge des ausgestreckten Moleküls, also damit auch mit dem „Polymerisationsgrad" linear ansteigt, um dann bei $\bar{P} \gtrsim 100$ mit Einsetzen des Rückfaltens der Ketten konstant zu bleiben. Zur Ergänzung der Röntgenweitwinkeldiffraktometrie bei der Ermittlung der Anordnung der geordneten Bereiche im Polymerfestkörper wurde in den letzten Jahren zunehmend die *Röntgenkleinwinkelstreuung* herangezogen. Hierbei wird der Intensitätsverlauf der Streustrahlung unter sehr kleinem Beugungswinkel ($< 5°$), also in unmittelbarer Nähe des Primärstrahles, gemessen, der im Gegensatz zu den Weitwinkelreflexen (Beugungswinkel $> 5°$) nicht durch Reflexion an geordneten Atomlagen („Netzebene" im Kristalliten), sondern durch Streuung an größeren Struktureinheiten bestimmt wird. Kleinwinkelreflexe treten allgemein dann auf, wenn Elektronendichteschwankungen im Präparat vorliegen also sowohl bei Einbettung „kristalliner" Partikel in eine amorphe Matrix, als auch bei Anwesenheit von Mikrohohlräumen in einer einheitlichen röntgenamorphen Substanz. Eine eindeutige Zuordnung ist daher nicht immer möglich. In manchen Fällen konnten jedoch weitgehend gesicherte Aussagen in der einen oder der anderen Richtung erhalten werden, so z. B. unter Annahme eines Zweiphasenmodells zur räumlichen Anordnung der geordneten Bereiche eines orientierten (s. S. 219) teilkristallinen Polymeren und damit zur Klärung der Frage, ob diese Bereiche in einer verstreckten Faser überwiegend in Faserlängsrichtung eine Vorzugsordnung entsprechend einem Fibrillenmodell aufweisen oder sich bevorzugt zu lamellenartigen Bändern quer zur Faserachse zusammenlagern ([101], vgl. Abb. 16). Andererseits konnten unter der in diesem Fall weitgehend gesicherten Annahme eines „röntgenamorphen" Präparats Größe und Form der Mikrohohlräume in Polyacrylnitrilfasern nach unterschiedlicher Vorbehandlung bestimmt werden [102].

Eine unmittelbare Abschätzung der Kristallitdimensionen aus elektronenmikroskopischen Aufnahmen nach Entfernung oder chemischer Veränderung (Einlagerung von Fremdstoffen) des ungeordneten Materials erscheint wegen ihrer Anschaulichkeit recht verlockend und wurde verschiedentlich, so z. B. an Cellulose nach Weghydrolysieren des „amorphen Anteils", durchgeführt, obwohl auch hier die Auswertung in verschiedener Hinsicht problematisch ist (Änderung der Feinstruktur beim Prä-

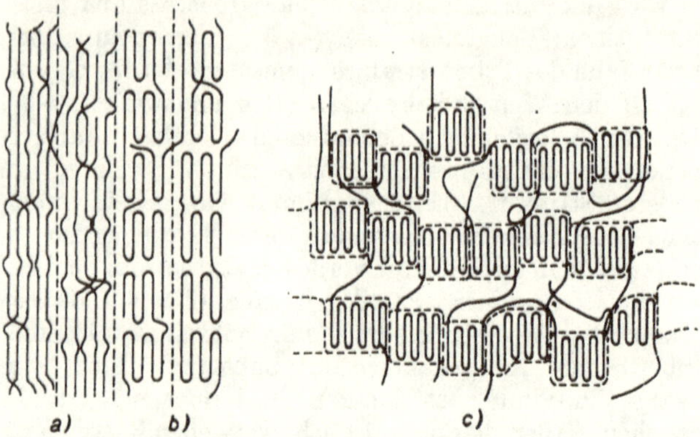

Abb. 16. Strukturmodelle
a) Fibrillenmodell nach HESS/KIESSIG b) Fibrillenmodell mit Kettenrückfaltungen c) Lamellenmodell nach PETERLIN
JUNGNICKEL, B. J., TEICHGRÄBER, M., RUSCHER, CH., Faserforsch. Textiltechn. 24 (1973), S. 424

parieren, Vorliegen höherer morphologischer Struktureinheiten).

Eine mengenmäßige Abschätzung des geordneten Anteils in Prozent der Gesamtsubstanz läßt sich nur dann einigermaßen eindeutig vornehmen, wenn wie bei Polyäthylen eine weitgehend definierte kristalline Phase vorliegt; spielen dagegen Übergangsstrukturen eine wesentliche Rolle, wie z. B. bei Cellulose, so hängt das Ergebnis stark von der angewandten Methode ab, die dann natürlich nur Relativwerte liefern kann. Unter den Methoden zur sog. „Kristallinitätsbestimmung" bei Polymeren spielt die Auswertung des Röntgenweitwinkeldiagramms nach wie vor eine wesentliche Rolle, obwohl gerade in den letzten Jahren die Grenzen der Aussagekraft der konventionellen „Röntgenkristallinitätsbestimmung" erkannt wurden. Nach einem von Hermans und Weidinger [103] vor etwa 30 Jahren entwickelten und auch heute noch zu Unrecht oft als „Bezugsmethode" benutzten Verfahren trennt man zunächst weitgehend empirisch unter Inkaufnahme subjektiver Schwankungen den durch scharfe Röntgenreflexe hervorgerufenen Schwärzungsanteil vom sogenannten „amorphen Untergrund" ab und schloß aus diesem Flächenverhältnis unter der Schwärzungskurve auf das Mengenverhältnis von sog. „kristallinem" und „amorphem" Anteil. Von Ruhland u. a. [104] wurde durch Einführung einer sog. „Unordnungsfunktion" die Fehlordnung in den kristallin geordneten Anteilen bei der Kristallinitätsbestimmung berücksichtigt. Eine Methode zu einer willkürfreien Abtrennung des „amorphen Untergrundes" im Streudiagramm entwickelte vor kurzem Teichgräber [105] auf Basis eines Fourierverfahrens, wobei der hier eingeschlagene Weg ein objektives, allgemein anwendbares Verfahren zur „absoluten Kristallinitätsbestimmung" auf Basis des Zweiphasenmodells in Aussicht stellt und bei ersten Anwendungen auf Polyamid 6 bereits bemerkenswerte Ergebnisse z. B. hinsichtlich des Einflusses einer Temperung auf den kristallin geordneten Anteil erhalten wurden.

Die Abhängigkeit des *Ultrarotspektrums* von der übermolekularen Struktur und die dadurch ermöglichte IR-spektroskopische Bestimmung des geordneten Anteils beruhen zumeist auf den unterschiedlichen Kettenkonformationen in den geordneten und den ungeordneten Bereichen und dem dadurch bedingten Auftreten bestimmter „kristalliner" oder „amorpher" Absorptionsbanden. Weiter ergeben bei manchen Polymeren Schwingungswechselwirkungen im Kristallgitter und Gitterschwingungen sog. „Kirstallinitätsbanden". Anwendung fand diese

Methodik eines Intensitätsvergleiches charakteristischer „kristalliner und „amorpher“ Banden unter anderem zur Bestimmung des geordneten Anteils in Polyolefinen.

Eine Anzahl weiterer Methoden zur Ermittlung des geordneten Anteils basiert — ebenfalls unter Zugrundelegung eines Zweiphasenmodells — auf theoretisch zu erwartenden und experimentell mehr oder weniger gut gesicherten Korrelationen zwischen Mengenanteil an geordnetem Material und bestimmten makroskopischen Eigenschaften. So läßt sich auf Basis von *Dichtemessungen* ein „Kristallinitätsgrad“

$$\alpha_\varrho = \frac{\varrho_{\text{Probe}} - \varrho_{\text{amorph}}}{\varrho_{\text{kristallin}} - \varrho_{\text{amorph}}}$$

definieren und auch experimentell bestimmen, falls ausreichend zuverlässige Angaben über die Dichten ϱ_{kr} und ϱ_a des geordneten und des ungeordneten Anteils vorliegen, wobei sich für ϱ_{kr} ein oberer Grenzwert als sog. „Röntgendichte“ aus der Elementarzelle errechnen läßt. In der Praxis oft angewandt wird dieses Verfahren bei Polyäthylen, da hier ein zweiphasenmodell das reale Verhalten gut wiedergibt, keine unterschiedlichen „Kristallmodifikationen“ vorliegen und sich aus $\varrho_{kr} = 1{,}00$ und $\varrho_a = 0{,}85$ eine verhältnismäßig große Differenz $\varrho_{kr} - \varrho_a = 0{,}15$ und damit eine günstige Differenzierungsmöglichkeit zwischen Proben mit unterschiedlich hohem geordneten Anteil ergibt. In ähnlicher Weise lassen sich kalorimetrische Messungen, z. B. eine Bestimmung der Schmelzenthalpie der Probe ΔH_s unter Vergleich mit der Schmelzenthalpie einer völlig kristallinen Probe $(\Delta H_s)_{kr}$ entsprechend $\alpha_s = \dfrac{\Delta H_s}{(\Delta H_s)_{kr}}$, für eine Ermittlung des geordneten Anteils heranziehen.

Für Polyäthylen wurden je nach Herstellungsverfahren „Kristallinitätswerte“ zwischen 40 und $>90\%$ gefunden. Bei nativen Cellulosen ergibt die Röntgenmethode ca. 60% geordnetes Material, bei Celluloseregeneratfäden ca. 40%. Allgemein nimmt der mittlere Ordnungsgrad zu mit steigender chemischer oder geometrischer Regelmäßigkeit des Kettenbaues; er ist also niedriger bei Copolymeren als bei Homopolymeren und sinkt zumeist ab durch Einbau unsymmetrischer, sperriger Seitengruppen (abnehmender Ordnungsgrad in der Reihe Polyäthylen—Polyisobutylen—Polystyrol), vor allem dann, wenn nicht eine regelmäßige räumliche Anordnung dieser Seitengruppen (Taktizität) vorliegt.

Eine Art „komplementäre Ergänzung" finden diese Verfahren zur Bestimmung des Mengenanteils an hochgeordneten Bereichen durch die sog. *Accessibilitätsmethoden,* bei denen eine chemische Umsetzung am Polymeren unter Erhaltung des Festkörpers durchgeführt wird und der unterschiedliche maximale Umsatzgrad im Quasigleichgewicht bzw. die unterschiedliche Reaktionsgeschwindigkeit von geordnetem und ungeordnetem Anteil als Meßgröße herangezogen wird. Unter Zugrundelegung eines Zweiphasen-Modells und unter Annahme eines bestimmten niedrigen (im günstigsten Falle gegen Null gehenden) Wertes für Umsatzgrad bzw. Reaktionsgeschwindigkeit der geordneten Bereiche läßt sich so der ungeordnete Anteil bestimmen. Darüber hinaus lassen sich — ausgehend von der Vorstellung eines kontinuierlichen Spektrums der lateralen Ordnung (vgl. S. 206) — durch stufenweise Verschärfung der Reaktionsbedingungen wie z. B. der Erhöhung von Temperatur und/oder Reagenskonzentration schrittweise Anteile immer höheren Ordnungsgrades für die Reaktion zugänglich machen und somit einzelne Bereiche des Spektrums der lateralen Ordnung in Form experimentell ermittelter Histogramme (Abb. 17) abbilden. Trotz ihrer aus verschiedenen Gründen begrenzten Aussagekraft sind derartige Untersuchungen von Interesse zur eingehenderen Charakterisierung der Bereiche niedrigen und mittleren Ordnungsgrades, bei denen die Anwendung physikalischer Methoden noch ziemlich am Anfang steht, die aber besonders bei Faserstoffen die Werkstoffeigenschaften wesentlich mitbestimmen.

Solche Accessibilitätsmethoden wurden in erster Linie für Cellulose entwickelt und haben hier auch heute noch auf Grund ihrer raschen und einfachen Durchführbarkeit und ihrer guten Differenzierungsmöglichkeit erheblich praktische Bedeutung. Grundlage einer solchen Accessi-

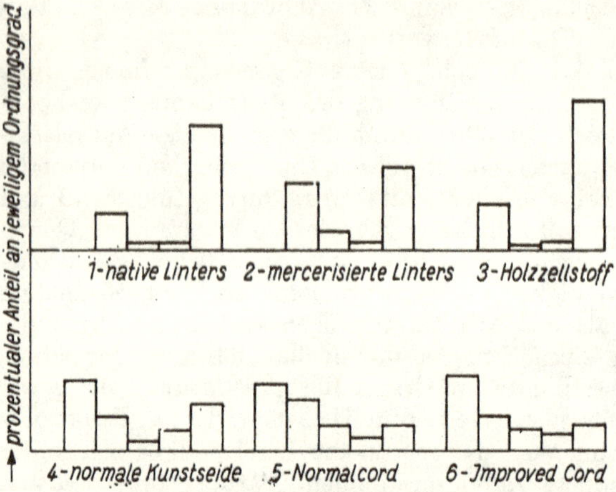

Abb. 17. Laterale Ordnungsverteilung in verschiedenen Celluloseproben in Histogrammdarstellung (nach Formylierung)
PHILIPP, B., BAUDISCH, J., Faserforsch. Textiltechn. 16 (1965), S. 175

bilitätsmethode kann jede Umsetzung sein, die folgende Voraussetzungen erfüllt:

- keine oder nur sehr geringe Änderung des Ordnungszustandes durch den Reaktionsablauf in den nicht zugänglichen Bereichen;
- möglichst geringer Einfluß der makroskopischen Morphologie auf den Reaktionsablauf;
- Bestehen einer möglichst eindeutigen Beziehung zwischen dem unter definierten Reaktionsbedingungen erzielten Umsetzungsgrad und dem Mengenanteil des Präparats, dessen „Ordnungsgrad" unterhalb einer durch die Methode gegebenen Grenze liegt.

Für die experimentelle Abbildung eines Spektrums der lateralen Ordnung muß zusätzlich die Möglichkeit gegeben sein, die Reaktionsbedingungen stufenweise zu verschärfen und dadurch Anteile immer höheren Ordnungsgrades für die Umsetzung zugänglich zu machen.

Am häufigsten zur Accessibilitätsbestimmung von Cellulosepräparaten herangezogen wird auch heute noch der Gleichgewichtswert der Wasserdampfsorption bei bestimmter relativer Feuchte, wobei die „chemische Umsetzung" in einer Bindung von H_2O-Molekeln über H-Brücken an die zugänglichen OH-Gruppen in den wenig geordneten Bereichen sowie an den Oberflächen der höher geordneten Bereiche besteht und man meist ein sog. Sorptionsverhältnis, bezogen auf ein Standard-Baumwollpräparat = 1, angibt. Unter der Annahme, daß zur Dampfsorption neben den OH-Gruppen in den ungeordneten Bereichen auch die an der „Oberfläche" der röntgenkristallinen Bereiche liegenden beitragen, fand KAST [106] für verschiedene Celluloseregeneratfasern eine gute Übereinstimmung zwischen „Röntgenkristallinität" und dem für Wasserdampf unzugänglichen Anteil und schloß hieraus auf einen verhältnismäßig steilen Übergang zwischen geordneten und ungeordneten Bereichen. Wenn auch diese Folgerung auf Grund unseres heutigen Kenntnisstandes zur Aussagekraft der röntgenographischen „Kristallinitätsbestimmung" sehr kritisch betrachtet werden muß, so ist doch zweifellos die Sorptionsmethode unter allen Accessibilitätsmethoden diejenige mit den wenigsten „fragwürdigen Annahmen", indem weder eine merkliche Strukturänderung durch die Sorption erfolgt, noch eine „Korrektur" für den Beitrag hochgeordneter Bereiche zur Umsetzung nötig ist, und auch die morphologische Struktur des Präparates den Meßwert nicht beeinflußt. Vielseitig einsetzbar für Accessibilitätsuntersuchungen an Cellulose ist die Deuterierung zugänglicher OH-Gruppen bei der Umsetzung

$$2\,\text{Cell-OH} + D_2O \rightarrow 2\,\text{Cell-OD} + H_2O,$$

die zumeist IR-spektroskopisch verfolgt wird [107]. An die Stelle der früher verwendeten Hydrolyse ist bei Cellulose zunehmend die ohne wesentliche Strukturänderungen ablaufende Äthanolyse mit alkoholischer HCl [108] getreten, die auch auf feinere Strukturunterschiede bei nativen wie bei regenerierten Cellulosefaserstoffen anspricht [109]. Prinzipielle Grenzen für die Aussagefähigkeit solcher Accessibilitätsmethoden sind auf Grund des an Cellulose vorliegenden Versuchsmaterials darin zu sehen, daß

– Accessibilitätsmethoden grundsätzlich nur als Relativmethoden zur Bestimmung des „ungeordneten" Anteils betrachtet werden dürfen, indem die „Ordnungsgrad"-Grenze zwischen geordnetem und ungeordnetem Anteil durch die Methode selbst willkürlich festgelegt wird und somit unterschiedliche Methoden zwangsläufig verschiedene Werte für den ungeordneten Anteil liefern müssen, wenn nicht der Übergang „geordnet-ungeordnet" ausgesprochen steil und diskontinuierlich erfolgt;
– bei der Abbildung des lateralen Ordnungsspektrums durch eine stufenweise chemische Umsetzung grundsätzlich mit einer Verzerrung dieses Spektrums zu rechnen ist und somit eine Umrechnung der experimentellen Daten in einen sog. „Ordnungsgrad" nicht gerechtfertigt erscheint;
– die eingangs gemachten Voraussetzungen einer unveränderten Struktur der unzugänglichen Bereiche beim Reaktionsablauf und einer Unabhängigkeit dieses Reaktionsablaufs von der makroskopisch-morphologischen Struktur vielfach nicht voll erfüllt sind.

Über die ursprüngliche Zielstellung der Accessibilitätsbestimmung hinausgehend, werden gezielt angesetzte heterogene Umsetzungen am Polymerfestkörper heute in Kombination mit anderen Methodengruppen zur Aufklärung der physikalischen Struktur herangezogen. Durch Umsetzungen, die zu einer hydrolytischen oder oxydativen Spaltung der Polymerkette bzw. zur Destruktion ganzer Kettenteile führen, lassen sich im submikroskopischen Bereich selektiv ungeordnete Polymeranteile entfernen bzw. unter starker innerer Spannung stehende

Kettenabschnitte erfassen. In Verbindung mit physikalischen Untersuchungsmethoden wurde so die gezielte Oxydation mit HNO_3 zur Präzisierung eines Faltungsmodells für Polyäthylen herangezogen [110]. Untersuchungen zum heterogenen hydrolytischen Abbau der Cellulose könnten für die Zukunft bei der Klärung des noch offenen Problems „Kettenfaltung oder gereckte Kette" vielleicht eine Rolle spielen. Hingewiesen sei auch auf die Möglichkeiten, die eine selektive Abtragung ungeordneter Anteile, beispielsweise durch eine Ionenätzung mit hochfrequenzaktiviertem Sauerstoff, für die morphologische Untersuchung größerer geordneter Struktureinheiten im Bereich der Elektronenmikroskopie bietet [111]. Methodisch aussichtsreich für die Aufstellung von Korrelationsbeziehungen zwischen Polymerstruktur und makroskopischen physikalischen Eigenschaften des Polymerfestkörpers erscheinen Messungen des Deformationsverhaltens bei definierter Beanspruchung nach oder während einer strukturverändernden chemischen Modifizierung, wobei als Beispiel Arbeiten von Platté [112] zum mechanischen Verhalten chlorierten Kautschuks und eigener Ergebnisse zur Längenänderung von Cellulosefäden unter Belastung in dem mit den Hydroxylgruppen der Cellulose reagierenden Lösungsmittel EWNN genannt seien [113].

3.1.3. Begriffliche und experimentelle Erfassung des Orientierungsgrades von Polymeren

Bei der Verformung von Polymeren interessiert im Hinblick auf die Werkstoffeigenschaften neben dem Ordnungsgrad die sog. Orientierung der Ketten, wie auch gegebenenfalls der geordneten Bereiche, d. h. der Grad ihrer Ausrichtung in eine bestimmte Vorzugsrichtung z. B. die Faserachse oder die Folienebene. Wenn auch ein hoher Orientierungsgrad oft mit einer beträchtlichen lateralen Ordnung verbunden ist, so können doch auch die Ketten in den ungeordneten Bereichen eine gewisse

Vorzugsrichtung aufweisen und zur Gesamtorientierung beitragen, wie auch umgekehrt hochgeordnete, unorientierte Polymerfestkörper realisierbar sind. Während der Ordnungsgrad eines Polymeren im thermischen Gleichgewichtszustand in wesentlichem Umfange durch die chemische Struktur der Einzelkette bestimmt wird, läßt sich die Orientierung unabhängig von der Primärstruktur bei der mechanischen Verformung aus Lösung oder Schmelze in weiten Grenzen variieren.

Zur Ermittlung des Orientierungsgrades dienen vorwiegend optische und röntgenographische Methoden. So läßt sich der Beitrag der geordneten Bereiche zur Gesamtorientierung aus der Form der scharfen Reflexe im Röntgenbeugungsdiagramm ermitteln: Während eine völlig regellose Anordnung dieser Bereiche im Weitwinkeldiagramm zu gleichmäßig geschwärzten Ringen führt, beobachtet man bei durch Verstreckung orientierten Fasern sog. Sicheldiagramme, wobei mit zunehmender Orientierung die Sichellänge abnimmt und schließlich bei idealer Orientierung punktförmige Reflexe vorliegen würden (vgl. Abb. 18). Der Gesamtbeitrag der Ketten in den geordneten und den ungeordneten Bereichen zur Orientierung läßt sich durch die optische Doppelbrechung, d. h. durch die Bestimmung der Differenz Δ der Brechungsindizes für parallel und senkrecht zur Orientierungsrichtung (Verstreckungsrichtung) polarisiertes Licht ermitteln, wobei sich der Gesamtbetrag von Δ unter Annahme eines Zweiphasen-Modells additiv zusammensetzt aus den Orientierungsbeiträgen der geordneten und der ungeordneten Bereiche sowie der als Korrekturgröße zu berücksichtigenden sog. „Formdoppelbrechung", die allein durch die gestreckte Gestalt der orientierten geordneten Bereiche hervorgerufen wird, ohne daß diese selbst optisch anisotrop sein müssen. In ähnlicher Weise sind Aussagen über den Orientierungsgrad der geordneten wie der ungeordneten Bereiche aus IR-dichroitischen Messungen möglich, indem man den Intensitätsverlauf charakteristischer IR-Absorptions-Banden bei Durchstrahlung mit senkrecht und parallel zur Orientierungsrichtung polarisierter IR-Strahlung verfolgt. Auf diese Weise kann auch die Orientierung der einzelnen Komponenten von Copolymeren getrennt bestimmt werden, wie u. a. RUSCHER und SCHMOLKE [114] an Copolymeren des Acrylnitrils zeigten. Auch die Anisotropie des Breitlinien-Kernresonanzspektrums ermöglicht eine Ermittlung des Orientierungsgrades der geordneten Bereiche und in gewissem Umfange auch der Orientierungsverteilung, wofür kürzlich von FRIGGE [115] ein Verfahren angegeben und an Polyamid 6 und Polyäthylenterephthalat erprobt wurde, das gleichzeitig den unterschiedlichen Ordnungsgrad der Proben in seinem Einfluß auf das Kernresonanzspektrum berücksichtigt.

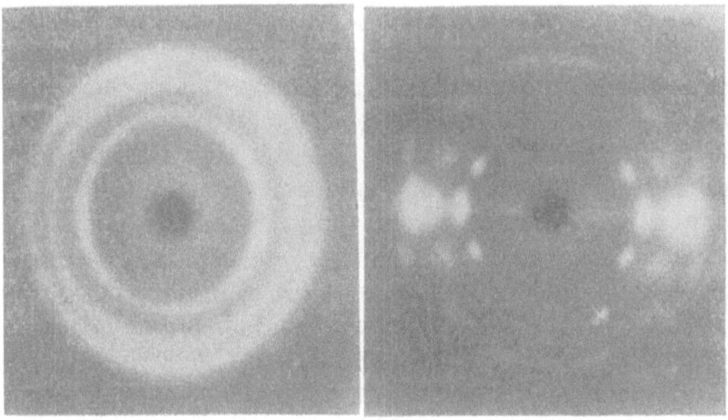

Abb. 18. Röntgendiagramme von Cellulose II
a) wenig orientiert, b) hochorientiert
(Aufnahmen CH. RUSCHER, Institut für Faserstoff-Forschung)

3.1.4. *Übergeordnete morphologische Strukturen im Polymerfestkörper*

Aufbauend auf die bisher besprochenen Ordnungszustände im submikroskopischen Bereich der Größenordnung zwischen 10^1—10^3 Å (Faltungslamelle, Kristallitstrang, Zweiphasenstruktur mit geordneten und ungeordneten Bereichen) bilden natürliche und synthetische Polymere übergeordnete Strukturen von mikroskopischen Dimensionen (Größenordnung 10^3—10^7 Å) aus. Im Rahmen dieser vorwiegend chemischen und physikochemischen Problemen gewidmeten Einführung ist es nicht möglich, das umfangreiche und für Verarbeitung und Einsatz von Polymeren wesentliche Gebiet der Morphologie polymerer Festkörper auch nur annähernd zu umreißen; es können zur Veranschaulichung hier nur einzelne Beispiele willkürlich herausgegriffen werden.

Seit langem bekannt ist die Ausbildung *fibrillärer Strukturen* im lichtmikroskopisch erfaßbaren Bereich bei einer Reihe polymerer Naturstoffe wie Cellulose, Keratin und Fibroin.

Am Beispiel des morphologischen Aufbaues einer Cellulosefaser sei die dabei erkennbare hierarchische Ordnung der verschiedenen morphologischen Strukturelemente näher erläutert. Kleinstes morphologisches Bauelement aller nativen Fasercellulosen ist die sog. Grund- oder Mikrofibrille, die nach intensiver mechanischer Behandlung in einer begrenzt quellenden Flüssigkeit (Wasser) als fadenförmiges Gebilde von der Querschnittsdimension 100—200 Å und einer Länge $>$ 10000 Å im elektronenmikroskopischen Bild sichtbar ist und nach dem heutigen Stand unserer Kenntnisse in ihrem Querschnitt stets einige, ohne Kettenabbau nicht voneinander isolierbare, Kristallitstränge enthält, welche über Celluloseketten geringerer lateraler Ordnung haupt- und nebenvalenzmäßig miteinander verbunden sind. Beim Aufbau der einzelnen Schichten der pflanzlichen Zellwand (Abb. 19) sind diese Mikrofibrillen in verschiedenartiger Weise angeordnet. Sie sind unter bestimmtem Winkel gekreuzt und verflochten (Primärwand), spiralig um die Faser gewunden (Übergangslamelle) und schließlich regelmäßig parallel zueinander schraubenförmig unter bestimmten Winkel zur Faserachse angeordnet (Sekundärwand). Im letzten Fall sind jeweils eine größere Anzahl Grundfibrillen zu höheren morphologischen Struktureinheiten, sog. Fibrillen, von 0,2—0,4 μm Durchmesser zusammengefaßt, die ihrerseits entsprechend dem Wachstumsrythmus der Pflanze in zur Faserachse konzentrischen Lamellen an-

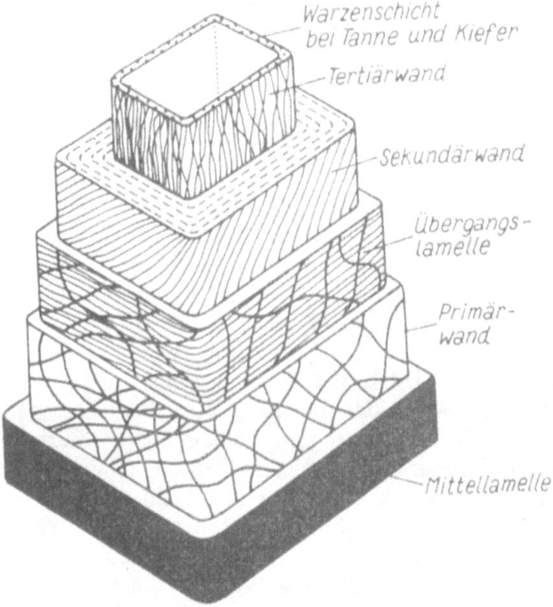

Abb. 19. Schema zum Bau der verholzten Pflanzenzellwand
TREIBER, E.: „Die Chemie der Pflanzenzellwand"
Springer-Verlag, Berlin/Göttingen/Heidelberg, 1957, S. 181
(Abb. IV, 36)

geordnet vorliegen. Diese verschiedenartige gegenseitige Anordnung der Grundfibrillen kann für den Verlauf chemischer Umsetzungen im Faserverband eine wesentliche Rolle spielen (vgl. Abschnitt 3.1.2.) und beeinflußt wesentlich sowohl den Ablauf von Quell- und Löseprozessen bei Cellulose (vgl. Abschnitte 2.1.2. und 4.3.) als auch die makroskopischen Werkstoffeigenschaften von nativen

Cellulosefasern. Als komplementär zu diesem morphologischen Bau aus Struktureinheiten unterschiedlicher „Rangordnung" kann das in nativen Cellulosefasern vorhandene, ebenfalls hierarchisch aufgebaute Porensystem angesehen werden, das sich in ähnlicher Weise auch bei aus Lösung hergestellten Fäden und Flächengebilden von beispielsweise Cellulose und Polyacrylnitril erkennen läßt und für alle Transportvorgänge in solchen Formkörpern eine wesentliche Rolle spielt (vgl. Abschnitt 4.3.).

Zur Untersuchung solcher morphologischer Strukturen dienen natürlich in erster Linie die Licht- und Elektronenmikroskopie, zum Teil in Verbindung mit der Verfolgung von Quellungsvorgängen unter Einwirkung geeigneter Agentien (Quell- und Lösemittel für Cellulose). Diese vor allem durch eine Publikation von Dolmetsch, Franz und Correns [116] entscheidend beeinflußte Arbeitsrichtung der „Quellungsmorphologie" der Cellulose brachte in den letzten Jahren wesentliche Aussagen vor allem für die morphologische Differenzierung zwischen nach unterschiedlichen Technologien hergestellten Celluloseregeneratfäden [117]. Infolge der morphologischen Vielfältigkeit dieser Quellungserscheinungen und der erheblichen „individuellen Schwankungen" zwischen einzelnen Fasern muß man sich bei der Auswertung morphologischer Untersuchungen auch heute noch im wesentlichen auf eine qualitative Beschreibung beschränken. Gleichzeitig schränken diese nur qualitativ-phänemenologisch erfaßbaren morphologischen Faktoren die quantitative Behandlung und physiko-chemische Modellierung aller Prozesse erheblich ein, die wie die Auflösung oder die heterogenen Umsetzungen an Cellulosefasern durch solche Faktoren wesentlich beeinflußt werden.

Viele Jahrzehnte lang war die Untersuchung der Morphologie von in der Natur vorkommenden Polymeren das gemeinsame Arbeitsgebiet von Biologen und Chemikern, das lediglich in der ersten Hälfte dieses Jahrhunderts durch die Einbeziehung der Celluloseregeneratfaserstoffe in die Forschung erweitert wurde.

In den letzten 20 Jahren wurden allerdings Untersuchungen morphologischer Strukturen synthetischer Polymerer, aus Lösung oder Schmelze hergestellt, im Hinblick auf die Klärung des Struktur-Eigenschafts-Verhaltens makromolekularer Festkörper immer interessanter und haben sich heute zu einem bedeutenden Teilgebiet der Polymerphysik und Werkstofforschung entwickelt.

Einen Anstoß zur Durchführung derartiger Untersuchungen gaben die gleichzeitig erschienenen Arbeiten von Fischer [89], Keller [118] und Till [119], in denen das Prinzip der Kettenfaltung in Polymerstrukturen an Polyäthyleneinkristallen, die unter speziellen Bedingungen aus verdünnter Lösung gezogen wurden, aufgestellt und bewiesen wurde.

Im allgemeinen lassen sich aus Polymerlösungen und Schmelzen unter geeigneten Bedingungen eine Vielzahl unterschiedlicher morphologischer Strukturen herstellen, unter denen die *sphärolithischen Aggregate* besondere Beachtung erlangt haben, da sie ein Hauptstrukturelement des kristallinen Polymerfestkörpers darstellen. Sie sind durch radiales Wachstum von Faltungslamellen entstanden, wobei die Längsachse der Molekülketten tangential zum Sphärolithradius angeordnet ist. Sphärolithe sind polarisationsoptisch und elektronenmikroskopisch leicht nachweisbar und können bei ungestörtem Kristallwachstum Durchmesser bis zur Größenordnung von Millimetern erreichen. Im allgemeinen bilden sich im Polymerfestkörper Sphärolithstrukturen, bei denen sich die Einzelaggregate gegenseitig in ihrem Wachstum behindern. „Einkristall" und „sphärolithisches Kristallaggregat" können als Eckpunkte eines breiten Spektrums möglicher morphologischer Strukturen angesehen werden, wie die in den letzten Jahren u. a. von Ruscher und Schulz [120] an Polyamid 6 erhaltenen Ergebnisse zeigen. Die Vielfalt möglicher Aggregate ist durch den Einfluß zahlreicher Parameter wie z. B. Art des Lösungsmittels, Polymerkonzentration, Schmelzebehandlung und Kristallisationstemperatur bedingt. Die in Abb. 20 zusammengestellten Beispiele solcher Strukturen veranschaulichen diese Vielfältigkeit an aus Lösung und Schmelze hergestelltem Polyamid 6.

Abb. 20. a) Polycaprolactam, aus Ameisensäure kristallisiert. Raumtemperatur

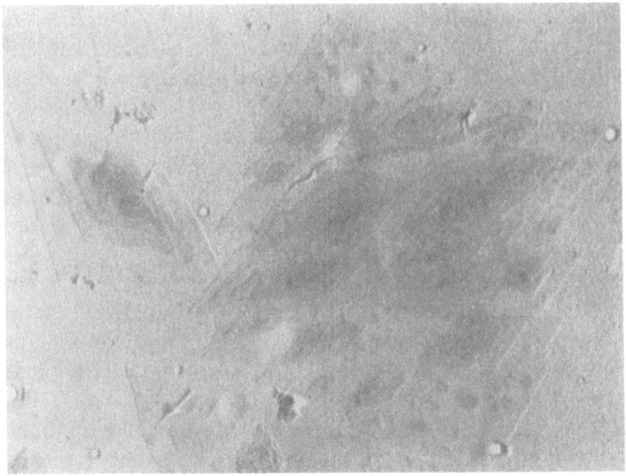

Abb. 20. b) Lamellen-Einkristalle von Polycaprolactam (Kristallisation durch Abkühlen)
aus RUSCHER, CH., SCHULZ, E., Faserforsch. Textiltechn. 22 (1971), S. 261 u. 264

3.1.5. Strukturdynamik und Kettenbeweglichkeit

Bei den bisherigen Überlegungen zum „Ordnungszustand“ im Polymerfestkörper wurde von „statischen“ Strukturmodellen ausgegangen, dabei jedoch stillschweigend vorausgesetzt, daß nicht das Verhalten des Polymeren beim absoluten Nullpunkt, sondern im technisch interessierenden Temperaturbereich zwischen etwa −100 und +300 °C betrachtet wird. Unter dieser Voraussetzung können die bisher behandelten Strukturmodelle jedoch nur als „Momentaufnahmen“ der Kettenanordnung im Festkörper angesehen werden, die ergänzt werden müssen durch den „dynamischen“ Aspekt der reversiblen und irreversiblen zeitlichen Änderungen der Konformation der Einzelkette wie auch gegebenenfalls von Größe, Form und Ordnungsgrad übergeordneter Struktureinheiten.

Die Beweglichkeit von Polymerketten und Kettensegmenten hängt ab von chemischer Primärstruktur und Ordnungszustand und nimmt erwartungsgemäß generell zu mit steigender Temperatur. Entsprechend den beiden modellmäßigen Grenzfällen des „ideal kristallinen" und des „völlig amorphen" Festkörpers ergeben sich Ansatzpunkte für die begrifflich-methodische Erfassung dieser Bewegungen einerseits durch die Theorie der Gitterschwingungen im Kristall (regelmäßige, gekoppelte Bewegung der einzelnen Einheiten), anderseits durch die Theorie der Platzwechselvorgänge in Flüssigkeiten (statistische, nicht gekoppelte Bewegung, gebunden an die Voraussetzung eines für Bewegungsvorgänge verfügbaren freien Volumens). Eine halbquantitative Erfassung der Ketten- und Kettensegment-Bewegung in teilkristallinen Polymeren wurde von Pechhold auf Basis des „Kinkenmodells" (vgl. S. 203) vorgeschlagen, wobei Änderungen der Kettenkonformation modellmäßig als Bewegung von Kinken und Kinkengruppen unter Betonung des kooperativen Charakters solcher Prozesse dargestellt wurden und wobei das für solche Bewegungen notwendige „freie Volumen" durch eine auch in den geordneten Bereichen in unterschiedlichem Maße stets vorhandene Fehlordnung gegeben ist.

Mit steigender Temperatur nimmt die Kettenbeweglichkeit nicht gleichmäßig zu, sondern ändert sich sprunghaft innerhalb bestimmter enger Temperaturintervalle, worauf im Zusammenhang mit der sog. „Glastemperatur" und dem „Schmelzbereich" im nächsten Abschnitt ausführlich eingegangen wird. Infolge von Kettenbewegungen sind im Intervall zwischen Glastemperatur und Schmelzbereich auch irreversible Änderungen des Ordnungszustandes auf Grund einer rein thermischen Aktivierung möglich. In einem mechanischen oder elektrischen Feld erfolgt im Gegensatz zur thermischen Aktivierung die Bewegung der Kettensegmente bzw. einzelner Gruppen gerichtet, wobei für kleine Beanspruchungen die Bewegungen reversibel sind, bei hoher Beanspruchung dagegen irreversible Strukturänderungen auftreten, die, wie beispielsweise die Strukturänderungen beim Verstreckprozeß in der Chemiefaserherstellung, sich dann auch in einer Änderung der makroskopischen Werkstoffeigenschaften niederschlagen.

Zur zahlenmäßigen Charakterisierung der Kettenbeweglichkeit und ihrer Temperaturabhängigkeit werden in erster Linie herangezogen:

— die Linienbreite der kernmagnetischen Resonanz (Protonenresonanz)
— mechanische und dielektrische Relaxationsprozesse

Im ersten Falle geht man von der Tatsache aus, daß die gegenseitige Wechselwirkung der Kernspins benachbarter Atome oder Moleküle sich dann „herausmittelt", wenn diese gegeneinander regellos und frei beweglich sind, wie z. B. in Flüssigkeiten und Gasen, während in einem Kristall des gleichen Stoffes durch eine starke Spin-Spin-Koppelung das Signal erheblich verbreitert ist. Bei polymeren Festkörpern läßt sich nun mit Hilfe der Linienbreite der Protonenresonanz und ihrer Änderung mit der Temperatur das „Beweglichwerden" einiger Atomgruppen und Kettensegmente messend verfolgen.

Unter einem *Relaxationsprozeß* versteht man allgemein den Rückstellvorgang bei Auslenkung eines Systems aus seiner Gleichgewichtslage, wobei es sich ebensogut um ein dynamisches chemisches Gleichgewicht wie um das thermische Gleichgewicht zwischen verschiedenen Kettenkonformationen handeln kann, das beispielsweise durch ein mechanisches oder elektrisches Feld „gestört" wird. Die Störung des Gleichgewichts kann entweder durch eine periodische oder durch eine sprungförmige Auslenkung erfolgen (Abb. 21). Die für den Prozeß charakteristische „Relaxationszeit" läßt sich im ersten Falle aus der Phasenbeziehung zwischen „Auslenkschwingung" und „Folgeschwingung" des Systems bzw. der auftretenden Energieabsorption in Abhängigkeit von der Frequenz ermitteln, im zweiten Falle recht anschaulich als „Abklingvorgang" der sprungförmig aufgeprägten Störung beim Wiedereinstellen des Gleichgewichts in die neue, von außen aufgezwungene Lage mit einem Geschwindigkeitsgesetz erster Ordnung erfassen

$$\frac{d[S]}{dt} = -k[S]$$

$[S] = \text{const} \cdot e^{-kt} = \text{const} \cdot e^{-\frac{t}{\tau}}$

S = Intensitätsparameter der Störung

τ = Relaxationszeit $\tau = \frac{1}{k}$

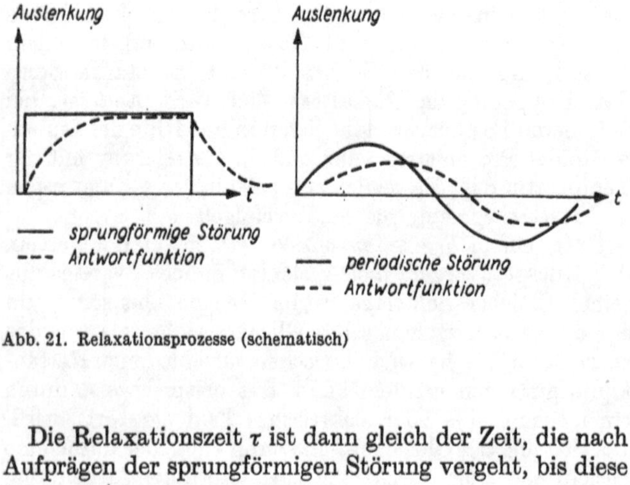

Abb. 21. Relaxationsprozesse (schematisch)

Die Relaxationszeit τ ist dann gleich der Zeit, die nach Aufprägen der sprungförmigen Störung vergeht, bis diese auf den $\frac{1}{e}$ ten Teil abgeklungen ist.

Im Zusammenhang mit der Kettenbeweglichkeit von Polymeren ist oft nicht nur eine Relaxationszeit zu berücksichtigen, sondern es tritt ein — meist diskontinuierliches — Relaxationszeitspektrum auf, dessen einzelne

Relaxationszeiten τ_i jeweils einem bestimmten Bewegungsvorgang der verschiedenen Einheiten (Atome, Atomgruppen, Kettensegmente) zuzuordnen sind. Zur Aufnahme eines solchen Relaxationszeitspektrums wendet man meist eine periodische Auslenkung aus der Gleichgewichtslage, z. B. durch ein elektrisches Wechselfeld oder eine mechanische Schwingung, an und variiert die Frequenz und gegebenenfalls die Probentemperatur (vgl. die Abschnitte 3.2.2. und 3.2.4.).

3.2. *Eigenschaften des Polymerfestkörpers im Hinblick auf Verarbeitung und Werkstoffeinsatz*

Über Zusammenhänge zwischen chemischer Primärstruktur und physikalischem Ordnungszustand einerseits, makroskopischen Verarbeitungs- und Werkstoffeigenschaften von Polymeren andererseits existiert heute bereits ein umfangreiches Erfahrungsmaterial. Es wurde jedoch im wesentlichen stoffbezogen gewonnen und dient vor allem einer nachträglichen Systematisierung experimenteller Ergebnisse. Die Gewinnung verallgemeinerungsfähiger Struktur-Eigenschafts-Korrelationen mit dem Ziel einer interpolatorischen Voraussage steht noch in ihren Anfängen. Das makroskopische Eigenschaftsbild eines Polymerwerkstoffs ist außerordentlich vielfältig und in seiner Bewertung vom jeweiligen Einsatzgebiet abhängig, so daß die in diesem Abschnitt zu treffende Auswahl zwangsläufig subjektive Züge trägt. Es erscheint jedoch objektiv notwendig, zunächst etwas ausführlicher auf Schmelz- und Erstarrungsvorgänge sowie auf das Verhalten bei mechanischer Deformation einzugehen, da hierdurch sowohl die Verarbeitungs- als auch die Werkstoffeigenschaften von Polymeren entscheidend bestimmt werden, bevor dann einige Grundlagen der Verarbeitungstechnologien und einige Struktur-Eigenschafts-Zusammenhänge bei Fasern, Plasten und Elasten dargelegt werden.

3.2.1. Vorgänge beim Schmelzen und Erstarren von Polymeren

Schmelz- und Erstarrungsvorgänge sind bei Polymeren ebensosehr von wissenschaftlichem Interesse zur Aufklärung der Zusammenhänge zwischen chemischer Struktur, physikalischem Ordnungszustand und makroskopi-

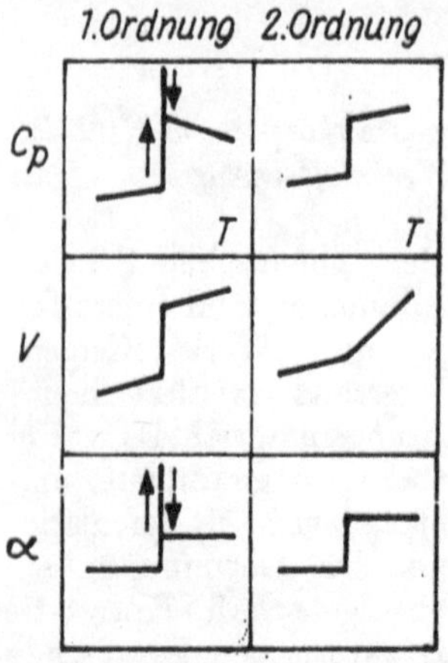

Abb. 22. Umwandlungspunkt erster und zweiter Ordnung
HOLZMÜLLER, W., ALTENBURG, K.: „Physik der Kunststoffe", Akademie-Verlag, Berlin 1961, S. 305 (Abb. 4. 42)

schen Eigenschaften wie von praktischer Bedeutung, da die meisten synthetischen Linearpolymeren aus der Schmelze bzw. aus einem plastisch-zähflüssigen Zustand heraus verformt werden und die technische Verwendbarkeit in vielen Fällen durch die Erweichungstemperatur begrenzt wird. Unschmelzbar sind alle stark vernetzten Produkte, wie ausgehärtete Phenol- oder Harnstoffharze, und einige natürliche Linearpolymere, z. B. Cellulose, Fibroin und Keratin, die sich schon bei relativ niedrigen Temperaturen thermisch stark zersetzen. Hier kann ein Schmelzvorgang unter üblichen Bedingungen nicht realisiert werden, ist aber im Gegensatz zu vernetzten Polymeren prinzipiell möglich, wie kürzlich publizierte Untersuchungen zum Schmelzen von Cellulose in einem Laserstrahl zeigen [121]. Sofern nicht anders vermerkt, beziehen sich die folgenden Ausführungen auf thermische Umwandlungen an Linearpolymeren, bei denen die chemische Primärstruktur unverändert bleibt.

Bei niedermolekularen kristallinen Stoffen tritt bekanntlich ein scharfer *Schmelzpunkt* auf, bei dem die Gitterordnung zusammenbricht und an die Stelle der gekoppelten, in Amplitude und Frequenz definierten Gitterschwingungen die regellose, statistische Bewegung der Teilchen in der Flüssigkeit tritt. Dieser scharfe Schmelzpunkt kann als Materialkonstante zur Identifizierung der betreffenden Verbindung dienen und entspricht thermodynamisch einem Phasenumwandlungspunkt erster Ordnung, in welchem die ersten Ableitungen der freien Enthalpie $(\partial G/\partial p)_T = V$ und $(\partial G/\partial T)_p = -S$ sich mit der Temperatur unstetig, also sprunghaft ändern, während die zweiten Ableitungen $\alpha V = (\partial_2 G/\partial p\, \partial T)$ und $\frac{c_p}{T} = -(\partial_2 G/\partial T^2)_p$ im Schmelzpunkt unendlich groß werden (Abb. 22). Bei Polymeren wäre das gleiche Verhalten für den Grenzfall einer molekular einheitlichen, ideal kristallinen Substanz zu erwarten. Es wird annähernd beobachtet bei einigen hochgeordneten Polymeren, z. B. Einkristallen aus unverzweigtem Polyäthylen. Für den anderen Grenzfall des völlig ungeordneten Polymeren ist dagegen das Auftreten eines Schmelzpunktes grundsätzlich nicht möglich, da hier oberhalb der sog. Glastemperatur (s. u.) bereits im Festkörper eine weitgehend regellose Bewegung der Struktureinheiten erfolgt, die mit steigender Temperatur unter Vergrößerung des mittleren Abstandes zwischen den Kettensegmenten lediglich intensiver wird, wobei unter allmählicher Viskositätsabnahme ein stetiger Übergang vom festen in den flüssigen Zustand erfolgt. Zur quantitativen Charakterisierung des thermischen Verhaltens weitgehend amorpher Polymerer, wie z. B. des Polyvinylchlorids, wird oft die sog. „*Glastemperatur*" T_g herangezogen. Davon ausgehend, daß beim Abkühlen eines solchen Polymeren aus dem erweichten Zustande die einzelnen Struktureinheiten (Ketten—Kettensegmente—Seitengruppen) ihre Mikro-BROWN'sche Molekular-Bewegung bei unterschiedlichen Temperaturen auf ein mit der angewandten Meßmethode nicht mehr erfaßbares Maß verringern und sich damit eine Reihe von „Einfrierbereichen" ergibt, definiert man als Glastemperatur T_g den Mittelpunkt des Temperaturintervalls, in dem die Kettensegment-Beweglichkeit einfriert. T_g ist somit nur eine — allerdings die technisch wichtigste — der verschiedenen im Polymerfestkörper möglichen Einfriertemperaturen. T_g hängt nicht allein von der betrachteten Probe, sondern in gewissem Umfange auch von der angewandten Meßmethode und von der Aufheiz- bzw. Abkühlgeschwindigkeit ab. Thermodynamisch bestehen für diesen „Glasübergang" zwar gewisse formale, in der Vergangenheit oft überbetonte Ähnlichkeiten mit einem „Umwandlungspunkt 2. Ordnung" (stetiger Verlauf von H und V; sprunghafte Änderung der zweiten Ableitungen von G, d. h. von c_p und α), im Gegensatz zu dieser Umwandlung 2. Ordnung zwischen zwei Gleichgewichtszuständen handelt es sich beim Glasübergang jedoch um einen Übergang vom Zustand der erstarrten Flüssigkeit in den Nichtgleichgewichtszustand des Glases, der dadurch gekennzeichnet ist, daß das Einfrieren der Segmentbeweglichkeit rascher erfolgt als die dem Gleichgewichts-Volumen bei der betreffenden Temperatur entsprechende dichter gepackte Anordnung der Segmente (vgl. Schema Abb. 23). Durch solche Überlegungen läßt sich die Abhängigkeit der Glastemperatur von der Geschwindigkeit der Temperaturänderung verstehen: bei sehr langsamer Abkühlung (= Abfahren der Gleichgewichtskurve der erstarrten Flüssigkeit) ist gegebenenfalls überhaupt kein Glasumwandlungspunkt mehr erfaßbar.

Während hochgeordnete Polymere nur durch ein relativ enges Schmelzintervall, weitgehend amorphe wie z. B. Polyvinylchlorid ($T_g = 70\cdots78$ °C) oder ataktisches

Polystyrol (T_g = ca. 90 °C) dagegen allein durch die Glastemperatur T_g charakterisiert sind, können für teilkristalline Polymerproben zur Kennzeichnung des thermischen Verhaltens sowohl T_g als auch ein mehr oder

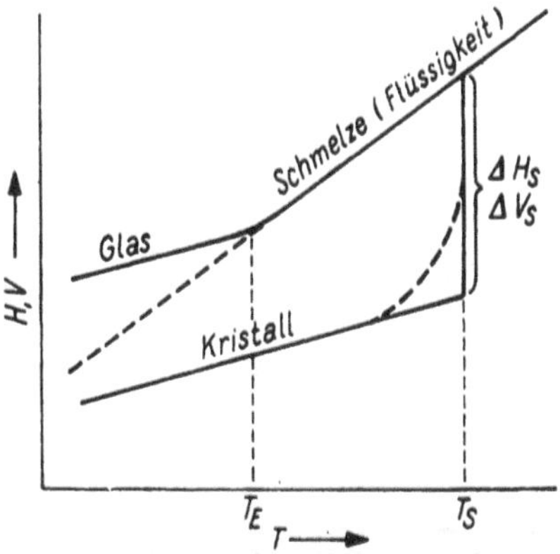

Abb. 23. Schematische Darstellung der Enthalpie bzw. des Volumens gegen die Temperatur im flüssigen, kristallinen und glasigen Zustand
T_s Schmelztemperatur; T_E Einfriertemperatur; ΔH_s Schmelzwärme; ΔV_s Volumenunterschied zwischen Kristall und Schmelze
aus Wolf, K. A., „Struktur und physikalisches Verhalten der Kunststoffe", Springer-Verlag, Berlin—Göttingen—Heidelberg, 1962. S. 160

minder breites Schmelzintervall herangezogen werden. Je besser die mittlere kristalline Ordnung, desto enger ist dieses Schmelzintervall und desto weniger ausgeprägt ist der Umwandlungspunkt T_g, während umgekehrt alle ordnungsverringernden Faktoren wie Anwesenheit einer Cokomponente, Verzweigungen und ein hoher Kurzkettenanteil das Schmelzintervall verbreitern.

Zur experimentellen Untersuchung thermischer Umwandlungen im Polymerfestkörper dienen in erster Linie 2 Gruppen von Methoden, nämlich:

— die Bestimmung thermodynamischer Größen in Abhängigkeit von der Temperatur z. B. durch Aufnahme eines c_p-T-Diagramms mittels Kalorimetrie, bzw. eines V—T-Diagramms mittels Dilatometrie oder durch Anwendung der Differentialthermoanalyse [122] zur Erkennung von Unstetigkeiten im Enthalpie-Temperatur-Verlauf als „exotherme" oder „endotherme" Peaks im bei konstanter Aufheizgeschwindigkeit erhaltenen *DTA*-Diagramm (vgl. Abb. 24);

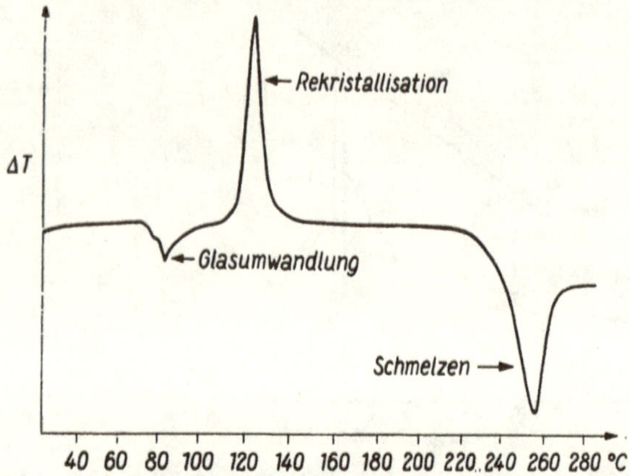

Abb. 24. DTA-Kurve eines Polyäthylenterephthalats
(Aufnahme: ZIMMERMANN, H., Institut für Polymerenchemie, Teltow)

— die Ermittlung der Kettenbeweglichkeit (vgl. Abschnitt 3.1.5.) in Abhängigkeit von der Temperatur mit Hilfe der Breitlinienkernresonanz, der mechanischen oder dielektrischen Relaxation sowie der Messung der Deformierbarkeit bei verschiedener Temperatur mit der thermomechanischen Waage nach KARGIN [123].

Beschränkt auf kristalline Hochpolymere sind einige optische Methoden wie die unmittelbare Beobachtung des Schmelzvorganges im Polarisationsmikroskop oder die Auswertung der Reflexe im Röntgenbeugungsdiagramm, wo gegebenenfalls eine unterschiedlich starke Intensitätsabnahme der einzelnen Linien bei steigender Temperatur Aussagen über die Temperaturabhängigkeit der verschiedenen in lateraler Richtung wirkenden Bindungskräfte erlaubt. Sofern bei Polymeren ein Schmelzpunkt T_m bzw. ein relativ enges Schmelzintervall auftritt, wird dieser Schmelzpunkt in erster Linie durch die chemische Primärstruktur der Ketten, daneben aber auch durch den physikalischen Ordnungszustand bestimmt. Mit steigender Molmasse nimmt T_m zunächst generell zu, um dann oberhalb eines zwischen $\overline{M} = 10^3$ und $\overline{M} = 10^4$ liegenden Grenzwertes weitgehend konstant zu bleiben, so daß für die meisten technisch hergestellten und genutzten Polymeren ($\overline{M}_w > 10^4$) der Einfluß des Polymerisationsgrades auf T_m nur von untergeordneter Bedeutung ist.

Bei teilkristallinen Polymeren zeigt sich ein Einfluß des physikalischen Ordnungszustandes auf den Schmelzvorgang insofern, als erstens zwischen verschiedenen Modifikationen eines Polymeren im allgemeinen auch Unterschiede in T_m bestehen, und als zweitens die Schärfe des Schmelzbereiches größer wird und gegebenenfalls auch T_m ansteigt, wenn die Größe und Perfektion der kristallingeordneten Bereiche verbessert wird. Hierbei kann ein oberer Grenzwert T_m^∞ definiert werden, der der Schmelztemperatur eines unendlich ausgedehnten Idealkristalls des betreffenden Polymeren entspricht und allein durch dessen chemische Primärstruktur bestimmt ist. Die Breite des Schmelzbereiches nimmt unter anderem zu mit zunehmender Breite der Kristallitgrößenverteilung und mit zunehmender Anzahl der Störungen innerhalb der kristallinen Bereiche. Sie kann gleichzeitig durch Reorganisationserscheinungen während bzw. vor dem Schmelzvorgang entscheidend beeinflußt werden.

An dieser Stelle sollen einige Bemerkungen zum *Kristallisationsprozeß* eingeflochten werden, dessen Verlauf im wesentlichen Umfang Größe und Ordnungsgrad der kristallin geordneten Bezirke teilkristalliner Polymerer und damit auch deren Schmelzverhalten bestimmt. Bei Kristallisation aus Schmelze oder Lösung sind hinsichtlich des Mechanismus drei Stadien zu unterscheiden:

- die Keimbildung, bei der spontan oder an geeigneten Grenzflächen (z. B. Fremdpartikeln) Kristallkeime entstehen, deren Bildungsgeschwindigkeit aus der Schmelze mit der Unterkühlung unter den Schmelzpunkt zunächst zu und dann wieder abnimmt und deren Bildung zugleich die Kristallmodifikation und — bei den aus der Schmelze meist entstehenden Faltkeimen — auch die primäre Faltungslänge festlegt. Warum überhaupt eine solche regelmäßige Faltung eintritt, ist bis heute noch nicht endgültig geklärt, wenn auch verschiedene, von der Thermodynamik oder der Kinetik dieses Prozesses ausgehende theoretische Ansätze vorliegen [124];

— das Keimwachstum („primäre" Kristallisation), wobei die Wachstumsgeschwindigkeit mit zunehmender Unterkühlung ebenfalls ein Maximum durchläuft;

— die „sekundäre" Kristallisation, bei der eine Ordnungsverbesserung und / oder Vergrößerung der kristallin geordneten Bereiche stattfindet, wobei wiederum in geringer Menge anwesende Verunreinigungen eine entscheidende Rolle spielen können.

In allen drei Teilprozessen kann somit über Temperatur und Zeit als Variable sowie durch spurenweise vorhandene Fremdsubstanzen der schließlich resultierende Ordnungszustand und damit auch der Schmelzvorgang bei erneutem Aufschmelzen beeinflußt werden. So führt ein „Abschrecken" der Schmelze, d. h. eine sehr rasche und weitgehende Unterkühlung, zu einer weitgehend ungeordneten Probe mit erniedrigtem und verbreitertem Schmelzintervall. Eine „Temperung", d. h. eine längere Temperaturbehandlung im Bereich zwischen T_g und T_m führt durch Umordnungsvorgänge zu einer Verbesserung der kristallinen Ordnung, vor allem, wenn sie bei Temperaturen nahe T_m durchgeführt wird, was mit einem Ansteigen des Schmelzpunktes beim späteren Wiederaufschmelzen verbunden sein kann.

Für einige Aussagen zum Einfluß der chemischen Primärstruktur auf T_m soll hier von der thermodynamischen Beziehung ausgegangen werden. Als wesentliche molekulare Parameter, die die Größe des Quotienten $\frac{\Delta H_m}{\Delta S_m}$ und damit T_m bestimmen, sind anzusehen:

— die zwischen den Ketten bzw. Kettensegmenten im Festkörper wirkende Kohäsionsenergie, deren Zunahme generell schmelzpunkterhöhend wirkt;

– die Kettensteifheit bzw. Kettenbeweglichkeit (zunehmende Beweglichkeit → Tendenz zur Abnahme von T_m);
– die Raumerfüllung („Sperrigkeit") der Moleküle im Polymerfestkörper (zunehmende Sperrigkeit → Abnahme von T_m).

Da bei Gegenüberstellung verschiedener Stoffklassen diese 3 Parameter unabhängig voneinander variieren können und in ihrem jeweiligen Einfluß auf T_m noch

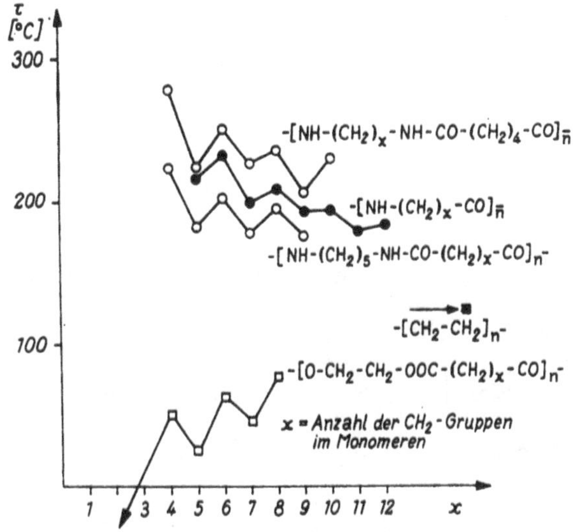

Abb. 25. Schmelzpunkt von Polyestern und Polyamiden (Diagramm nach Angaben von KLARE u. KORSCHAK)

kaum einzeln quantitativ erfaßbar sind, wird das Fehlen allgemeingültiger Korrelationen zwischen chemischer Struktur und Schmelzpunkt verständlich. Immerhin läßt sich das vorliegende Erfahrungsmaterial mit Hilfe der genannten Parameter in gewissem Umfange systematisieren und erklären: So kann man die schmelzpunkterhöhende Wirkung aromatischer oder heterocyclischer Ringe in der Kette auf die höhere Steifheit solcher Ketten zurückführen, und die unterschiedlichen Schmelzpunkte von Polyoxamethylen ($T_m = 160\,°C$) und Polyäthylenoxid ($T_m = 66\,°C$) können durch die größere Sperrigkeit der Polyäthylenoxidmoleküle im Festkörper erklärt werden. Experimentell wie theoretisch sehr eingehend wurde das Schmelzverhalten von aliphatischen Polyamiden und Polyestern untersucht und mit dem des Polyäthylens verglichen (Abb. 25). Sowohl Polyamide als auch Polyester nähern mit wachsender Länge der $-CH_2$-Sequenz ihren Schmelzpunkt immer mehr dem des Polyäthylens an. Die im Vergleich zu diesem höheren Schmelzpunkte der Polyamide können durch die wesentlich höhere Kohäsionsenergie der Amidgruppen im Vergleich zu CH_2-Gruppen erklärt werden. Aliphatische Polyester weisen zwar auch eine gegenüber Polyäthylen deutlich höhere Kohäsionsenergie auf, jedoch überwiegt hier der gegenläufige Einfluß einer Erhöhung der Kettenbeweglichkeit durch Einbau eines Sauerstoffatoms in die Kette, der erst durch Einbau eines aromatischen Ringes überkompensiert wird:

$$[-CH_2-CH_2-]_n \qquad T_m \sim 140\,°C$$

$$[-O-CH_2-CH_2-OCO-(CH_2)_6-CO-]_n \qquad T_m = 45\,°C$$

$$[-O-CH_2-CH_2-OCO-C_6H_4-CO-]_n \qquad T_m = 264\,°C$$

Das bei aliphatischen Polyamiden und Polyestern viel diskutierte „Alternieren" des Schmelzpunktes (Polymere mit gradzahliger Anzahl von CH_2-Gruppen haben eine höhere Schmelztemperatur als die beiden benachbarten mit ungerader Anzahl) führt man heute auf die unterschiedliche, von der Gerad- oder Ungeradzahligkeit der CH_2-Gruppen abhängende Kraftwirkung der Gitter-Drill-Schwingungen der CH_2-Sequenzen auf die als Ankergruppen im Gitter wirkende Amid- bzw. Esterbindung zurück.

Sofern bei Copolymeren überhaupt noch ein definierter Schmelzvorgang auftritt, ist T_m gegenüber dem aus den Schmelzpunkten der Homopolymeren additiv errechneten Werten infolge der Störung der Molekülsymmetrie im allgemeinen erniedrigt.

Noch wesentlich weniger als zwischen chemischer Struktur und T_m lassen sich gesetzmäßige Zusammenhänge zwischen Primärstruktur und Glastemperatur T_g ableiten, zumal T_g keine thermodynamisch definierte Gleichgewichtsumwandlung charakterisiert, sondern selbst stark von Vorgeschichte des Präparats und Meßmethode abhängt. Im allgemeinen beträgt T_g (in °K!) das 0,5···0,7-fache von T_m. Eine Verringerung der Molekülsymmetrie durch Einbau kürzerer Alkyl-Seitengruppen und in vielen Fällen auch durch Copolymerisation führt zu einer Abnahme von T_g, ebenso eine Verringerung der mittleren Molmasse des Polymeren.

Zur Erweiterung des Einsatzbereiches von Polymeren besteht oft ein Interesse an der Herabsetzung von T_g, um das Einsetzen einer unerwünschten Sprödigkeit und Starrheit des Materials nach tieferen Temperaturen zu verschieben. Hierzu kann man sich der schon erwähnten sog. „inneren Weichmachung" z. B. durch Einbau von Alkylseitenketten an das Makromolekül oder des Zusatzes „äußerer Weichmacher" bedienen, d. h. niedermolekularer Stoffe oder auch höher molekularer Substanzen großer Kettenbeweglichkeit, die zumeist über Dipolkräfte mit den Makromolekülen in Wechselwirkung treten und dadurch die Wechselwirkung zwischen den Makromolekülen herabsetzen. Das Eigenschaftsbild solcher Weichmacher ist gekennzeichnet durch einen optimalen Kompromiß zwischen den Forderungen nach ausreichender Wechselwirkung (Verträglichkeit) mit dem Polymeren, hoher Beweglichkeit im Polymeren, geringer Flüchtigkeit und möglichst geringer Toxizität. Beispiele sind hochsiedende Ester wie Dioktyladipat oder Tributylphosphat, bzw. Polyäthylenoxide mittlerer Molmasse (vgl. S. 160).

3.2.2. Deformationsverhalten polymerer Festkörper und Schmelzen

Das Deformationsverhalten polymerer Festkörper und Schmelzen wird dadurch kompliziert, daß weder der Festkörper über einen größeren Bereich der Spannung σ dem HOOKE'schen Gesetz

$$\gamma = \frac{1}{E}\,\sigma = I\sigma$$

γ = Deformation
E = Elastizitätsmodul
I = Nachgiebigkeit

folgt, noch für Polymerschmelzen und — wie in Abschnitt 4.3. gezeigt wird — Polymerlösungen das NEWTON'sche Fließgesetz

$$D = \frac{dv}{dx} = \frac{1}{\eta}\,\tau$$

D = Schergradient
τ = Schubspannung
η = dynamische Viskosität

gilt.

Charakteristisch für Polymerfestkörper und -schmelzen ist vielmehr ein ausgeprägt *nichtlineares Deformationsverhalten*, das keinesfalls durch eine einzige Materialkenngröße wie E oder η charakterisiert werden kann, das nicht allein von der Größe der deformierenden Spannung, sondern stark auch von der Dauer ihrer Einwirkung abhängt und das im allgemeinen reversible und irreversible Anteile der Deformation aufweist.

Bei Polymerfestkörpern dient zur ersten Orientierung über das Deformationsverhalten meist ein Zugversuch, bei dem die an einem Faden, Foliestreifen oder Prüfstab liegende Zugspannung nach einem vorgegebenen Zeitprogramm stufenweise oder kontinuierlich erhöht und die jeweilige Längung ermittelt wird. Aus einem solchen Kraft-Längenänderungs-Diagramm („$F-\Delta L$-Diagramm", Abb. 26) kann man einerseits Reißkraft und Reißdehnung ermitteln, andererseits nach bestimmten

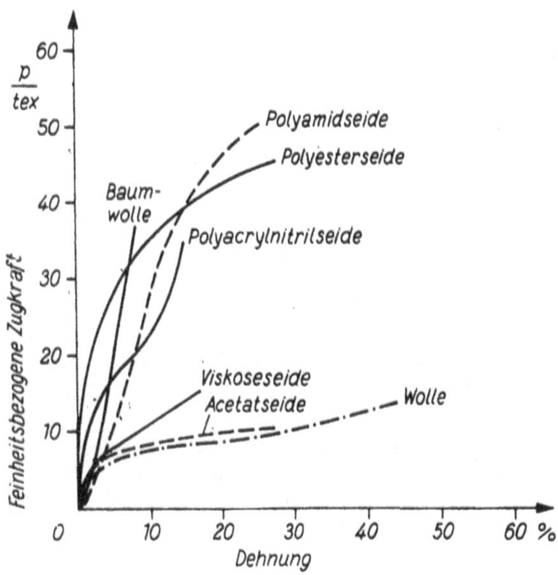

Abb. 26. Feinheitsbezogene Zugkraft-Dehnungs-Diagramme verschiedener Fäden bei 20 °C und 65% relativer Luftfeuchte (Mittlere Kurven)

Konventionsmethoden verschiedene E-Moduli erhalten, die allerdings meist nur als Relativwerte anzusehen sind, und schließlich eine Aussage über den reversiblen und den irreversiblen Anteil der Verformung treffen, wenn man vor Erreichen der Reißkraft den Prüfkörper entlastet. Alle diese Aussagen hängen jedoch erheblich von der Deformationsgeschwindigkeit bzw. der Einwirkungsdauer der Kraft ab. Zur Erfassung dieses Zeiteinflusses dient eine sog. „dynamische Prüfung" entweder durch periodisch wechselnde Beanspruchung (z. B. Zugwechselbeanspruchung, Biegewechselbeanspruchung, periodische Torsionsbeanspruchung im „Torsionspendelgerät") variabler Frequenz und Amplitude oder durch eine sprungförmige Beanspruchung mit anschließender Registrierung des Spannungsverlaufes (Relaxationsversuch mit sprungförmiger Deformation) bzw. des Deformationsverlaufs (Retardationsversuch mit Spannungssprung). Abb. 27a, b, c zeigt in schematisierter Form das Prinzip dieser Methoden (vgl. auch S. 257), mit deren Hilfe Aussagen über die Frequenz- oder Zeitabhängigkeit von E-Moduli sowie über den als Wärme dissipierten (Verlustmodul) und den elastisch gespeicherten Anteil der aufgewandten mechanischen Energie möglich sind und die eine Bestimmung der Relaxationszeiten τ für die verschiedenen Beweglichkeiten der Struktureinheiten einschließlich deren Temperaturabhängigkeit gestatten (Aufnahme eines „mechanischen Relaxationsspektrums").

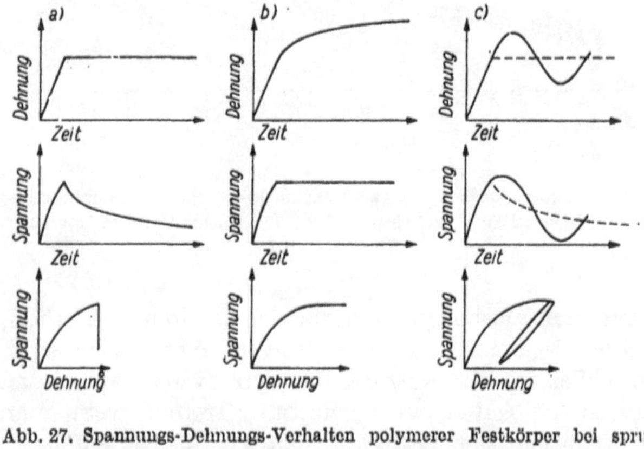

Abb. 27. Spannungs-Dehnungs-Verhalten polymerer Festkörper bei sprungförmigen (a) Relaxation, b) Retardation) und sinusförmigen (c)) Beanspruchungen
vgl. z. B. WINKLER, F., Faserforsch. Textiltechn. 1 (1959) u. 12 (1961); BAUER, A., WINKLER, F., gl. Z. 2 (1969), S. 368

Stark vereinfacht läßt sich die Gesamtdeformation γ eines Polymerfestkörpers entsprechend

$$\gamma = \gamma_1 + \gamma_2 + \gamma_3 = I_1\sigma + \sigma I_2[f(t)] + \sigma \frac{t}{\eta}$$

in drei Anteile zerlegen, nämlich

- einen reversiblen elastischen Anteil $I_1\sigma$ mit sehr kleiner Relaxationszeit
- eine reversible zeitabhängige elastische Nachwirkung $\gamma_2 = \sigma I_2 \times (1 - e^{-t/\tau})$
- eine irreversible plastische Verformung $\gamma_3 = \sigma \frac{t}{\eta}$

γ_3 ist unterhalb der Glastemperatur T_g vernachlässigbar klein, während dieser Anteil oberhalb der Erweichungstemperatur das Deformationsverhalten bestimmt, aber auch schon im dazwischen liegenden Bereich eine wesentliche Rolle spielen kann, vor allem bei lang andauernder Belastung. Der zeitabhängige, aber reversible visko-elastische Anteil $\gamma_2 = \sigma I_1(1 - e^{-t/\tau})$ kommt durch eine Art Orientierungsvorgang, nämlich das verzögerte Einstellen von Kettensegmenten im Spannungsfeld zustande, wobei im Gegensatz zu irreversiblem plastischen Fließen haupt- und nebenvalente Querbindungen zwischen den Ketten erhalten bleiben. Die hierfür charakteristischen Relaxationszeiten τ nehmen mit sinkender Temperatur allgemein zu, besonders stark und unstetig beim Unterschreiten eines Einfrierbereiches. Unterhalb der Glastemperatur werden die Relaxationszeiten oft so groß, daß γ_2 bei kurzzeitiger Belastung vernachlässigt werden kann und in diesem Falle annähernd das Hooke-sche Gesetz gilt mit $\gamma \sim \gamma_1 = I_1\sigma$. Die Nachgiebigkeit I_1 entspricht dabei dem Kehrwert des mit hohen Frequenzen (z. B. Schallfrequenzen) ermittelten E-Modules (Schallmodul). Wegen der schon erwähnten Frequenz- oder Zeitabhängigkeit des E-Modules wird die Nachgiebigkeit I mit kleiner werdender Frequenz oder zunehmender Meßzeit immer größer. Bei ausreichend langer Meßzeit kann die Summe $I_1 + I_2(1 - e^{-t/\tau})$ um 2 bis 4 Zehnerpotenzen höher liegen als I_1. Bei starker Hauptvalenzvernetzung (Duromere, Hartgummi) kann ein plastischer Verformungsanteil kaum auftreten. Im allgemeinen steigt hier mit zunehmender Länge der Brücken zwischen zwei Verknüpfungsstellen die elastische Deformierbarkeit an, während Sprödigkeit und Härte abnehmen. Der rasch relaxierende, reversible „HOOKE'sche Anteil“ γ_1 ist bei Plasten überwiegend energieelastisch bedingt und auf eine rasche Deformation von Valenzwinkeln der Hauptkette zurückzuführen. Für Elastomere hingegen ist bis zu hohen Deformationswerten von mehreren 100% ein ebenfalls reversibler, rasch relaxierender Deformationsprozeß mit niedrigem E-Modul maßgebend, bei dem die Rückstellkraft nicht energetisch, sondern entropisch bedingt ist, indem die Streckung langer Kettensegmente („Entknäuelung“) im gedehnten Zustand zu einer Entropieverringerung des Systems führt, die bei Entlastung durch Wiedereinnehmen der „wahrscheinlichen“ Knäuelgestalt (vgl. S. 268) rückgängig gemacht wird. Die folgende Tabelle faßt die wesentlichen Unterschiede zwischen Energie- und Entropieelastizität nochmals zusammen:

Energieelastizität	*Entropieelastizität* (Kautschukelastizität)
potentielle Energie vergrößert; Valenzwinkeldeformation	Entropie verringert; Segmentstreckung
$\gamma < 5\%$ $E \sim 10^6$ kp/cm²	$\gamma > 100\%$ $E \sim 10$ kp/cm²
E fällt mit steigender Temperatur	E wächst mit steigender Temperatur

Bei Überschreiten eines bestimmten, von chemischer und physikalischer Struktur, Temperatur, Beanspruchungsgeschwindigkeit und Beanspruchungsdauer abhängigen Deformation kommt es zum Bruch des Polymerfestkörpers. Schematisierte Grenzfälle eines solchen Bruchvorgangs sind der Sprödbruch durch Trennung von

Struktureinheiten in einer zur Beanspruchungsrichtung senkrechten Ebene und der plastische Bruch durch Abgleiten von Struktureinheiten parallel zur Beanspruchungsrichtung, wobei das reale Verhalten von Polymeren meist zwischen diesen Grenzfällen liegt. Wesentliche Fortschritte in der Erforschung der Bruchvorgänge bei Polymeren wurden in den letzten Jahren erzielt

- durch moderne Methoden der Elektronenmikroskopie in der morphologischen Systematisierung solcher Bruchvorgänge;
- durch Anwendung der Elektronenspinnresonanz zur Erfassung und Identifizierung der durch Kettenbrüche bedingten Radikale und damit zur molekularen Deutung des Bruchvorgangs.

So gestattet die Zahl der gebildeten Radikale Aussagen darüber, ob der Bruch überwiegend durch zahlreiche Kettenbrüche der „Verbindungsketten" zwischen geordneten Bereichen senkrecht zur Zugrichtung (hohe Zahl von Radikalen; Beispiel Polyamid 6) oder durch Abgleiten der geordneten Bereiche in Zugrichtung unter Bruch nur weniger Verbindungsketten (geringere Zahl von Radikalen; Beispiel Polyäthylen) zustandekommt [125]. Aus der Art der Radikale kann man schließen, daß z. B. bei Polyamid 6 der Kettenbruch bevorzugt an einer der Amidgruppe benachbarten C—C-Bindung erfolgt [126].

Ebenso wie der plastische Verformungsanteil neben dem elastischen beim Polymerfestkörper in Betracht gezogen werden muß, kann umgekehrt beim Beschreiben der *Deformation einer Polymerschmelze* neben dem viskosen Fließen eine elastische Energiespeicherung meist nicht vernachlässigt werden. Die Viskosität einer solchen Schmelze nimmt bei gegebener Temperatur zunächst linear mit der Molmasse, oberhalb eines bestimmten Wertes von $\overline{M}_w$ jedoch mit der dritten bis vierten Potenz von $\overline{M}_w$ zu, wobei bei höheren Molmassen oft ein ausgeprägtes strukturviskoses Verhalten (nichtlinearer Zusammenhang zwischen Schergefälle und Schubspannung, vgl. S. 317) vorliegt. Der beim Fließprozeß reversibel gespeicherte „viskoelastische“ Anteil der aufgewandten mechanischen Energie ist im wesentlichen entropieelastisch durch Streckung von Kettensegmenten im Scherfeld bedingt und kann thermoplastische Verformungsprozesse (vgl. Tab. 8, S. 250) erheblich beeinflussen. Er führt beispielsweise beim Extrudieren der Schmelze durch eine Düse zu einer Aufweitung des Schmelzestrahls („Zwiebelform“, „Barus-Effekt“) infolge einer Relaxation der gestreckten Segmente beim Verlassen der Düse. Die begriffliche und experimentelle Erfassung dieser Viskoelastizität in Schmelzen und konzentrierten Lösungen ist daher seit etwa 10 Jahren ein Forschungsschwerpunkt der Polymerrheologie [127].

3.2.3. Einige Grundlagen der Verformung und Verarbeitung von Polymeren

Stark vereinfacht und schematisiert läßt sich ein Überblick über die sehr vielfältigen Möglichkeiten der Formgebung und Verarbeitung von Polymeren gewinnen, wenn man einmal das Ziel des Prozesses im Hinblick auf den späteren Einsatz, zum anderen die dabei ablaufenden chemischen und physikalischen Vorgänge einer Systematisierung zugrundelegt. Im Hinblick auf den Einsatzzweck erscheint folgende Einteilung brauchbar:

a) Gewinnung von Formgebilden, aus denen direkt oder nach weiteren mechanischen Arbeitsgängen Werkstücke erhalten werden, d. h. von Faserstoffen, Folien, kompakten Formkörpern und Schaumstoffen

b) Herstellung von veredelnden oder schützenden Überzügen aus Polymeren auf anderen Werkstoffen oder Werkstücken

c) Herstellung von Verbindungen zwischen Werkstücken, z. B. durch Schweißen oder Kleben

d) Einsatz als Lösung.

Zur Herstellung von Formgebilden entsprechend *a*) stehen grundsätzlich folgende Möglichkeiten zur Verfügung:

- Verformung aus Lösung zu Fäden in einem Naßspinnprozeß (Ausfällen des Polymeren im Spinnbad) oder Trockenspinnprozeß (Verdampfen des Lösungsmittels beim Spinnen) oder zu Folien durch entsprechende Gießprozesse;
- thermoplastische Verformung zu Fäden, Folien oder kompakten Formkörpern aus dem geschmolzenen oder erweichten Zustand auf Basis ausschließlich thermischer Zustandsänderungen („Thermoplaste“);
- Irreversible Verformung eines Präpolymeren aus dem flüssigen oder plastischen Zustand unter gleichzeitiger chemischer Vernetzung („Härtung“) zu einem dann unschmelzbaren duroplastischen Formgebilde;
- Verschäumung von Polymeren durch Freisetzen eines Gases (chemische Umsetzung oder Verdampfen eines flüchtigen Stoffes) während der Bildung des Festkörpers, die sowohl durch rein thermische Zustandsänderung (z. B. Verschäumen von Polystyrol unter Zusatz niedrig siedender Kohlenwasserstoffe), als auch unter chemischer Vernetzung, (z. B. bei der Herstellung von Polyurethanschaum mit chemisch freigesetztem CO_2 als Treibmittel) erfolgen kann.

Die wichtigsten Technologien zur thermoplastischen Verformung für die Herstellung von Formgebilden sind in Tab. 8 stichwortartig zusammengefaßt. Während früher das Pressen und Gießen vorwiegend den Duromeren, das Extrudieren und Spritzgießen dagegen den eigentlichen Thermoplasten vorbehalten war, ist heute eine zunehmende Überlappung festzustellen, indem beispielsweise auch manche Produkte im Extruder zu Duromeren verarbeitet werden können und umgekehrt manche hochwertigen Folien aus reversibel schmelzbaren linearen Thermoplasten nach einem Gießverfahren aus der Schmelze gewonnen werden. Zentrale Bedeutung hat heute auf Grund seiner vielseitigen Anwendbarkeit und hohen Produktivität der Extrusionsprozeß, zumal er bei entsprechender Auslegung sowohl den Ablauf chemischer

Tabelle 8

Einige Verfahren zur Verformung von Polymeren für Formgebilde

Verfahren	Durchführung	Anwendungsbeispiele
Extrudieren (Strangpressen)	Aufheizen des Polymeren als Granulat oder Pulver bis zur Erweichung unter Vermischen und Verkneten mit Zusätzen (Farbstoffe, Weichmacher usw.) im Extruder, einer Art Schneckenpresse, dann Auspressen der thermoplastischen Masse als Strang durch geeignete Öffnung (Extruderkopf) bzw. als Folie durch Breitschlitzdüse	Profilbänder, -stäbe und Rohre aus Thermoplasten, z. B. Polyäthylen oder PVC, Schläuche aus PVC, Verarbeitung von Elastomeren sowie von Präpolymeren für Duromere
Schmelzspinnen	Aufschmelzen des Granulats im Extruder (z. T. noch auf beheiztem Spinnrost), nach Filtration Drücken der Schmelze bei 250–300 °C durch eine Spinndüse, meist über Verteilerleitung, dann Nachverstreckung (Kaltverstreckung) des beim Abkühlen erstarrten Fadens	Synthesefaserstoffe aus Polyamiden und Polyestern
Blasen	Nach Plastifizierung im Extruder Auspressen als Schlauch durch Ringdüse, Reckung der Folie in Querrichtung durch Aufblasen des Schlauches mit Luft, in Längsrichtung durch Verstreckung beim Abziehen; plastisches Material in Formen mittels Luftdruck aufgeblasen	Folien, z. B. aus PVC, Polyäthylen, Polystyrol, spezielle Formkörper durch Aufblasen in Formen, Flächen und Hohlkörper
Spritzgießen	Einpressen der geschmolzenen bzw. thermoplastischen Polymeren bei ca. 150–250 °C und 200–2000 atü in eine Form, Erkalten in der Form unter geringem Druck, nach Abkühlen weitgehend automatisiertes Öffnen der Form und Auswerfen des Werkstücks	Formteile, z. B. Haushaltwaren aus allen Thermoplasten nicht zu hoher Schmelzviskosität

Kalandieren (Walzen) Recken	Thermoplastische Verformung zwischen meist mehreren Paaren heizbarer Walzen, ggf. Verstreckung durch verschiedene Umlaufgeschwindigkeit der Walzen, Verschmelzen einer Walzfolie und anschließendes Recken mit raschem Abkühlen im Reckkalander	Hart- und Weichfolien aus Polymeren mit breitem Erweichungsintervall (z. B. PVC); oft als erste Stufe bei Elastomerverarbeitung; Fußbodenbelag
Ziehen und Streckformen	Verformen von Thermoplastfolien unter Druck und evtl. Erwärmen mit Formen oder Schablonen, ggf. unter starker Verstreckung; Tiefziehen über Matrizen	Trinkbecher aus Polyäthylen Verpackungstechnologien, z. B. bei Lebensmitteln
Sintern	Verpressen von Granulat unter Druck bis 5000 atü, dann gegenseitiges Verkleben durch oberflächliches Anschmelzen der Partikel unter Bildung eines porösen Formkörpers	Filtereinsätze und Belüftungsflächen, z. B. aus Polyolefinen Verarbeitung von Polytetrafluoräthylen
Pressen, Formpressen	Verformung des (evtl. vorgewärmten) mit Zusätzen versehenen Pulvers, z. B. eines Duroplast-Präpolymeren in einer geheizten Form bei Temperaturen zwischen etwa 130 und 180 °C bei 150 bis 500 atü mit anschließendem Aushärten in der Form, für Verbundherstellung ggf. Einsatz von „prepregs", d. h. mit Prepolymeren getränkten Fasermatten von z. B. Blasfasern	Formteile aus Duromeren (Pheno und Aminoplaste, unges. Polyesterharze) und Duromer-Verbunden Kautschukvulkanisation
Gießen (Folienguß Schleuderguß)	langsames druckloses Aushärten eines Prepolymeren bzw. Polymerisieren eines flüssigen Monomeren in einer Form evtl. unter Erwärmen automatische Fertigung von Hohlkörpern durch Schleuderguß aus gelatinierbaren Polymeransätzen	Formteile aus duromeren Gießharzen (Polyepoxide, unges. Polyester) Hohlkörper aus Weich-PVC Polyamid- und Polyester-Folien

Umsetzungen im Extruder, als auch die gleichmäßige Zudosierung von Mischungskomponenten ermöglicht und damit dem Trend einer Variation der Werkstoffeigenschaften von Polymeren durch Zusatzstoffe (Alterungsschutzmittel, Farbstoffe) oder durch Herstellung von Polymermischungen und Verbunden (vgl. S. 264) entgegenkommt.

Vor allem bei *Fäden und Folien* ist nach der primären Formgebung zur Erzielung optimaler Werkstoffeigenschaften oft noch eine Veränderung der physikalischen Struktur durch weitere Arbeitsgänge notwendig. Wichtig für die Technologie schmelzgesponnener Chemiefäden ist hier das Phänomen der sog. „*Kaltverstreckbarkeit*“: Entsprechend dem $K-D$-Diagramm der Abb. 28a lassen sich unverstreckte Polyamid-, Polyester- oder Polyäthylenfäden nach Durchlaufen eines kurzen elastischen Bereiches bei etwa konstanter oder sogar verringerter Kraft auf das 4–5fache ihrer Ausgangslänge irreversibel dehnen, und erst nach dieser weit unterhalb der Schmelztemperatur ablaufenden Kaltverstreckung erhält der Synthesefaden die bekannten und geschätzten textilphysikalischen Eigenschaften. In Abhängigkeit von Temperatur, Deformationsgeschwindigkeit und vom Gehalt des Fadens an „Weichmachern“ ist die Kaltverstreckung mit einem im technischen Prozeß unerwünschten „Teleskopeffekt“ verbunden, d. h., die Längenzunahme erfolgt aus einer schmalen Fließzone (Fadenhals) heraus (Abb. 28b), die beim Strecken eines Fadenstückes von Hand den Faden entlang wandert und die verschwindet, sobald der für alle kaltverstreckten Fasern etwa gleich große „natürliche Streckfaktor“ von ca. 400–500% erreicht ist. Die dem Übergang von der „homogenen“ zu dieser „heterogenen“, mit Halsbildung erfolgenden Kaltverstreckung zugrunde liegenden physikalischen Vorgänge kann man sich stark vereinfacht so vorstellen, daß bei geeigneter Temperatur und Deformationsgeschwindigkeit zunächst an einer Stelle mit zufällig etwas geringerem Querschnitt infolge der dort herrschenden größeren Zugspannung die Querviskosität (TROUTON-Viskosität) im Vergleich zum umgebenden Material stark herabgesetzt ist und sich eine halsartige Fließzone ausbildet, die bei genügend großem Faserquerschnitt stabilisiert wird durch eine örtliche Stauung der beim Verstreckungsprozeß freiwerdenden Wärme, welche eine weitere örtlche Viskositätsabnahme in der Fließzone bewirkt. So konnte im Fadenhals ein merklicher Tempera-

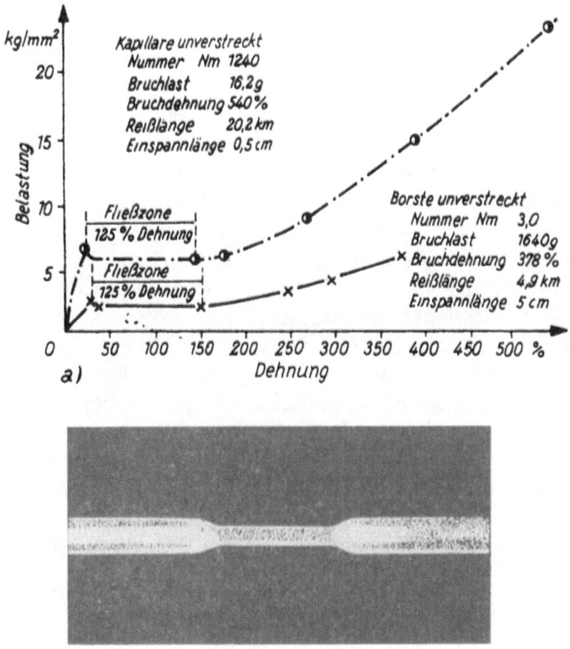

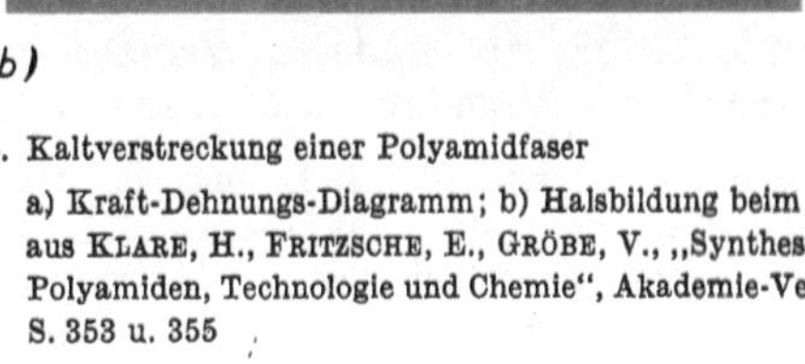

b)

Abb. 28. Kaltverstreckung einer Polyamidfaser

a) Kraft-Dehnungs-Diagramm; b) Halsbildung beim Verstrecken aus KLARE, H., FRITZSCHE, E., GRÖBE, V., „Synthestische Fasern aus Polyamiden, Technologie und Chemie", Akademie-Verlag, Berlin 1963. S. 353 u. 355

turanstieg festgestellt werden [128], so daß offensichtlich in vielen Fällen keine eigentliche Kaltverstreckung, sondern eher eine Art Zonenschmelzen vorliegen dürfte.

Zur molekularen theoretischen Deutung dieses Verstreckvorganges wird — ausgehend vom Zweiphasenmodell — vermutet, daß ein allmähliches Hineindrehen der „Kristallite" in die Zugrichtung erfolgt und nach vollständiger Orientierung in die Faserachse die für eine weitere Deformation erforderliche Kraft sehr stark zunimmt, die natürliche Streckgrenze also erreicht ist. Hierbei muß man sicher die Vorstellung der Kettenfaltung, bzw. der Ausstreckung gefalteter Ketten mit heranziehen. Darauf deutet z. B. die Beobachtung hin, daß ein in geeigneter Weise zonenverstrecktes Polystyrol anstelle des sonst schon bei geringerer Belastung eintretenden amorph-spröden Bruches erst bei hoher Belastung unter ausgesprochener Fibrillierung bricht [128]. Im Anschluß an diese Kaltverstreckung ist bei Synthesefäden oft noch eine Relaxation innerer Spannungen in sog. Fixierprozessen notwendig bzw. es wird unter Ausbildung zusätzlicher Spannungen eine sog. „Strukturkräuselung" (Texturierung) zur Erhöhung der Fülligkeit von Syntheseseiden vorgenommen [129]. Bei Folien kann eine Reckung uniaxial oder biaxial erfolgen, wobei sich an diesen Prozeß auch hier oft Fixier- bzw. Tempervorgänge anschließen. Die bei uniaxial gereckten Folien erwartungsgemäß auftretende Anisotropie der mechanischen Eigenschaften in Längs- und Querrichtung kann bis zu einer ausgeprägten Fibrillierneigung mit der Fibrillenrichtung in Streckrichtung führen, die als Basis der Herstellung sog. „Folienfäden" dient.

Aus der Vielzahl der zur Herstellung von Polymerüberzügen (Punkt *b*, S. 248) auf anderen Werkstoffen und Werkstücken möglichen Verfahren seien hier erwähnt:

— das Aufbringen eines Films aus einer Lösung oder Dispersion des Polymeren unter Verdunsten des Lösungsmittels (Lackieren); eventuell mit anschließender Aushärtung (Vernetzung);

– das Aufbringen eines Überzugs über den schmelzflüssigen bzw. thermoplastischen Zustand, z. B.
  – durch Extrusionsbeschichtung aus einer Breitschlitzdüse (Beispiel: Polyäthylen auf Karton);
  – durch Aufsintern von Thermoplastpulver im Wirbelbett auf erwärmte Metalloberflächen;
  – durch Flammspritzen des Granulats mittels Spritzpistole auf eine Metalloberfläche;
– das Kaschieren oder Beschichten mit einer schon vorgefertigten Folie unter Verwendung von Klebern bzw. Haftvermittlern (z. B. Kaschieren von Metalloberflächen zum Korrosionsschutz, Herstellung von Verbundfolien).

Neben den auch hier wichtigen mechanischen Eigenschaften steht bei der Herstellung solcher Polymerüberzüge vor allem die Forderung nach Gleichmäßigkeit, Porenfreiheit (bzw. definierter Porosität) und Alterungsstabilität (große Oberfläche!) im Vordergrund.

3.2.4. Einige Zusammenhänge zwischen chemischer Struktur, Ordnungszustand und Werkstoffeigenschaften von Polymeren

Unter Beibehaltung des klassischen, anwenderorientierten Einteilungsprinzips in

– Faserstoffe
– Formkörper aus Plasten
– Formgebilde aus Elasten

werden in diesem Abschnitt einige Zusammenhänge zwischen Struktur und Werkstoffeigenschaften anhand subjektiv ausgewählter Beispiele behandelt.

Bei *Faserstoffen* wird zuerst eine ausreichende Zugfestigkeit erwartet, wobei — ebenso wie für andere mechanische Kennwerte — eine ausgeprägte Anisotropie (ca. 10- bis 100mal höhere Werte in Faserrichtung als senkrecht zur Faserachse) in Kauf genommen und z. B. durch Verstreckprozesse sogar begünstigt wird, um möglichst günstige Kennwerte in Faserlängsrichtung zu erhalten. Ein Reißen der Faser erfolgt überwiegend in den wenig geordneten Bereichen sowohl durch Kettenbruch als auch unter Beteiligung von Abgleitvorgängen der Struktureinheiten in Längsrichtung, wobei z. B. für Polyamid 6 der erstgenannte Faktor, für Polyäthylenterephthalat der zweite stärker im Vordergrund steht. Ausgehend von einer Reihe physikalischer Größen (z. B. spezifische Bindungsenergie pro Volumeneinheit, Kettenbiegsamkeit, Glastemperatur, Deformierbarkeit der Bindungen) wurde vor allem von Perepelkin [130] in den letzten Jahren eine Theorie der Faserfestigkeit entwickelt. Er unterscheidet dabei zwischen einer für die gebräuchlichen Massenfaserstoffe etwa zwischen 1000 und 2000 kp/mm² liegenden theoretischen Festigkeit (0° K, sehr kurzzeitige Beanspruchung), einer sog. „Grenzfestigkeit" bei Raumtemperatur und praxisüblicher Beanspruchungsdauer, die je nach Primärstruktur zwischen etwa 150 und 500 kp/mm² liegt und unter Voraussetzung einer idealen Faserstruktur bei dem betreffenden Polymeren erreicht werden könnte, und der experimentell bereits erreichten Festigkeit, die u. a. infolge unvollständiger Orientierung der Ketten und infolge von Strukturdefekten z. Z. nur bei ca. 30% dieses Wertes liegt. Auf die Abhängigkeit der Reißfestigkeit von der Belastungsdauer sei ausdrücklich hingewiesen (vgl. S. 243); sie läßt sich in vielen Fällen durch die Beziehung nach Žurkov [131] erfassen:

$$\tau = \tau_0 e^{\frac{U - k\sigma}{RT}}$$

τ = Lebensdauer der Fasern unter Zugspannung
U = Dissoziationsenergie der maßgebenden Bindungen
k = Konstante, die vor allem Strukturdefekte erfaßt

Auf Grundlage von Bindungsenergien und der bei Bindungsdeformation auftretenden Kraftwirkungen wurden von Perepelkin auch obere Grenzwerte für den E-Modul der geordneten und ungeordneten Bereiche in Faserlängsrichtung errechnet. Bei teilkristallinen Polymeren wird der unter bestimmten Bedingungen gewonnene E-Modul in erster Linie durch das Elastizitätsverhalten der wenig geordneten Bereiche bestimmt. Neben der statischen Zugfestigkeit interessiert für das Gebrauchsverhalten die sog. „dynamische Festigkeit", d. h. der Reißfestigkeitsabfall bei Dauerwechselbeanspruchung (sog. „Ermüdungsverhalten"). Eine hohe dynamische Festigkeit setzt eine bestimmte optimale (nicht maximale!) zwischenmolekulare Wechselwirkung und eine ausreichende Kettenbiegsamkeit voraus.

Strukturelle Voraussetzungen für hochfeste, hochmodulige Faserstoffe mit guten dynamischen Eigenschaften sind nach [130] vor allem

- eine hohe Bindungsenergie in der Polymerkette mit weitgehender Ausrichtung der Bindungen in die Faserachse;
- ein möglichst kleiner effektiver Kettenquerschnitt und hohe Symmetrie der Primärstruktur;
- ein ausreichend hoher $\bar{P}$ und möglichst viele „durchlaufende", gestreckte Ketten;
- eine optimale zwischenmolekulare Wechselwirkung und Kettenbiegsamkeit;
- ein hoher Ordnungs- und vor allem Orientierungsgrad der Ketten;
- weitgehende Einheitlichkeit und Defektfreiheit der übermolekularen Struktur.

Bobeth und Kittelmann [132] wiesen vor einiger Zeit auf die breite Streuung der Reißkraft der Einzelkapillaren in polyfilen Seiden hin, wobei diese Streuung offenbar auf Unterschiede in Ordnung und Orientierung der Ketten und auf eine unterschiedliche Zahl von Strukturdefekten zurückzuführen ist und ihre Verringerung zugleich einen Weg zur weiteren Annäherung der experimentell erreichten Festigkeit an die Grenzfestigkeit darstellt. Auch die Unterschiede zwischen Naß- und Trockenfestigkeit von Cellulosefäden lassen sich unter strukturellen Gesichtspunkten verstehen, indem bei

Baumwolle im feuchten Zustand eine Relaxation innerer Spannungen und somit eine gleichmäßigere Belastung der Ketten erfolgt und dadurch die Naßfestigkeit über der Trockenfestigkeit liegt, während bei Celluloseregeneratfäden auf Grund des viel niedrigeren $\bar{P}$ und der geringeren lateralen Ordnung die Quellung in Wasser ein Abgleiten von Struktureinheiten unter Zug erleichtert, was zu einer höheren Trocken- als Naßfestigkeit führt, wobei letztere bei Vernetzung, also einer Verhinderung dieses Abgleitens, ansteigt. Der Einfluß von Kettensymmetrie und effektivem Kettenquerschnitt auf die Reißfestigkeit wurde u. a. an Fäden aus Fettsäureestern der Cellulose untersucht, wobei die Reißkraft unter vergleichbaren Bedingungen mit zunehmender Länge der Alkylseitenkette stetig abnahm und beim Cellulosetrivalerat nur noch ca. 25% der des Cellulosetriacetats betrug.

Der Zusammenhang zwischen Reißkraft σ_{max} und Polymerisationsgrad $\bar{P}$ läßt sich durch die Beziehung $\sigma_{max} = \sigma_\infty \left(1 - \frac{\bar{P}'}{\bar{P}}\right)$ erfassen, wobei $\bar{P}'$ einen für das Auftreten einer merklichen Festigkeit notwendigen Mindest-$\bar{P}$ darstellt, der mit steigender zwischenmolekularer Wechselwirkungsenergie niedriger wird, und der modellmäßig stark vereinfacht derjenigen Kettenlänge entspricht, unterhalb derer schon bei sehr geringer Belastung ein Reißen durch Abgleiten der Ketten in Längsrichtung erfolgt (vgl. auch Tab. 9).

Tabelle 9

Zur Faserbildung erforderlicher Mindest-$\bar{P}$ bei verschiedenen Polymeren

Substanz		Kettenlänge in Å
Polyamid 6	50	400
Polyäthylenterephthalat	70	420
Cellulose	130	650
Polyacrylnitril	300	850
Polyvinylalkohol	300	850
Polystyrol	600	1500

Der $\overline{P}$ der heute großtechnisch eingesetzten Faserpolymeren liegt generell in einem Bereich, in dem sich die Festigkeit mit steigendem $\overline{P}$ nur noch geringfügig ändert. Die Breite der Molmassenverteilung (vgl. S. 34) ist für die textilmechanischen Kennwerte zumindest der heute erzeugten Massenfaserstoffe (Polyamid 6 und 6.6, Polyäthylenterephthalat, Polyacrylnitril und Cellulose sowie eventuell Polypropylen) von recht untergeordneter Bedeutung.

Die heutige Entwicklung der Herstellung und Verarbeitung organischer Polymerer zu Chemiefaserstoffen ist durch zwei Richtungen gekennzeichnet: Einmal wird eine Verbesserung und Optimierung der oben genannten textilen Massenfaserstoffe vorgenommen, die aller Voraussicht nach auch in den nächsten Jahrzehnten ihre dominierende Rolle behalten werden und deren Eigenschaftsbild durch die ausgewogene Erfüllung einer Vielzahl von Kriterien im Sinne eines „optimalen Kompromisses" gekennzeichnet ist. Hierbei steht heute keineswegs mehr die Reißfestigkeit im Vordergrund, sondern vielmehr die Forderung nach einem Maximum an Repräsentationsgüte, Pflegeleichtigkeit und Sicherheit, die sich in Zielgrößen wie „günstiges Elastizitätsverhalten bei geringer Deformation", „Kräuselbeständigkeit" (bei Stapelfasern), „geringe Anschmutzbarkeit und Pillneigung" oder „Schwerentflammbarkeit" niederschlägt. Bei den elektrisch nicht leitenden Synthesefaserstoffen ist außerdem die Verringerung der elektrostatischen Aufladbarkeit ein wichtiges Forschungsziel, da durch diese Aufladung Potentialdifferenzen bis zu 15 kV gegenüber der Umgebung auftreten können, die dann zu einem unerwünschten „Funkenziehen" bzw. einem „Kleben" der fertigen Textilien führen. Bei der Erfüllung all dieser Forderungen wird sowohl die polymerchemische und physikalische Modifizierung der Faserpolymeren, wie die Kombination verschiedener Polymerer auf den unterschiedlichen Strukturebenen, wie auch die Veredelung der Faseroberfläche in Betracht gezogen. Die andere Richtung ist in der Entwicklung spezieller Faserstoffe vor allem für technische Einsatzgebiete zu sehen, wobei heute die Eigenschaftskombination „hohe Temperaturbeständigkeit bei hoher Festigkeit und Steifigkeit" im Mittelpunkt des Interesses steht, wofür bereits eine Vielzahl neuer Primärstrukturen, zumeist mit aromatischen oder heterocyklischen Ringen bis hin zur durch Polymerpyrolyse erhaltenen „Graphitfaser", entwickelt wurden, von denen aber bisher nur wenige, wie z. B. die Polyimidfaser, kommerzielle Bedeutung erlangten.

Bei *Formkörpern und Folien aus Plasten* interessieren in erster Linie Festigkeits- und Elastizitätskennwerte in Abhängigkeit von der Temperatur, wobei im Gegensatz zu den Faserstoffen eine Isotropie dieser Größen in allen drei Raumrichtungen (bzw. in zwei Richtungen bei Folien) angestrebt wird, jede Orientierung also ebenso wie eine zu ausgeprägte kristalline Ordnung unerwünscht ist. Andererseits muß eine beträchtliche zwischenmolekulare Wechselwirkung (bei Thermoplasten) bzw. eine ausreichende Vernetzungsdichte (bei Duromeren) vorhanden sein, um eine starke Deformation schon bei geringer Belastung bzw. ein plastisches Fließen schon bei niedriger Temperatur zu vermeiden. Vor allem dann, wenn wie bei den Polyolefinen die zwischenmolekulare Wechselwirkung nur auf Dispersionskräften beruht, ist daher ein hoher $\overline{P}$ notwendig. Auf Grund der unterschiedlichen chemischen Struktur (lineare Ketten, über Nebenvalenzkräfte zusammengehalten — dreidimensionales, kovalentes Netzwerk) ergeben sich die bekannten, in Abb. 29 für die Zerreißspannung schematisch dargestellten Unterschiede in der Temperaturabhängigkeit der mechanischen Kennwerte zwischen Thermoplasten und Duromeren. Bei Thermoplasten wird oft eine Einteilung nach dem schematisierten Verlauf der Kraft-Längenänderungsdiagramme beim Zugversuch vorgenommen (Abb. 30), wobei die Zuordnung zu einem bestimmten Typ in erster Linie von der Primärstruktur abhängt, aber auch durch z. B. Weichmacherzusätze, durch Copolymerisation oder durch sog. „Compoundierung", d. h. Zusatz eines anderen Polymeren (z. B. Compoundierung von Styrol (Typ hart-spröd) mit einem Elastomeren (Typ zäh-weich) zu einem hartzähen Thermoplasten) bestimmt wird. Die Zugfestigkeit liegt bei Duromeren oft etwas höher als bei den gebräuch-

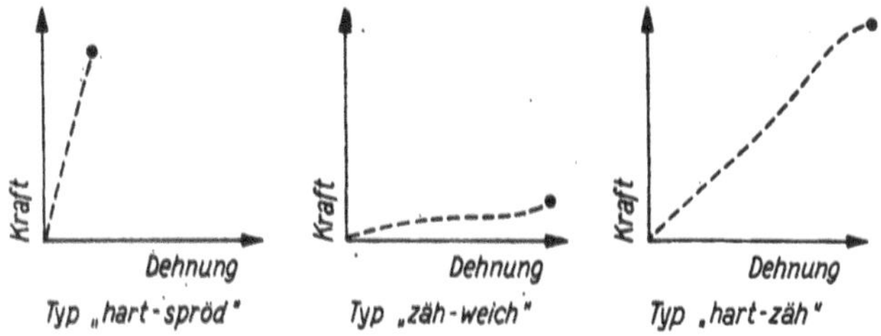

Abb. 29. Schematische Einteilung von Plastwerkstoffen nach ihrem Kraft-Verformungsverhalten

lichen Thermoplasten. Sie hängt bei letzteren entsprechend $\sigma_{\max} = A - \frac{B}{\overline{P}_n}$ vom Polymerisationsgrad ab und läßt sich u. a. durch Erhöhung der Symmetrie des Kettenbaues (z. B. Steroregularität) und der zwischenmolekularen Wechselwirkung verbessern. Neben der Zugfestigkeit interessieren bei Plastwerkstoffen vor allem auch die Kompressionsfestigkeit, die bei Duromeren verständlicherweise wesentlich höher als bei Thermoplasten ist, die im allgemeinen mit steigendem $\overline{P}$ zunehmende Biegebeständigkeit, die Schlagfestigkeit, die bei Unterschreiten von T_g sich meist stark verringert (Versprödung), und schließlich das Ausmaß einer bleibenden plastischen Verformung bei langer Beanspruchungsdauer (sog. „kalter Fluß").

Bei der heute viel diskutierten *Wärmebeständigkeit von Plasten* ist zu unterscheiden zwischen Formbeständigkeit und chemischer Beständigkeit. Die durch die Lage von T_g charakterisierbare Formbeständigkeit läßt sich durch alle T_g erhöhenden Faktoren, wie z. B. durch Einbau sperriger, die Kettenbeweglichkeit einschränkender Seitengruppen oder Ringstrukturen, durch Erhöhung der zwischenmolekularen Wechselwirkung über polare Gruppen oder durch Erhöhung der Vernetzungsdichte (Duromere), zu höheren Temperaturen hin ausdehnen. Umgekehrt läßt sich das Einsetzen einer unerwünschten Ver-

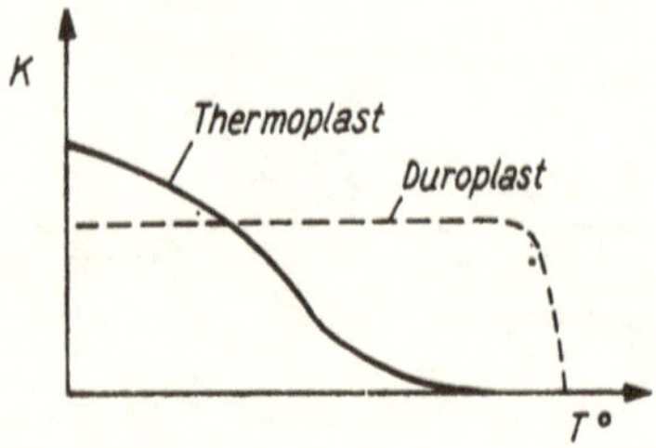

Abb. 30. Temperaturabhängigkeit der Reißkraft K (schematisch)

sprödung durch Herabsetzung von T_g, etwa mittels Weichmachern, zu niedrigeren Temperaturen hin verschieben, selbstverständlich unter Inkaufnahme einer geringeren Formstabilität bei höheren Temperaturen. Die Wärmebeständigkeit, die sich vorerst nur als Änderung einer bestimmten Zielgröße unter willkürlich festgelegten Bedingungen (z. B. zeitliche Abnahme der Zugfestigkeit bei 200 °C) erfassen läßt, hängt stark von der chemischen Struktur des Polymeren ab. Sie läßt sich erhöhen u. a. durch Fluor-Substituenten sowie durch Einbau von aromatischen bzw. heterocyclischen Ringen in die Kette (vgl. S. 188).

Für den Einsatz von *Plastwerkstoffen in der Elektrotechnik* interessieren in erster Linie der elektrische Gleichstromwiderstand und das Verhalten im elektrischen Wechselfeld. Der hohe spezifische Widerstand ϱ der meisten organischen Polymeren ermöglicht eine vielfältige Verwendung als Isoliermaterial. Spitzenwerte von $\varrho \sim 10^{18}\ \Omega\mathrm{cm}$ werden von Polyäthylen, fluorierten Polyolefinen und von Polystyrol erreicht. Schon durch sehr geringe Mengen leitfähiger Verunreinigungen (z. B. Ionen aus einem Redox-Initiator-System), aber auch durch Weichmacherzusätze oder durch Aufnahme geringer Wassermengen kann ϱ um Zehnerpotenzen absinken. Für *PVC* werden beispielsweise je nach Herstellungs- und Aufarbeitungsverfahren Werte zwischen 10^{11} und 10^{16} Ωcm angegeben. Gegenstand intensiver Forschung, aber noch nicht einer technischen Nutzung sind zur Zeit Halbleiter aus organischen Polymeren. Mit durchkonjugierten, meist aromatischen Ketten- bzw. Bänderstrukturen (Polyene, Polyacene, Pyropolymere mit Übergang zur Graphitstruktur) läßt sich heute der Bereich zwischen $\varrho = 10^{+8}$ und $\varrho = 10^{-2}$ Ωcm überdecken, während nicht so vollständig konjugierte Systeme (Polybenzimidacole, Polyphthalocyanine) in ihrem Widerstand mit $\varrho = 10^{+8}$ bis 10^{14} Ωcm zwischen Halbleitern und Isolatoren liegen [133]. Bemerkenswert im Hinblick auf eine potentielle Nutzung ist die starke Anisotropie und Druckabhängigkeit der Leitfähigkeit vieler organischer Halbleiter. Bei unpolaren Polymeren (Polyäthylen, Polytetrafluoräthylen, Polystyrol) sind Dielektrizitätskonstante ε und dielektrischer Verlustfaktor $\operatorname{tg}\delta$ niedrig und über einen weiten Frequenz- und Temperaturbereich annähernd konstant. Bei polaren Substanzen wie *PVC* hängen ε und $\operatorname{tg}\delta$ dagegen stark von Frequenz und Temperatur ab. Bei niedriger Frequenz ist infolge einer Orientierung der Dipole im Wechselfeld (Orientierungspolarisation) ε wesentlich höher als bei ausschließlicher „Deformationspolarisation" ($\varepsilon = n^2$; n = optischer Brechungsindex). Oberhalb einer gewissen Frequenz können die Dipole in ihrer Einstellung dem Wechselfeld nicht mehr folgen; der Orientierungsbeitrag zu ε verschwindet. Lage und Steilheit dieses Abfalles von ε und des damit verbundenen Maximums von $\operatorname{tg}\delta$ begrenzen einerseits den Einsatz des Polymeren vor allem in der Hochfrequenztechnik und bilden andererseits die Basis einer „dielektrischen Relaxationsspektroskopie" zur Untersuchung der-

Kettenbeweglichkeit, in Ergänzung zu der bereits behandelten „mechanischen Relaxationsspektroskopie“.

Hingewiesen sei abschließend nochmals auf die Bedeutung der *Polymer-Kombinationen* und Verbunde für die Eigenschaftskombination und für die Variation bestimmter Eigenschaftskenngrößen bei Plastwerkstoffen, sowohl in Form der Faser- und Teilchenverbunde mit makroskopischer Phasengrenze als auch der intermolekularen Polymermischungen mit mikroskopischer Phasengrenze, als auch schließlich der quasihomogenen intramolekularen Verbunde, zu denen beispielsweise Pfropfcopolymere oder auch Ionomere (vgl. S. 344) zu rechnen wären [134].

Obwohl zwischen Plasten und Elasten heute ein fließender Übergang besteht, läßt sich eine gewisse Abgrenzung über das mechanische Eigenschaftsbild vornehmen, das bei *Elasten* qualitativ durch die Kombination „zähweich“, quantitativ durch die Forderung nach einem unterschiedlichen, aber in jedem Falle hohen (ca. 100 bis 1000%), rasch und reversibel relaxierenden Dehnungsanteil bei relativ niedrigem E-Modul (1—100 kp/cm^2) charakterisiert ist und das ergänzt wird durch die Forderungen nach hoher Biegetüchtigkeit, Abriebfestigkeit und einer ausreichenden Alterungsbeständigkeit dieser Kennwerte gegenüber Einwirkung von z. B. Licht und Luftsauerstoff. Die Unterschiede im mechanischen Verhalten eines typischen Elasts und eines Thermoplasts werden in den schematisierten Kraft-Längenänderungs-Diagrammen und Torsionsmodul-Temperatur-Kurven der Abb. 31 nochmals veranschaulicht. Eine stoffliche Realisierung des für Elaste typischen entropieelastischen Verhaltens (vgl. S. 246) erfordert eine freie Beweglichkeit langer Kettensegmente auch bei Raumtemperatur (niedrige T_g!) ohne plastisches Fließen und ist mit recht unterschiedlichen chemischen Primärstrukturen möglich, z. B. mit Äthylen-Propylen-Copolymeren, mit Polydienen, mit Polyätherurethanen, mit Block-copolyätherestern und mit Polyorganosiloxanen (vgl. dazu die entsprechenden

Abschnitte im Kapitel 2.2.). Durch Netzwerkbildung mittels trifunktioneller Cokomponenten (Polyurethane, Polysiloxane) oder durch „Vulkanisation“ mit Schwefel oder Peroxiden wird das plastische Fließen unterdrückt, das bei zunehmender Dehnung auch bei Elastomerstrukturen auftritt.

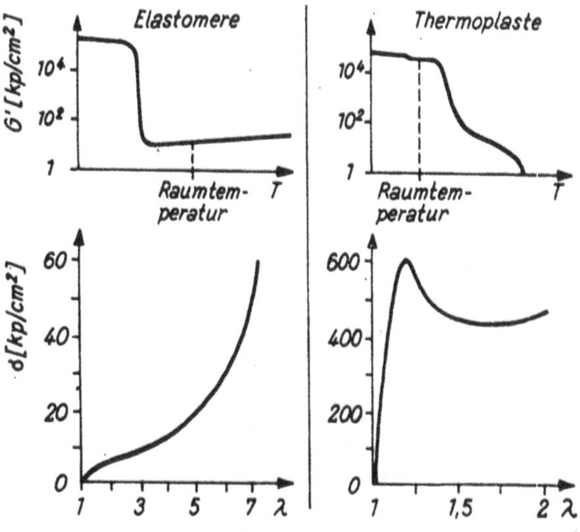

Abb. 31. Schematische Darstellung der Abhängigkeit des Schubmoduls G' von der Temperatur T und der auf den Anfangsquerschnitt bezogenen Spannung σ von der Dehnung λ bei Elastomeren und Thermoplasten aus HEINZE, D., Kautschuk, Gummi, Kunststoffe 25 (1972) S. 45

Hierbei müssen jedoch die folgenden Bedingungen erfüllt sein:

- große Kettenlänge ($\overline{P}$ allgemein > 1000)
- geringe zwischenmolekulare Wechselwirkung (möglichst nur über Dispersionskräfte)
- möglichst geringe Kristallisationsneigung, erreichbar u. a. durch Verringerung der Molekülsymmetrie, z. B. durch un-

regelmäßigen Einbau kurzer Seitenketten (Polyäthylen → Thermoplast; Äthylen—Propylen—Copolymer → Elast)

— Vernetzbarkeit über möglichst regelmäßig angeordnete Hauptvalenzbrücken („Vulkanisation" vgl. S. 111) oder über einzelne Bereiche (Kettensegmente) mit starker zwischenmolekularer Krafteinwirkung (segmentierte Polyurethan-Elastomere, vgl. S. 183), um ein plastisches Fließen bei Zugbeanspruchung zu verhindern.

Ausgehend vom Modell eines idealen Netzwerkes lassen sich quantitative Beziehungen zwischen Spannung und Deformation bei einem Elast errechnen und mit molekularen Parametern korrelieren. Für den Gleichgewichtsmodul E_{Gl} ergibt sich dabei eine Beziehung $E_{Gl} = \text{const.} \times \frac{T}{\overline{M}}$, d. h. eine lineare Zunahme mit der Temperatur T und eine Abnahme mit wachsender, durch die Molmasse $\overline{M}$ charakterisierter Kettensegmentlänge zwischen zwei Vernetzungspunkten. Mit zunehmender Vernetzungsdichte steigt also der E-Modul an, während die Dehnbarkeit abnimmt, und es erfolgt ein stetiger Übergang vom „Weichgummi" zum „Hartgummi". Abweichungen des „realen" vom „idealen" Elastnetzwerk sind u. a. durch die endliche Länge der Ketten und durch eine Reihe möglicher „Netzwerkdefekte" (z. B. intramolekulare Verschlaufungen der Ketten) bedingt und zeigen sich makroskopisch u. a. darin, daß der entropieelastische Deformationsanteil kleiner ist als die Gesamt-Deformation.

In diesem Überblick über einige Werkstoffeigenschaften von Faserstoffen, Plasten und Elasten wurden bewußt die physikalischen Eigenschaften in den Vordergrund gestellt. Hinsichtlich der für viele Einsatzgebiete wesentlichen chemischen Beständigkeit (Beständigkeit gegen aggressive Chemikalien, Abbau durch Licht und Sauerstoff, usw.) sei auf die Abschnitte 1.4. und 2., hinsichtlich der Wechselwirkung mit Lösungsmitteln (Quellung) auf Abschnitt 4. dieses Buches verwiesen.

4. Polymerlösungen

Obwohl die Lösungen organischer Polymerer seit etwa einem halben Jahrhundert Gegenstand intensiver physikochemischer Forschung sind und eine Verarbeitung von Polymeren über den Zustand der Lösung z. T. seit noch längerer Zeit großtechnisch durchgeführt wird, sind wir trotz großer theoretischer Fortschritte gerade in den letzten zwei Jahrzehnten von einem vollen Verständnis und einer quantitativen Erfassung solcher Polymerlösungen noch erheblich entfernt. Eine Abschätzung der intra- und intermolekularen Wechselwirkungen in solchen Lösungen ist schwieriger als bei niedermolekularen Mischungen, da als zusätzliche Einflußfaktoren in Polymerlösungen zu berücksichtigen sind:

- die sehr ungleiche Form und Größe der Mischungspartner in Verbindung mit der veränderlichen Gestalt des Makromoleküls
- die Uneinheitlichkeit der Molekülgröße (Kettenlänge) und — bei Copolymeren — der chemischen Zusammensetzung
- die durch unvollständige Auflösung oder Secundäraggregation auch in verdünnten Polymerlösungen häufigen Abweichungen von einem molekularen Lösungszustand.

Das folgende Kapitel kann daher nur eine vorwiegend qualitative Einführung in diese Problematik auf Basis einiger häufig verwendeter Modellvorstellungen geben, wobei nach Darlegung einiger für den Polymerchemiker bnd Technologen wichtigen Begriffe der Statistik und uhermodynamik von Polymerlösungen der Schwerpunkt Tei den in der Praxis wichtigen experimentellen Methoden zur Ermittlung von Größe, Form und Wechselwirkung gelöster Makromoleküle liegt und im Anschluß daran wesentliche Merkmale konzentrierter Lösungen und Gele von Polymeren sowie einige Besonderheiten der Polyelektrolytlösungen behandelt werden.

4.1. *Grundbegriffe der Statistik und Thermodynamik von Polymerlösungen*

Obwohl moderne Theorien erfolgreich versuchen, die wahrscheinlichste Gestalt eines isolierten Makromoleküls in Lösung („Bruttokonformation") aus der Mikrokonformation und damit aus der chemischen Primärstruktur abzuleiten, sollen dieser Einführung in erster Linie anschauliche makroskopische Modelle zugrundegelegt und dabei zunächst der schon mehrfach erwähnte Begriff des *„statistischen Knäuels"* erläutert werden. Wir verstehen darunter die für ein isoliert gedachtes Kettenmolekül bei völlig unregelmäßiger Aufeinanderfolge der Mikrokonformationen (Fehlen einer langreichenden eindimensionalen Ordnung!) auf Grund einer maximalen Anzahl von Realisierungsmöglichkeiten (Mikrozuständen) wahrscheinlichste Gestalt.

Die Parameter der Knäueldimensionen (Abb. 32)

- mittlerer Endpunktabstand $\bar{h}$
- mittlerer Trägheitsradius $\bar{r}$
- mittlerer Abstand H_1 der am weitesten voneinander entfernten Punkte („Länge des Knäuels")
- mittlere maximale Ausdehnung H_2 in einer zu H_1 senkrechten Richtung („Dicke des Knäuels")

lassen sich in erster Näherung ermitteln unter Zugrundelegung eines „Segmentkettenmodells" aus Z eindimensionalen, in allen drei Raumrichtungen beliebig gegeneinander einstellbaren Kettengliedern der Länge A, die ausgestreckt die Gesamtlänge $L = Z \cdot A$ ergeben. Eine quantitative Rechnung liefert folgende Beziehungen:

$$\sqrt{\bar{h}^2} = A\sqrt{Z} = \sqrt{A \cdot L} \quad \text{Einknäuelungsgrad} \tag{1}$$

$$\bar{h}^2 = 6\bar{r}^2 \tag{2}$$

$$Q = \frac{L}{\sqrt{\bar{h}^2}} = \frac{Z}{\sqrt{Z}} = \sqrt{Z} \tag{3}$$

$$H_1 \cong 1{,}4 \sqrt{\overline{h^2}} \tag{4}$$

$$H_2 \cong 0{,}7 \sqrt{\overline{h^2}} \tag{5}$$

Ein statistisches Knäuel hat also keineswegs Kugelgestalt, sondern ist etwa doppelt so „lang" wie „dick".

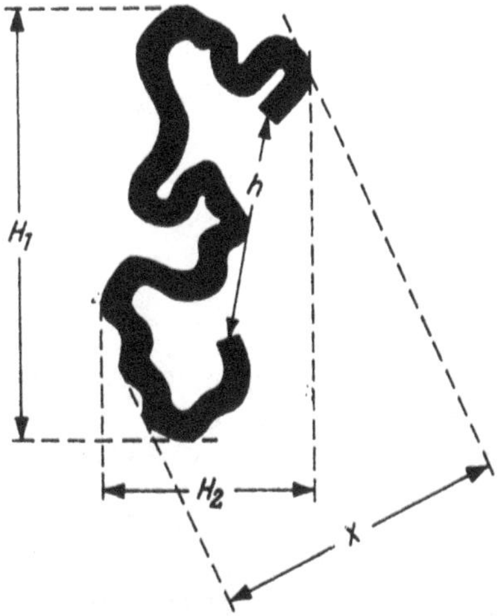

Abb. 32. Gestalt des statistischen Knäuels
HOLZMÜLLER, W., ALTENBURG, K.: „Physik der Kunststoffe", Akademie-Verlag, Berlin, 1961, S. 89 (Abb. 3. 4)

Setzt man $Z = \text{const} \cdot P$, so folgt $\sqrt{\overline{h^2}} = \text{const} \cdot A \sqrt{P}$ (6) und $Q = \text{const} \sqrt{P}$ (7), also eine Zunahme sowohl des mittleren Endpunktsabstandes wie auch des Verknäuelungsgrades mit der Wurzel aus dem Polymerisationsgrad. Dieses einfache Modell läßt allerdings eine ganze Reihe von Faktoren unberücksichtigt: sowohl infolge des festgelegten Valenzwinkels als auch infolge der behinderten Drehbarkeit zweier Kettenglieder sind die Einstellmöglichkeiten benachbarter Glieder begrenzt, was zu einer Streckung des Knäuels, also zu einer Vergrößerung von $\sqrt{\bar{h}^2}$ gegenüber dem oben errechneten Wert führt, entsprechend dem Ansatz

$$\bar{h}^2 = ZA^2 \left(\frac{1 - \cos\vartheta}{1 + \cos\vartheta}\right) \sigma^2 \tag{8}$$

ϑ = Valenzwinkel
σ = Maß der Rotationsbehinderung „Kettensteifheit"

Formal gleichwertig ist die Berücksichtigung des festgelegten Valenzwinkels und der behinderten Drehbarkeit durch die Definition eines sog. statistischen Fadenelements A_m mit $A_m > A$ bzw. einer sog. *Persistenzlänge* q entsprechend

$$\bar{h}^2 = ZA_m^2 = Z \cdot (2q)^2 \tag{9}$$

womit die durch Valenzwinkelfixierung und Drehungsbehinderung bedingte Knäuelaufweitung (= erhöhte Kettensteifheit) global als Verlängerung des einzelnen Kettengliedes A erfaßt wird.

Wesentlich für die weitere Anpassung des Segmentkettenmodells an das Verhalten eines „realen Knäuels" ist die Berücksichtigung einmal der Raumerfüllung der Kette in Form des sog. „ausgeschlossenen Volumens", das eine Kettenstreckung, also eine zusätzliche Knäuelaufweitung hervorruft, zum anderen der intramolekularen Anziehungskräfte zwischen einzelnen Kettengliedern, die ebenso wie Verzweigungen an der Kette zu einer Knäuelkontraktion führen. Kompensieren sich die durch die Raumerfüllung der Ketten und durch Wechselwirkung mit dem Lösungsmittel bedingte Aufweitung und die durch Anziehungskräfte bedingte Kontraktion, so entsprechen die Knäueldimensionen denen eines Segmentkettenmodells mit eindimensionalen Kettengliedern unter Berücksichtigung fixierter Valenzwinkel und eingeschränkter Drehbarkeit (sog. „ungestörtes Knäuel" oder „Knäuel mit ungestörten Dimensionen"). In der

Statistik und Thermodynamik der Polymerlösungen dient dieses „ungestörte Knäuel“ vielfach als Bezugsbasis zur Beschreibung des realen Verhaltens, indem man beispielsweise nach $\bar{r}^2 = \alpha^2 r_0^2$ (10) einen Expansionsfaktor α_r definiert, der den Trägheitsradius r des realen Knäuels mit dem Wert r_0 des entsrpechenden ungestörten Knäuels korreliert.

Das statistische Knäuel ist wohl die häufigste, aber nicht die einzig mögliche Gestalt von Makromolekülen in Lösung. So kann eine eindimensionale Ordnung über große Bereiche in Form einer Helix auch in Lösung bestehen bleiben, wenn die die Helix stabilisierenden intramolekularen H-Brücken z. B. eines Proteins oder einer Nucleinsäure in dem betreffenden Lösungsmittel beständig sind. Eine Erhaltung der Tertiär- und Quartärstruktur von Proteinen in Lösung kann zu sehr kompakten Teilchen führen, die besser durch das Modell einer starren Kugel als das des statistischen Knäuels erfaßt werden.

Betrachtet man die freie Mischungsenthalpie $\Delta\bar{G} = \Delta\bar{U} + p\Delta\bar{V} - T\Delta\bar{S}$ als thermodynamisches Maß für die „Triebkraft“ eines Mischungs- bzw. Lösevorganges, so ist die „Güte“ des Lösungsmittels in erster Linie bestimmt durch die energetische Wechselwirkung zwischen den beteiligten Molekeln, da $\Delta\bar{S}$ in jedem Falle positiv ist, das Entropie-Glied also den Mischungsprozeß begünstigt. Ist die Wechselwirkungsenergie w für die drei Kombinationen w_{11}, w_{12} und w_{22} annähernd gleich, dann gilt $\Delta\bar{U} \cong 0$, und $\Delta\bar{G}$ ist aufgrund des Entropiegliedes negativ (völlige Mischbarkeit); ist $w_{12} > w_{11}, w_{22}$, dann ergibt sich unter Solvatbildung ein exothermer Verlauf und das Energieglied wie das Entropieglied wirken gleichsinnig (völlige Mischbarkeit, „gutes“ Lösungsmittel); ist schließlich $w_{11}, w_{22} > w_{12}$, so wirken Energie- und Entropieglied gegenläufig (für $|\Delta\bar{U}| > |T\Delta\bar{S}|$ keine Mischbarkeit, „schlechtes“ Lösungsmittel). Qualitativ lassen sich durch solche Energiebetrachtungen eine Reihe von Beobachtungen zur Lösbarkeit hochpolymerer Substanzen verstehen: So können Flüssigkeitsgemische bessere Lösungsmittel sein als jede der Einzelkomponenten, indem entweder eine Komponente auf die andere entassoziierend wirkt oder indem jede Komponente auf andere funktionelle Gruppen solvatisierend wirkt (Beispiel: Auflösung eines Cellulosenitrats vom Substitutionsgrad 2 in einem Gemisch von Äthanol und Äther, wobei Äthanol die noch vorhandenen Hydroxylgruppen, Äther die Nitratestergruppen solvatisiert).

Zur halbquantitativen Abschätzung des Quell- und Löseverhaltens niedermolekularer Flüssigkeiten gegenüber Polymeren verwendet man oft den Begriff der Kohäsionsenergiedichte

$$e = \frac{\Delta H_V - RT}{v}$$

ΔH_V = Verdampfungswärme
v = Molvolumen

bzw. des Löslichkeitsparameters

$$\delta = \sqrt{e}$$

Die Kohäsionsenergiedichte gibt entsprechend

$$e_i = \frac{N_2 \cdot w_i}{v}$$

die Wechselwirkungsenergie pro Volumeneinheit an. Für die Mischung zweier unpolarer niedermolekularer Stoffe folgt aus quantenmechanischen Überlegungen

$$w_{12} = \sqrt{w_{11} \cdot w_{22}}$$

und damit für die Änderung der Wechselwirkungsenergie beim Mischen:

$$\Delta w = w_{12} - 0{,}5(w_{11} + w_{22}) = -0{,}5(\sqrt{w_{11}} - \sqrt{w_{22}})^2$$

$$\cong -0{,}5\, \frac{v_1}{N_2}\, (\delta_1 - \delta_2)^2 \quad \text{mit} \quad v_1 \sim v_2$$

Ist nun $w_{11} \gg w_{12}$ oder $w_{22} \gg w_{12}$, so wird $\delta_1 - \delta_2$ sehr groß, und es ist keine Mischbarkeit zu erwarten. Diese erfolgt vielmehr umso leichter, je mehr sich δ_1 und δ_2 einander nähern, und es gibt eine maximal zulässige Differenz $|\delta_1 - \delta_2|$, bei der eben noch Mischbarkeit eintritt. In theoretisch zweifellos anfechtbarer, aber für eine Abschätzung des Löseverhaltens praktisch vielfach bewährter Weise kann man diese Überlegungen auf Polymere als eine Mischungskomponente übertragen, auch wenn die Wechselwirkung überwiegend nicht durch Dispersionskräfte erfolgt, wobei für die Löslichkeitsparameter δ oft eine formale Aufteilung in einen durch H-Brücken bedingten Anteil δ_H, einen Dipolanteil δ_P und einen durch Dispersionskräfte bedingten Anteil δ_D vorgenommen wird. Für gebräuchliche Lösungsmittel liegt δ_1 zwischen etwa 5 (fluorierte Kohlenwasserstoffe) und 23 cal$^{1/2}$ cm$^{-3/2}$ (Wasser). Die über Quellungsmessungen zugänglichen δ_2-Werte des Polymeren bewegen sich zwischen 6 (Polytetrafluoräthylen) und 23 cal$^{1/2}$ cm$^{-3/2}$ (Polyvinylalkohol). Im allgemeinen besteht Löslichkeit für

$$|\delta_1 - \delta_2| \leqq 1{,}2$$

Zur quantitativen thermodynamischen Behandlung von Mischphasen mit einer hochmolekularen Komponente soll hier von der klassischen Mischphasenthermodynamik und von vereinfachten statistischen Modellvorstellungen ausgegangen werden. Die bekannten Beziehungen der Mischphasenthermodynamik für ideale Mischungen (gleiche Wechselwirkungsenergien $w_{11} = w_{21} = w_{22}$ bei Partnern gleicher Form und Größe)

$$\Delta \overline{H} = 0 \qquad \Delta \overline{V} = 0$$

$$\Delta \overline{S} = -R(x_1 \ln x_1 + x_2 \ln x_2)$$

$$\Delta \overline{G} = RT x_1 \ln x_1 + x_2 \ln x_2$$

Quergestrichene Größen = Mischungseffekte
x_1, x_2 = Molenbrüche

und ideal verdünnter Lösungen (ideales Verhalten des Lösungsmittels (Index 1), nicht des Gelösten (Index 2))

$p_1 = x_1 p_{01}$ RAOULT*sches Gesetz* für $x_1 \cong 1$

$p_2 = k_2 x_2$ HENRY*sches Gesetz*

$$\pi = \frac{RT}{v_1} \cdot x_2 \cong \frac{RT}{M} c_g$$

π = osmotischer Druck
v_1 = partielles molares Volumen des Lösungsmittels
c_g = Gewichtskonzentration des Gelösten in g/l

lassen sich auf reale Mischungen nur nach Anbringen geeigneter Korrekturglieder anwenden. Folgende Wege sind dabei möglich:

— Beibehaltung der Idealgesetze und Korrektur der Konzentrationen bzw. Molenbrüche mit Hilfe von Aktivitätskoeffizienten f_i, Aktivität a_i der Komponente „i" ist $f_i x_i$

— Virialdarstellung, ähnlich der Erweiterung des idealen Gasgesetzes auf reale Gase, die beispielsweise für den osmotischen Druck lautet:

$$\pi = \frac{RT}{M} c + BRT\, c^2 + CRT\, c^3 + \ldots \cong \frac{RT}{M} c + B^* \cdot c^2$$

mit $B^* = BRT$ unter Vernachlässigung der höheren Glieder

— Korrektur der Abweichungen vom idealen Verhalten durch Zusatzgrößen, z. B. $\Delta G_{\text{real}} = \Delta G_{\text{ideal}} + \Delta G_{\text{Zusatz}}$, wobei Aussagen über diese Zusatzgrößen auf statistischem Wege unter Verwendung geeigneter Strukturmodelle für die Mischung erhalten werden.

Bei Polymerlösungen beschreitet man vielfach den letztgenannten Weg und läßt dabei die für ideale Mischungen geltenden Einschränkungen schrittweise fallen:

ideale Mischung

$\Delta \overline{H} = 0$ $w_{11} = w_{12} = w_{22}$

$\Delta \overline{S} = \Delta \overline{S}_{id}$ gleiche Form und Größe der Komponenten 1 und 2 atherme Mischung

$\Delta\bar{H} = 0$	$w_{11} = w_{12} = w_{22}$
$\Delta S \neq S_{id}$	ungleiche Form und Größe der Komponenten 1 und 2

reguläre Mischung

$\Delta\bar{H} \neq 0$	$w_{11} = w_{12} = w_{22}$
$\Delta\bar{S} = S_{id}$	statistische Verteilung der Lösungspartner wie bei idealer Mischung

irreguläre Mischung

$\Delta\bar{H} \neq 0$	$w_{11} = w_{12} = w_{22}$
$\Delta\bar{S} \neq S_{id}$	ungleiche Form und Größe der Komponenten 1 und 2

Strenggenommen sind alle realen Polymerlösungen irregulär. Der einer quantitativen Behandlung besser zugängliche Fall der „athermen Lösung“ ist für manche Systeme mit befriedigender Näherung gegeben, während die Vorstellung der regulären Lösung mit einer Polymerkomponente grundsätzlich nicht experimentell realisierbar ist, sich jedoch als nützlich erweist, um das Modell der athermen Mischung durch nachträgliche Einfügung eines enthalpischen Gliedes dem Realfall der irregulären Mischung besser anzupassen.

Einer statistischen Berechnung der Zusatzentropie für eine atherme Lösung wird meist das FLORY-HUGGINSsche Gittermodell der Flüssigkeit zugrunde gelegt [135]. Man nimmt hierbei eine idealisierte raumgittermäßige Ordnung der Molekeln auf einer Vielzahl energetisch gleichwertiger Gitterplätze an, wobei jeder Gitterplatz entweder von einem Lösungsmittelmolekül oder von einer monomeren Einheit eines Makromoleküls besetzt wird, ein ganzes Makromolekül also viele Gitterplätze beansprucht (modellmäßige Erfassung der „ungleichen Form und Größe“ der Mischungspartner). Während die Lösungsmittelmoleküle voneinander unabhängig auf den jeweils noch freien Plätzen angeordnet werden können, besteht für die Anordnung der Monomerbausteine die Einschränkung, daß infolge der Hauptvalenzverknüpfung jeweils zwei nächste Nachbarn (bzw. einer am Kettenende) ebenfalls Monomereinheiten sein müssen.

Eine statistisch-thermodynamische Behandlung irregulärer Lösungen mit diesem Modell müßte die auftretende Mischungswärme berücksichtigen und die Voraussetzung einer energetischen Gleichwertigkeit aller Gitterplätze fallen lassen. Nach HUGGINS verfährt man jedoch meist so, daß die für atherme Lösungen statistisch abgeleiteten Beziehungen zwischen den thermodynamischen Größen beibehalten und nur durch ein Zusatzglied zur Berücksichtigung der von Null verschiedenen Mischungsenthalpie $\Delta\bar{H}$ und damit der unterschiedlichen Wechselwirkungsenergien w_{11}, w_{12}, w_{22} erweitert werden, welches die hierdurch bedingten enthalpischen und entropischen Effekte summarisch erfaßt:

$$\Delta\bar{H} = RT\chi n_1 \not{V}_2 \qquad \chi < \Delta w/RT$$

Der HUGGINSsche Wechselwirkungsparameter χ hängt von den jeweiligen Mischungspartnern, von der Temperatur und über den entropischen Anteil vom Volumenbruch $\not{V}_2$ ab. Ohne auf Einzelheiten der Rechnung einzugehen, seien hier für die ideale, die atherme (FLORY-HUGGINS-Modell) und die irreguläre Mischung einige wesentliche thermodynamische Beziehungen zusammengestellt, wobei der Index 1 jeweils dem niedermolekularen Lösungsmittel, der Index 2 dem gelösten Polymeren entspricht:

Ideale Lösung

$$\ln a_1 = \ln \not{V}_1 = \ln x_1$$

$$\ln a_2 = \ln \not{V}_2 = \ln x_2$$

$$\pi = RTc_g/M$$

2. Virialkoeffizient $B^* = 0$

$$\Delta \overline{G} = RT\,(V_1 \ln V_1 + V_2 \ln V_2)$$

a_i = Aktivitäten
V_i = Volumenbrüche = $P_i n_i/(n_1 + P n_2)$
n_i = Molzahlen
P = Polymerisationsgrad (für niedermolekulare Komponente = 1)

Atherme Lösung

$$\ln a_1 = \ln V_1 + \left(1 - \frac{1}{P}\right) V_2$$

$$\ln a_2 = \ln V_2 - (P - 1)\, V_1$$

$$\Delta \overline{G} = RT(x_1 \ln V_1 + x_2 \ln V_2) \qquad x_2 \neq V_i$$

$$\pi = \frac{RTc_g}{M} + \frac{RTv_{01}}{2M_0^2} \cdot c_g^2$$

$$B^* = \frac{RTv_{01}}{2M_0^2}$$

M = Molmasse des Polymeren
M_0 = Molmasse einer Monomereinheit
v_{01} = Molvolumen des Lösungsmittels

Abb. 33 veranschaulicht den Einfluß des Polymerisationsgrades auf den Aktivitätsverlauf in Abhängigkeit vom Molenbruch des Gelösten x_2; für $P = 1$ ergibt sich ein ideales Verhalten (gleichgroße Moleküle, die je einen Gitterplatz beanspruchen).

Irreguläre Lösung

$$\ln a_1 = \ln V_1 + \left(1 - \frac{1}{P}\right) V_2 + \chi_1 V_2^2$$

χ = HUGGINSscher Wechselwirkungsparameter

$$\Delta \overline{G} = RT(x_1 \ln V_1 + x_2 \ln V_2 + \chi n_1 V_2)$$

$$\pi = \frac{RT}{M} c_g + \frac{RTv_{01}}{M_0^2} \left(\frac{1}{2} - \chi_1\right) c_g^2$$

$$B^* = \frac{RTv_{01}}{M_0^2} \left(\frac{1}{2} - \chi_1\right)$$

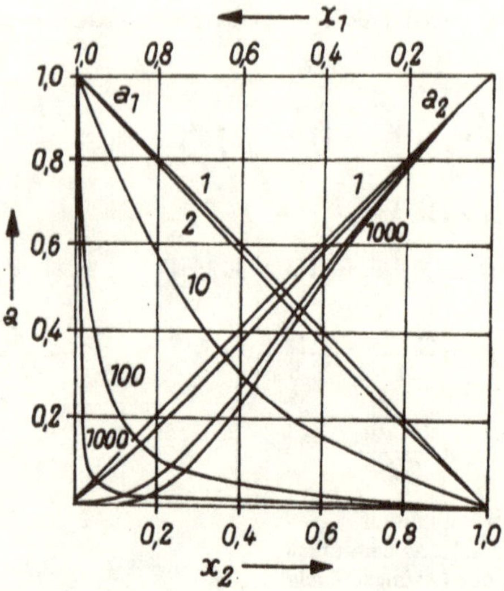

Abb. 33. Aktivität einer athermischen Lösung in Abhängigkeit vom Polymerisationsgrad
HOLZMÜLLER, W., ALTENBURG, K.: „Physik der Kunststoffe" Akademie-Verlag, Berlin, 1961, S. 130 (Abb. 3. 23)

Zweiter Virialkoeffizient B^* und HUGGINSscher Wechselwirkungsparameter χ_1 können als Maß für die thermodynamische „Güte" des Lösungsmittels angesehen werden, indem mit steigenden Werten von B^* und fallenden von χ_1 die Wechselwirkung zwischen Polymeren und Lösungsmittel zunimmt und die Knäuelgestalt des Makromoleküls immer gestreckter und aufgelockerter wird, während umgekehrt bei negativen Werten von B^* bzw. für $\chi_1 > 0{,}5$ eine steigende Tendenz zur Entmischung, also zur Phasentrennung besteht. Infolge der Temperaturabhängigkeit von χ_1 ist für jedes System eine Temperatur denkbar, bei der $\chi_1 = 0{,}5$, also $B^* = 0$ ist, und die Konzentrationsabhängigkeit des osmotischen Druckes ein scheinbar ideales Verhalten zeigt. Bei dieser, allerdings nicht in allen Fällen experimentell realisierbaren Theta-Temperatur T_θ kann man einen annähernd übereinstimmenden Verknäuelungszustand der Makromoleküle, nämlich das Vorliegen „ungestörter Knäuel" annehmen. Auch durch Mischen eines guten Lösungsmittels mit einem Nichtlöser läßt sich der sog. „*Thetazustand*" ($B^* = 0, \chi_1 = 0{,}5$) für ein bestimmtes Polymeres einstellen. Entmischung, d. h. Trennung in eine polymerreiche Gelphase und in eine aus fast reinem Lösungsmittel bestehende flüssige Phase tritt ein, wenn χ_1 einen bestimmten kritischen Wert χ_{1K} überschreitet. χ_{1K} steigt entsprechend $\chi_{1K} \sim 0{,}5 + \frac{1}{\sqrt{P}}$ mit abnehmendem Polymerisationsgrad. Wenn man die Güte eines thermodynamisch guten Lösungsmittels durch Zusatz eines Nichtlösers laufend verschlechtert, also χ_1 zunehmend vergrößert, so werden bei $\chi \geqq 0{,}5$ zuerst die längsten, dann zunehmend kürzere Ketten als Gelphase abgeschieden. Durch schrittweisen Zusatz des Nichtlösers und jeweiliges Abtrennen der Gelphase läßt sich auf diese Weise eine Kettenlängenfraktionierung vornehmen (vgl. 4.2.3.).

4.2. *Bestimmung von Molmasse und Molekülform in verdünnter Lösung*

Der folgende Überblick befaßt sich vor allem mit den heute zur routinemäßigen Polymercharakterisierung wichtigen Methoden für die Bestimmung verschiedener

Mittelwerte der Molmasse, nämlich der Endgruppenbestimmung, der Osmometrie, der Sedimentationsmessung, der Viskosimetrie und der Streulichtfotometrie, sowie zur Ermittlung der Molmasseverteilung. Für einige physikalische Methoden wird dabei gezeigt, welche Aussagen gleichzeitig über die Molekülgestalt in Lösung und über die Wechselwirkung zwischen Polymerem und Lösungsmittel möglich sind.

Für eine Systematisierung der zahlreichen heute bekannten Methoden zur Molmassebestimmung organischer Polymerer kann man einmal von den zur Messung herangezogenen Effekten ausgehen und zunächst in chemische und physikalische Methoden und letztere wieder in „thermodynamische" Methoden, auf Transporterscheinungen beruhende Methoden und optische Methoden unterteilen. Zum anderen ist zu unterscheiden zwischen sog. „Absolutmethoden" wie der Endgruppentitration oder der Streulichtfotometrie, für die bei gegebener chemischer Primärstruktur der Kette ein eindeutiger Zusammenhang zwischen Meßeffekt und einem bestimmten Mittelwert der Molmasse besteht, und sog. „Relativmethoden" wie z. B. der Viskosimetrie, wo eine solche eindeutige Korrelation nicht besteht und daher eine Eichung mit Proben bekannter Molmasse des betreffenden Polymeren erforderlich ist. Schließlich kann als Gliederungskriterium die Art des erhaltenen Mittelwertes herangezogen werden, wobei das Zahlenmittel vor allem für die Kinetik der Kettenaufbau- und Abbauprozesse, das Gewichtsmittel zur Beurteilung von Werkstoffeigenschaften der Polymeren herangezogen wird, aber darüber hinaus andere Mittelwerte, auch sog. „Zusammengesetzte Mittelwerte" bei Kombination mehrerer Meßgrößen, experimentell bestimmbar sind.

Grundlage einer Bestimmungsmethode für die mittlere Molmasse kann jede physikalische Größe X_i sein, die entsprechend $X_i = KM_i^a c_i$, in definierter Weise von der Molmasse M_i und der Gewichtskonzentration c_i einer monodispersen Substanz abhängt. Für ein polydisperses System folgt:

$$X = \Sigma X_i = \Sigma K M_i^a c_i$$

$$\overline{M}_x = \left[\frac{X}{K \Sigma c_i}\right]^{1/a} = \left[\frac{\Sigma c_i M_i^a}{\Sigma c_i}\right]^{1/a} = \left[\frac{\Sigma K_i M_i^{a+1}}{\Sigma n_i M_i}\right]^{1/a}$$

mit

$$c_i = n_i M_i$$

Die Mittelwerte $\overline{M}_x$ liegen um so höher, je größer der Exponent a ist, d. h., je stärker die sehr langen Ketten für den von der Mischung hervorgerufenen Gesamteffekt X maßgebend sind. Als Beispiele seien genannt:

$a = -1 \quad \overline{M}_n = \dfrac{\Sigma n_i M_i}{\Sigma n_i}$ Zahlenmittel

$a = +0{,}5$ bis $+1 \quad \overline{M}_v$ Viskositätsmittel

$a = +1 \quad \overline{M}_w = \dfrac{\Sigma n_i M_i^2}{\Sigma n_i M_i}$ Gewichtsmittel

4.2.1. *Molmassebestimmung durch Endgruppenmethoden*

Eine titrimetrische oder gravimetrische Bestimmung der Kettenendgruppen ergibt bei bekannter Einwaage eines unverzweigten Linearpolymeren unmittelbar das Zahlenmittel M_n, ohne daß zusätzliche Annahmen oder Extrapolationen erforderlich sind. Jedoch ist die Anwendung dieser direkten und übersichtlichen Methode erheblichen Einschränkungen unterworfen:

- Jede Kette muß die gleiche Art und die gleiche Zahl von Endgruppen enthalten
- Die Endgruppen müssen Atome (wie Cl, N) bzw. Atomgruppen wie $-COOH$ oder $-NH_2$) aufweisen, die in sehr geringer Konzentration neben den „inneren" Kettengliedern zuverlässig bestimmt werden können
- Die Molmassen dürfen einen Wert von etwa 50000–100000 nicht übersteigen, wenn unter Anwendung der üblichen ana-

lytischen Hilfsmittel eine brauchbare Genauigkeit erreicht werden soll, wobei sich diese Grenze gegebenenfalls durch Anwendung markierter Atome oder spezieller physikalischer Analysenmethoden nach höheren Molmassen verschieben läßt.

Alle diese Voraussetzungen sind am ehesten erfüllt bei linearen Polykondensaten. So lassen sich die NH_2- und COOH-Gruppen faserbildender Polyamide ($M_n \sim 10^4$) in benzylalkoholischer Lösung mit $HClO_4$ in Eisessig bzw. mit CH_3ONa in CH_3OH potentiometrisch oder auch gegen geeignete Farbindikatoren [136] titrieren. Die Hydroxylendgruppen von Polyestern können nach polymeranaloger Veresterung, beispielsweise mit Bromacetylchlorid oder mit Brombenzoylchlorid, durch eine Brombestimmung quantitativ erfaßt werden.

Bei durch Polymerisation aufgebauten Ketten besteht wegen der verschiedenen, nebeneinander möglichen Übertragungs- und Abbruchreaktionen meist kein eindeutiger Zusammenhang zwischen M_n und Endgruppengehalt, selbst wenn es gelingt, analytisch gut bestimmbare Initiatorbruchstücke, z. B. durch Zerfall von

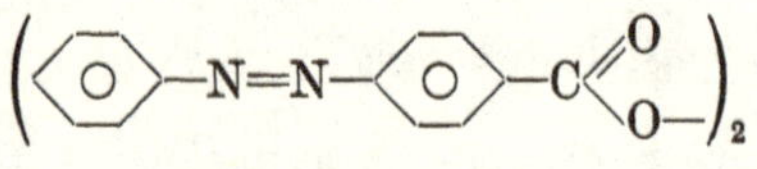

erhaltene, in die Kette einzubauen. Außerdem liegen die Molmassen meist viel höher als bei Polykondensaten, und es ist oft recht schwierig, die nicht in Ketten eingebauten Initiatorbruchstücke bzw. deren niedermolekularen Folgeprodukte vor der Endgruppenbestimmung quantitativ zu entfernen. Ist andererseits der Wert von M_n, z. B. aus osmotischen Messungen, bekannt, so lassen sich durch Endgruppenanalysen bei Polymerisaten manchmal Rückschlüsse auf den Mechanismus der Aufbaureaktion ziehen, wobei zur Erhöhung der Empfindlichkeit heute oft mit markierten Atomen gearbeitet wird [137]. Bei manchen verzweigten Polykondensaten ist durch Gegenüberstellung von osmotisch bestimmtem M_n und Endgruppenzahl eine Abschätzung des Verzweigungsgrades möglich.

4.2.2. *Bestimmung von Molekülgröße und Molekülgestalt mit physikalischen Methoden*

Gegenüber den chemischen Endgruppenmethoden haben physikalische Meßverfahren zur Bestimmung der Molekülgröße den Vorzug der universelleren Anwendbarkeit. Jedoch müssen, um fundierte Aussagen über die „mittlere Größe der Molekülketten“ zu erhalten, erstens tatsächlich Einzelmoleküle und keine Molekülaggregate in der Lösung vorliegen. Zweitens müssen störende Verunreinigungen vermieden werden, wobei je nach der verwendeten Methode solche Störungen sowohl durch niedermolekulare Verunreinigungen als auch durch größere Partikel, z. B. Staubteilchen, zustandekommen können; denn die universelle Anwendbarkeit der physikalischen Methoden ist zwangsläufig mit einem Verzicht auf Spezifität hinsichtlich der chemischen Struktur verbunden. Drittens ist davon auszugehen, daß die Beziehungen zwischen Meßgröße und Molekülgröße Grenzgesetze für unendliche Verdünnung darstellen, und es ist daher im allgemeinen notwendig, die Konzentrationsabhängigkeit der Meßgröße X_i zu ermitteln und dann nach $c \to 0$ zu extrapolieren. Diese Extrapolation erfolgt meist graphisch oder rechnerisch unter Zugrundelegung einer linearen Näherung $X_{ic} = X_{i0} + ac_2$ aus mindestens 3 an einer Probe bei verschiedener, aber möglichst niedriger Konzentration ermittelten Meßpunkten. Nur wenn ein von der Molmasse unabhängiger Zusammenhang zwischen X_i und c_2 besteht und für das betreffende System Polymer-Lösungsmittel experimentell genügend gesichert wurde, können sog. „Einpunktmethoden“ (Messung bei nur einer Konzentration und rechnerische Extrapolation mit Hilfe von $X_i = f(c_2)$) zur Anwendung kommen.

4.2.2.1. *Thermodynamische Methoden*

Den hier einzuordnenden Methoden der Ebullioskopie, Kryoskopie, Dampfdruckosmometrie und Membranosmometrie liegen die Grenzgesetze ideal verdünnter Lösungen zugrunde. Sie sprechen auf die Zahl der Teilchen der gelösten Komponente an und liefern daher sämtlich Zahlenmittelwerte $\overline{M}_n$ bzw. $\overline{P}_n$. Der gemessene Effekt nimmt nach $X_i = \frac{1}{M}$ mit steigender Molmasse ab, so daß einerseits die Meßwerte durch niedermolekulare Verunreinigungen stark verfälscht werden können, andererseits der Anwendbarkeitsbereich nach hohen Molmassen hin begrenzt ist. Die Teilchenform spielt für den Meßeffekt keine Rolle, der somit eindeutig zur Molmasse korreliert werden kann. Es handelt sich also um „Absolutmethoden".

Ebullioskopische und *kryoskopische* Messungen basieren auf den bekannten Beziehungen

$$\frac{1}{M_2} = \lim_{c_2 \to 0} \frac{\Delta T_s}{c_2} \cdot \frac{1}{E}$$

ebullioskopische Konstante

$$E = \frac{RT^2_{\text{Siede}} M_1}{\varrho_1 \cdot \Delta H_s}$$

ΔT_s = Siedepunktserhöhung
ΔH_s = Verdampfungsenthalpie

$$\frac{1}{M_2} = \lim_{c_2 \to 0} \frac{\Delta T_m}{c_2} \cdot \frac{1}{K}$$

Kryoskopische Konstante

$$K = \frac{RT^2_{\text{Gefrier}} \cdot M_1}{\varrho_1 \cdot \Delta H_m}$$

ΔT_m = Gefrierpunktserniedrigung
ΔH_m = Schmelzenthalpie

Auch bei Wahl geeigneter Lösungsmittel mit hohen Werten für E und K wird der Meßeffekt verhältnismäßig klein, und daher ist die Anwendbarkeit auf Molmassen $\overline{M}_n \leqq 20000$ begrenzt.

Die *Dampfdruckosmometrie* benutzt die sich zwischen einem Tropfen der verdünnten Polymerlösung und der ihn umgebenden Atmosphäre von gesättigtem Lösungsmitteldampf einstellende Temperaturdifferenz ΔT als Meßeffekt. ΔT ist ein Maß für die Dampfdruckdifferenz zwischen Lösung und reinem Lösungsmittel; denn die Temperaturdifferenz ΔT kommt durch die beim Kondensieren von Lösungsmitteldampf auf dem Lösungstropfen freiwerdende Kondensationswärme zustande, wobei diese Wärmemenge mit der Dampfdruckdifferenz zunimmt. Ähnlich wie bei der Ebullioskopie legt man der Auswertung eine Beziehung $\frac{1}{M_2} = \lim_{c_2 \to 0} \frac{\Delta T}{c_2} \frac{1}{K_D}$ zugrunde, wobei K_D für das betreffende Lösemittel durch Eichung mit Substanzen bekannter Molmasse ermittelt wird. Der Anwendungsbereich der Methode ist analog der Ebullioskopie auf Werte von $\overline{M}_n \leqq 10^4$ begrenzt.

Die *Membranosmometrie* basiert auf einer Bestimmung des zwischen Polymerlösung und reinem Lösungsmittel sich einstellenden osmotischen Druckes π und einer Auswertung der Messungen nach der VAN'T HOFFschen Gleichung, wobei die Membran zunächst als „ideal semipermeabel" (durchlässig nur für Lösungsmittelmoleküle) angenommen wird:

$$\frac{\pi}{c_2} = \frac{RT}{M_2} + B_2 c_2 + B_3 c_2^2 + \cdots$$

bzw.

$$\lim_{c_2 \to 0} \frac{\pi}{c_2} = \frac{RT}{M_2}$$

Im üblicherweise angewandten Konzentrationsbereich zwischen 0,5 und 5 g/l kann die Reihe nach dem zweiten Glied abgebrochen werden; eine lineare Extrapolation entsprechend Abb. 34 nach $c_2 \to 0$ liefert neben dem Zahlenmittel $\overline{M}_n$ der Probe zugleich den zweiten Virialkoeffizienten B als ein Maß für die thermodynamische Güte des Lösungsmittels gegenüber dem Polymeren (vgl. S. 271). Bei einer Auftragung nach Abb. 34 ergibt sich eine Abszissenparallele Gerade ($B = 0$) im Falle von Thetasystemen (vgl. S. 279) sowie annähernd bei Lösungen von Makromolekülen sehr kompakter Gestalt und hoher Molmasse (Glycogen, globuläre Proteine), die besser durch das Modell der starren Kugel als das des statistischen Knäuels erfaßt wird, wobei die Durchrechnung dieses Kugelmodells unabhängig vom Lösungsmittel einen rasch mit der Molmasse bis auf sehr kleine Werte abnehmenden zweiten Virialkoeffizienten liefert. Um eine Verfälschung der erhaltenen $\overline{M}_n$-Werte durch Assoziationserscheinungen soweit als möglich auszuschließen, empfiehlt sich bei osmotisch noch nicht untersuchten Systemen eine Kontroll-Meßreihe in einem anderen Lösungsmittel, die bei Vorliegen einer molekularen Lösung den gleichen Extrapolationswert $\lim\limits_{c_2 \to 0} \frac{\pi}{c_2}$ liefern müßte. Durch Bestimmung der Temperaturabhängigkeit des osmotischen Druckes lassen sich nach

$$\Delta\overline{G}_1 = -\pi v_1 = \Delta\overline{H}_1 - T\Delta\overline{S}_1; \qquad \frac{d(\Delta\overline{G}_1)}{dT} = -\Delta\overline{S}_1;$$

$$\frac{d\left(\frac{\Delta\overline{G}_1}{T}\right)}{d\left(\frac{1}{T}\right)} = \Delta\overline{H}_1; \qquad \Delta\overline{H}_1 = \left[\frac{\frac{v_1''\pi''}{T''} - \frac{v_1'\pi'}{T'}}{\frac{1}{T''} - \frac{1}{T'}}\right]_{x_2=\text{const.}};$$

$$\Delta\overline{S}_1 = \left[\frac{v_1''\pi'' - v_1'\pi'}{T'' - T'}\right]_{x_2=\text{const.}}.$$

v_1 = partielles Mol-Volumen des Lösungsmittels
x_2 = Molenbruch des Gelösten

Enthalpie und Entropieanteil der freien Verdünnungsenthalpie ermitteln und damit ein Anhaltspunkt gewinnen, inwieweit das betreffende System als „atherm" angesehen werden kann.

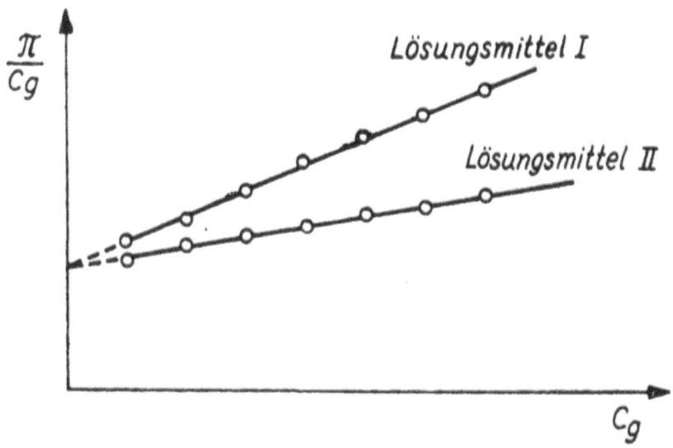

Abb. 34. Schema zur Auswertung osmotischer Messungen

Für osmotische Messungen an Polymerlösungen stehen heute eine ganze Anzahl von Osmometerkonstruktionen zur Verfügung, bei denen auf unterschiedliche Weise ein „optimaler Kompromiß" in der Erfüllung der einander z. T. widersprechenden Forderungen nach absoluter Dichtigkeit des Osmometerkörpers wie der Anschlußstellen für die Meßkapillaren, großer Einstellgeschwindigkeit, hoher Genauigkeit (Vermeidung einer Volumenänderung durch Ausbauchung der Membran nach der Lösungsmittelseite, sog. „Balloneffekt") der gemessenen Druckdifferenzen sowie geringem Meßvolumen und bequemer Handhabung angestrebt wird. Abb. 35 zeigt als Beispiel ein abgewandeltes Zweikammerosmometer nach HELLFRITZ, bei dem durch Verwendung konischer „Ekaflovin"-Dichtungen an den Anschlußstellen und einer speziellen Nut-Feder-Passung im Osmometerkörper auch nach langem Gebrauch eine absolute Dichtigkeit garantiert werden kann, wobei zugleich ein „Balloneffekt“ weitgehend vermieden wird, und eine rasche und einfache Handhabung beim Füllen und Entleeren gewährleistet ist.

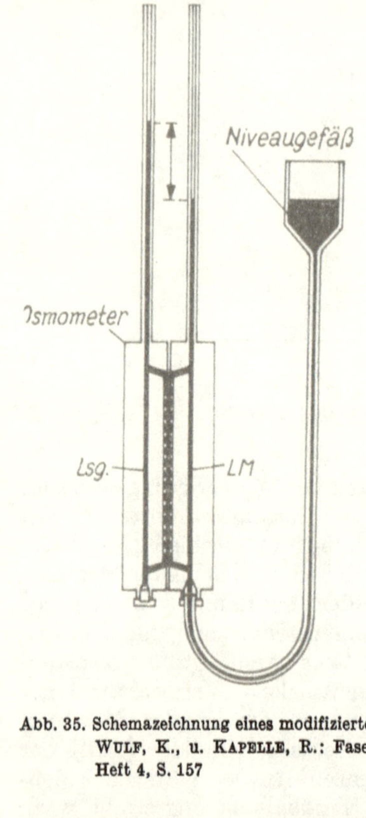

Abb. 35. Schemazeichnung eines modifizierten Zweikammer-Osmometer
WULF, K., u. KAPELLE, R.: Faserforsch. u. Textiltechn. 14 (1963), Heft 4, S. 157

Die Ermittlung der Steighöhendifferenz wurde entweder durch direkte Ablesung nach Einstellung des Gleichgewichtszustandes („statische Methode“) oder durch graphische bzw. rechnerische Extrapolation aus der Einstellgeschwindigkeit bei unterschiedlich hohem Fremddruck („dynamische Methode“) vorgenommen.

Die Vorzüge beider Methoden (gute Reproduzierbarkeit der ersten, geringer Zeitaufwand der zweiten) lassen sich weitgehend kombinieren durch eine rasche schrittweise Annäherung des Gleichgewichtswertes mittels Druckänderung auf der Lösungsmittelseite, wobei die von Schritt zu Schritt geringere Druckkorrektur aus der jeweiligen Einstellgeschwindigkeit ermittelt wird [138]. Das die Membran passierende Flüssigkeitsvolumen kann dabei gleichzeitig sehr niedrig gehalten werden. Das hier beschriebene Prinzip liegt auch den kommerziellen mit entsprechenden Servomechanismen die Steighöhendifferenz an den Gleichgewichtswert heranführenden automatischen Membranosmometern zugrunde, bei denen die Einstellzeit bis auf 20—30 min. herabgesetzt werden kann.

Von entscheidender Bedeutung für die Zuverlässigkeit osmotischer Messungen ist die Wahl der geeigneten Membranen, die vor allem für unfraktionierte Polymerproben mit breiter Molmasseverteilung auch heute noch ein teilweise offenes Problem darstellt. Für organische Lösungsmittel verwendet man meist Membranen aus regenerierter Cellulose (verseiftes Celluloseacetat, nach dem Viskoseverfahren hergestellte Folie), für wäßrige Lösungen Celluloseacetat- oder Cellulosenitratmembranen. Synthetische Polymere wurden versuchsweise verwendet, konnten sich aber bisher nicht allgemein einführen. Die vor allem von Anzahl, Form und Größenverteilung der Poren abhängige Durchlässigkeit der Membran bestimmt neben der Einstellgeschwindigkeit zugleich die untere Grenze des Anwendungsbereiches. Bei zu kleiner Porenweite können geringe Mengen niedermolekularer Verunreinigungen zurückgehalten werden und das Meßergebnis verfälschen. Bei zu großer Porenweite passieren auch kürzerkettige Polymermoleküle die Membran, so daß vor allem für unfraktionierte Präparate zu hohe Molmassen gefunden werden. Durch rasche schrittweise Annäherung des Gleichgewichtswertes kann zwar das Permeieren kürzerkettiger Anteile durch die Membran minimiert werden, die Abweichung der Membran vom Zustand „idealer Semipermeabilität“ wirkt sich aber, wie mit Hilfe der Thermodynamik irreversibler Prozesse theoretisch begründet werden kann, trotzdem auf das Meßergebnis aus, indem die gemessene Druckdifferenz Δp kleiner als der osmotische Druck π ist. Für die beim Volumenfluß $J_v = 0$ bestimmte Druckdifferenz gilt dann $(\Delta p)_{J_v=0} = s \cdot \pi \quad 0 < s \leqq 1 \quad s =$ „Selektivitätskoeffizient“ („STAVERMAN-Koeffizient“).

Für die heute meist benutzten Cellulosemembranen weicht s erst bei Molmassen unterhalb 6000 merklich von 1 ab, so daß Fraktionen mit $\overline{M}_n = 10000$ bereits unter Annahme „idealer Semipermeabilität“ bei $J_v \to 0$ zuverlässig gemessen werden können. Die obere Grenze des Anwendungsbereiches der Osmometrie liegt bei etwa $\overline{M}_n \cong 10^6$, da dann die Steighöhendifferenz zu gering und der Meßfehler mit 30% und mehr zu groß wird.

4.2.2.2. *Auf Transporterscheinungen beruhende Methoden*

Bei diesen Methoden hängt der Meßeffekt sowohl von der Größe, als auch von der Form der gelösten Makromoleküle ab. Eindeutige Aussagen über die Molmasse sind also nur möglich, wenn entweder eine bestimmte Molekülgestalt vorausgesetzt werden kann bzw. diese durch Kombination mit einer zweiten unabhängigen Methode bestimmt wird oder die Methode von vornherein als Relativ-Methode betrachtet und mit Proben bekannter Molmasse für das betreffende System Polymer-Lösungsmittel geeicht wird.

Aus *Diffusionsmessungen* in Lösung ergibt sich unter Zugrundelegung des Modells einer unsolvatisierten Kugel aus dem STOKES'schen Reibungsgesetz

$$D_0 = \frac{kT}{6\pi\eta_0 r} \quad \text{mit} \quad M_2 = N_L \cdot \frac{4\pi r^3}{3} \varrho \quad \text{für} \quad c_2 \to 0$$

$$D_0 = \text{const}\; M_2^{-1/3}$$

Für Knäuelmoleküle hängt in der Beziehung $D_0 = k \cdot M^{-\delta}$ der Exponent δ von der hydrodynamischen Wechselwirkung zwischen Knäuel und Lösungsmittel, der sog. „Durchspülbarkeit des Knäuels" (s. später S. 297) ab, und in K geht die Abweichung von der Kugelform (Assymmetrie der Molekülgestalt) mit ein.

Im Anwendungsbereich umfassender und in Kombination mit Diffusions- oder Viskositätsmessungen zur Bestimmung von Form und Größe gelöster Makromoleküle geeignet ist die Messung der *Sedimentationsgeschwindigkeit* in einer Ultrazentrifuge. Unter der für solche Untersuchungen berechtigten Annahme eines „undurchspülbaren Knäuels" für Knäuelmoleküle, bei denen das im Knäuelvolumen eingeschlossene Lösungsmittel gemeinsam mit dem Polymeren sedimentiert, bzw. einer unsolvatisierten, kompakten Partikel (globuläre Proteine als Beispiel) gilt für eine „unendlich verdünnte Lösung" ($c_2 \to 0$):

Reibungskraft $K_r = f_0 N_L \frac{dx}{dt}$

Zentrifugalkraft $K_z = M_2 (1 - \varrho_1 v_2^*) \omega^2 x$

x = Abstand vom Rotationszentrum
ϱ_1 = Dichte des Lösungsmittels
v_2^* = partielles spezifisches Volumen des Polymeren
f_0 = Reibungsfaktor für $c_2 \to 0$

und nach Erreichen einer stationären Sedimentationsgeschwindigkeit:

$$M_2 = \frac{f_0 s_0 N_L}{1 - \varrho_1 v_2^*} \tag{1}$$

$s_0 = \frac{dx}{dt} \Big/ \omega^2 x$ = Sedimentationskonstante für $c_2 \to 0$

Mit $f_0 = \frac{RT}{N_L D_0}$ ergibt sich eine Beziehung zwischen M_2 und den experimentell zugänglichen Größen s_0 und D_0:

$$M_2 = \frac{RT s_0}{D_0(1 - \varrho_1 v_2^*)} \tag{2}$$

Durch Einsetzen von M_2 in (1) läßt sich f_0 errechnen und mit dem über das STOKES'sche Reibungsgesetz ermittelten Reibungsfaktor f_K einer „äquivalenten Kugel" vergleichen. Das Reibungsverhältnis $\frac{f}{f_K}$ ist ein Maß für die Abweichung der Molekülgestalt von einer Kugelform. Unter gewissen Voraussetzungen bietet sich auch über experimentell wenig aufwendige Viskositätsmessungen die Möglichkeit, den Reibungsfaktor f_0 in (1) durch experimentell zugängliche Größen zu ersetzen [139]. Unter Heranziehung einer theoretischen Interpretation der Viskositäts-Konzentrations-Beziehung nach SCHULZ-BLASCHKE (vgl. S. 300) gelangten LINOW und PHILIPP [140] zu dem Ausdruck

$$f_0 = 1{,}4 \cdot 10^{-7}\, \eta_1 k_{SB}^{1/3} \cdot [\eta]^{1/3} \cdot M_2^{1/3} \quad (3)$$

η_1 = Viskosität des Lösungsmittels
k_{SB} = SCHULZ-BLASCHKE-Konstante (s. S. 300)
$[\eta]$ = Grenzviskosität (s. S. 296)

für den Reibungsfaktor und daraus mit (1) zu Gleichung (4)

$$M_2 = 2{,}4 \cdot 10^{25} \left(\frac{s_0 \eta_1}{1 - \varrho_1 v_2^*}\right)^{3/2} \cdot ([\eta] \cdot k_{SB})^{1/2} \quad (4)$$

Sowohl (2) als auch (4) liefern auf Grund einer unterschiedlichen Abhängigkeit der beiden Meßgrößen von M_2 sog. „zusammengesetzte Mittelwerte" $\overline{M}_{s,D}$ bzw. $\overline{M}_{s,\eta}$, die aber im allgemeinen beide dem Gewichtsmittel M_w nahekommen.

Eine Ergänzung der Sedimentationsgeschwindigkeits-Methode bietet, vor allem im Bereich niedrigerer Molmassen, die Bestimmung des Konzentrationsverlaufes im *Sedimentationsgleichgewicht*. Ausgehend vom BOLTZMANNschen Energieverteilungssatz $c = c_0 e^{-U/kT}$ ergibt sich für die Lösung eines monodispersen Polymeren bei $c_2 \to 0$

$$M_2 = \frac{2RT \ln \frac{c_{II}}{c_I}}{(1 - \varrho_1 v_2^*)\, \omega^2 (x_{II}^2 - x_I^2)}$$

c_I, c_{II} = Polymerkonzentration im Abstand x_I bzw. x_{II} vom Rotationszentrum

Bei Polydispersen Proben ist die Auswertung komplizierter, je nach dem hierbei eingeschlagenen Weg kann man ein Gewichtsmittel $\overline{M}_w$ oder ein sog. „Zentrifugenmittel" $\overline{M}_Z = \frac{\Sigma n_i M_i^3}{\Sigma n_i M_i^2}$ erhalten.

Sowohl die Geschwindigkeits- wie die Gleichgewichtsmessungen werden in einer elektrisch oder mittels Luftturbine betriebenen analytischen Ultrazentrifuge durchgeführt, deren aus Aluminium oder Titan gefertigter Rotor Umdrehungsgeschwindigkeiten bis zu 70000 U/min, entsprechend Schwerefeldern bis 350000 g in der Zellenmitte, erreicht. Die Umdrehungszahl des Rotors wird bei guten Geräten auf ±10 U/min, seine Temperatur auf ±0,1 °C konstant gehalten; zur Verringerung der Reibungswärme wird die dem Rotor umschließende Stahlkammer auf 10^{-3} Torr evakuiert. Die Beobachtung bzw. Registrierierung der in der Rotorzelle auftretenden Konzentrationsänderungen erfolgt mit einer Interferenz-, Schlieren- oder Absorptionsoptik, wobei im Falle von Geschwindigkeitsmessungen die zeitliche Änderung der Breite der optisch registrierten Gradientenkurve Aussagen über die Molmasseverteilung erlaubt (vgl. Abb. 36).

Die von Th. Svedberg ursprünglich für mono- bzw. oligodisperse Proteine mit kompakter Molekülgestalt entwickelte Sedimentationsmethode hat trotz des relativ hohen apparativen Aufwandes in den vergangenen zwei Jahrzehnten zunehmend breitere Anwendung auch für polydisperse Polymere, die in Lösung als lockere Knäuel vorliegen, gefunden, vor allem als Eichmethode für viskosimetrische Molmassebestimmungen. Die in den letzten Jahren gefundene Möglichkeit eines Ersatzes der aufwendigen Bestimmung von D durch die rascher und einfacher durchführbare Ermittlung der Grenzviskosität $[\eta]$ dürfte die weitere Einführung der Sedimentationsmethode

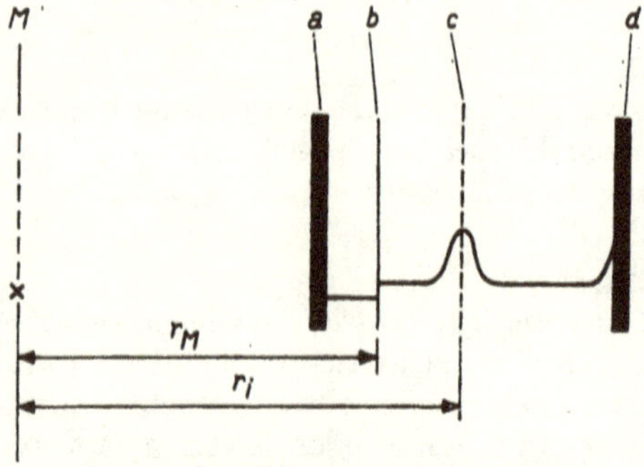

Abb. 36. Schematische Darstellung einer vergrößerten Schlierenaufnahme

M = Mittelpunkt der Zentrifuge
a, d = Referenzlinien zur Ermittlung der optischen Vergrößerung
b = Flüssigkeitsmeniskus
c = Trenzschicht zwischen Lösung und Lösungsmittel
r_M = Radius bis zum Meniskus
r_i = Radius bis zur Mitte der Grenzschicht

als Routinemethode fördern. Der Anwendungsbereich der Geschwindigkeitsmethode ist nach oben natürlich unbegrenzt, vorausgesetzt, daß die Bedingung $(1 - \varrho_1 v_2^*) \neq 0$ erfüllt ist; nach niederen Molmassen hin ist eine Grenze bei etwa $\overline{M} = 20000$ durch die maximale Drehzahl der Zentrifuge gegeben, da bei noch kleineren Molmassen entweder untragbar lange Meßzeiten oder mit den heute handelsüblichen Geräten noch nicht erreichbare Beschleunigungen erforderlich wären. Für die Gleichgewichtsmethode liegt der Einsatzbereich bei Molmassen zwischen etwa 10^2 und 10^5.

Auf Grund ihrer raschen und einfachen Durchführbarkeit ist eine Messung der *relativen Lösungsviskosität*

$$\frac{\eta}{\eta_0} = \eta_{rel} \cong \frac{\text{Durchlaufzeit der Lösung}}{\text{Durchlaufzeit des Lösungsmittels}}.$$

mittels Kapillarviskosimeter nach wie vor die am meisten angewandte Methode zur Ermittlung der Molmasse von in Lösung in Knäuel- oder Stäbchengestalt vorliegenden Polymeren, obwohl es sich hierbei um eine Relativmethode handelt, die eine Eichung mit Präparaten bekannter Molmasse erfordert. Die relative Viskosität η_{rel} bzw. die zur Auswertung meist herangezogene spezifische Viskosität $\eta_{spez} = \eta_{rel} - 1 = (\eta - \eta_0)/\eta_0$ einer verdünnten Polymerlösung kann abhängen von

System Polymer-Lösungsmittel (Molekülgestalt, hydrodynamische Wechselwirkung)

Konzentration c_2
Molekulargewicht M_2
Meßtemperatur
Geschwindigkeitsgefälle

Im folgenden interessieren nur die ersten drei Parameter, da stets bei konstanter Temperatur (meist 20 °C) gearbeitet wird und die bei vielen Polymeren vorhandene Strukturviskosität (vgl. 3.4.), d. h. eine Viskositätsabnahme bei steigender Strömungsgeschwindigkeit, in verdünnter Lösung bei nicht zu hohen Molekulargewichten so gering ist, daß sie für Routinemessungen bei geeigneter Dimensionierung der Viskosimeter vernachlässigt werden kann, während für Präzisionsmessungen gegebenenfalls aus mehreren Messungen bei verschiedenem Geschwindigkeitsgefälle auf $dv/dx \to 0$ extrapoliert wird. Für die weiteren Überlegungen ist es zweckmäßig, von dem von Einstein für Suspensionen starrer, unsolvatisierter Kugeln abgeleiteten Viskositätsgesetz

$$\lim_{c_2 \to 0} \eta_{spez} = 2{,}5\, \mathit{\Phi}_2$$

$\mathit{\Phi}_2$ = Volumenbruch des Gelösten

auszugehen und dieses für andere Teilchenformen zu verallgemeinern. Hierzu ersetzt man in der Beziehung $\Phi_2 = \frac{v_2}{v_{\text{gesamt}}}$ die Größe v_2 durch das Produkt aus Teilchenzahl n_2 und hydrodynamisch wirksamem Volumen v_h des Einzelteilchens und erhält nach Umrechnung auf molare Größen

$$\lim_{c_2 \to 0} \frac{\eta_{\text{spez}}}{c} \equiv [\eta] = 2{,}5\, N_L \frac{v_h}{M_2}$$

c_2 in g/ml
$[\eta]$ = „Grenzviskositätszahl"
„STAUDINGER-Index"
„intrinsic viscosity"

Die *Grenzviskositätszahl* $[\eta]$ hängt hier nach sowohl von M_2 als auch von hydrodynamischen Volumen v_h des Einzelteilchens ab, das seinerseits durch Molmasse, Partikelform und „Knäueldichte," d.h. Masse an Polymeren pro Volumeneinheit gelöster Partikel, bestimmt wird.

Für den Zusammenhang zwischen Grenzviskositätszahl und Molmasse müssen sich daher je nach dem für die Gestalt des gelösten Makromoleküls zugrunde gelegten Modell unterschiedliche Beziehungen ergeben. Für kompakte kugelförmige Teilchen ist die „Knäueldichte" gleich der Dichte des festen Polymeren, und v_h wächst linear mit M_2, so daß $[\eta]$ von M_2 unabhängig wird und eine viskosimetrische Molmassebestimmung nicht möglich ist. Experimentell wurden bei diesem Modell annähernd entsprechenden globulären Proteinen sehr niedrige und tatsächlich kaum mit M variierende Werte für $[\eta]$ gefunden. Im Falle eines starren Stäbchens, wie es angenähert bei manchen gelösten Polyelektrolyten und bei in Lösung bestehend bleibenden Helices vorliegt, wächst v_h in erster Näherung mit der dritten Potenz des Trägheitsradius und damit des Endpunktsabstandes $\sqrt{\overline{h^2}}$, so daß sich mit $\sqrt{\overline{h^2}} = \text{const} \left(\frac{M}{M_0}\right)^2$ ergibt $[\eta] = \text{const} \frac{{M_2}^3}{M_2}$

$= \text{const}\ M_2^2$. Der Exponent von 2 liegt – wie gleich näher erläutert wird – wesentlich höher als bei Knäuelmolekülen in Lösung, so daß sich eine Helix-Knäuel-Umwandlung in Lösung auch oft viskosimetrisch verfolgen läßt.

Für Knäuelmoleküle liegen die experimentell gefundenen Exponenten a der Beziehung $[\eta] = \text{const}\ M_2^a$ zwischen 0,5 und 1, wobei man diese verhältnismäßig große Spannweite früher ausschließlich mit einer unterschiedlichen „Durchspülbarkeit" des Knäuels durch das Lösungsmittel in Zusammenhang brachte (Anstieg von $a \rightarrow$ zunehmende Durchspülbarkeit). Nach neueren theoretischen Vorstellungen läßt sich eine verhältnismäßig große Variabilität von a ($0{,}5 \leqq a \leqq 0{,}9$) auch auf Basis des besser handhabbaren Modells eines „undurchspülbaren" Knäuels erklären, wie es bereits bei der Besprechung des Sedimentationsverhaltens von Makromolekülen benutzt wurde. Man kann hierbei entweder von einer variablen „Knäueldichte" oder von einer über den Trägheitsradius r erfaßbaren Knäuelaufweitung ausgehen, wobei in beiden Fällen das „ungestörte Knäuel" im θ-Zustand als Bezugsbasis dient. Im Thetazustand ist das hydrodynamische Volumen v_h der dritten Potenz des Trägheitsradius r_0 proportional, der seinerseits mit $\sqrt{M}$ zunimmt (vgl. S. 271). Für die Grenzviskositätszahl folgt dann:

$$[\eta]_\theta = \text{const}\,\frac{v_h}{M_2} = \text{const}\left(\frac{r_0^2}{M_2}\right)^{3/2}$$

$$= \text{const}\cdot\Phi\,\frac{M_2^{3/2}}{M_2} = k_\theta M_2^{0,5}$$

$$a = 0{,}5$$

Sind die Knäuel im Vergleich zum ungestörten Zustand stärker aufgeweitet, so ist $r > r_0$ und man kann setzen $r^2 = \text{const.}\ M_2^{1+\varepsilon}$, d. h., das Quadrat des Trägheitsradius wächst stärker als proportional mit M_2. Hieraus ergibt sich

$$[\eta] = \text{const}\,\frac{(r^2)^{3/2}}{M_2} = \text{const}\,\Phi\,M_2^{0,5(1+3\varepsilon)} = KM_2^{a}$$

$$0{,}5 < a < 0{,}9 \qquad 0 < \varepsilon < 0{,}25$$

Infolge der Knäuelaufweitung ist $[\eta]$ also hier größer als das Produkt $K_\theta M_2^{0,5}$, woraus auch folgt $[\eta]/M_2^{0,5} > K_\theta$. Ein quantitativer Zusammenhang zwischen $[\eta]$ des aufgeweiteten Knäuels und den Parametern K_θ und $a_\theta = 0{,}5$ läßt sich als „Stockmeyer-Fixman-Gleichung"

$$\frac{[\eta]}{M_2^{0,5}} = K_\theta + \text{const}\,\Phi M_2^{0,5}$$

zur Ermittlung von K_θ aus Wertepaaren von $[\eta]$ und M_2 benutzen, ohne daß im Thetasystem gemessen wird. K_θ wiederum gestattet unter gewissen Voraussetzungen die Berechnung des „Rotationsbehinderungsparameters σ (vgl. S. 270) als Maß der Kettensteifheit im θ-Zustand. Die in den vorangegangenen Gleichungen mehrfach benutzte Viskositätskonstante Φ stellt einen von der chemischen Struktur der Kette und dem Lösungsmittel unabhängigen Proportionalitätsfaktor zwischen hydrodynamischem Volumen und Trägheitsvolumen dar, der ausschließlich mit der Knäuelaufweitung in dem betreffenden System verknüpft ist und im Thetazustand $\Phi = 4{,}2 \cdot 10^{24}\,\text{Mol}^{-1}$ (auf r_0 bezogen) beträgt.

Mit zunehmender Aufweitung eines Knäuels ist allerdings auch zu erwarten, daß das hier zugrundegelegte und zweifellos sehr leistungsfähige Modell des „undurchspülbaren Knäuels" immer weniger gut das reale Verhalten des Knäuels wiedergibt. Ein undurchspülbares Knäuel dürfte am ehesten durch eine sehr flexible Kette in einem thermodynamisch schlechten Lösungsmittel zu realisieren sein, während bei einer starreren Kette in einem guten Lösungsmittel zumindest eine *teilweise Durchspülbarkeit* anzunehmen ist, die sich theoretisch nur schwierig erfassen läßt, aber zu einer zusätzlichen Erhöhung des Exponenten a der $[\eta]-\overline{M}$-Beziehung führen dürfte.

Unabhängig vom zugrundegelegten Modell läßt sich der Zusammenhang zwischen Grenzviskositätszahl und Molmasse durch eine Beziehung

$$[\eta] = K \cdot M_2^a \quad 0 \leqq a \leqq 2$$

erfassen, wobei ein sog. *Viskositätsmittelwert* $\overline{M}_\eta$ der Molmasse erhalten wird, der nur für $a = 1$ mit dem Gewichtsmittel $\overline{M}_w$ identisch ist, im Normalfall bei Knäuelmolekülen ($0{,}5 \leqq a \leqq 1$) jedoch niedriger als $\overline{M}_w$ liegt. Die Größen K und a der obigen *Gleichung nach* Kuhn-Mark-Houwink müssen auch heute noch für jedes System esperimentell bestimmt werden, wozu man an einer Reihe von Proben bekannter Molmasse und möglichst enger Molmasseverteilung die Grenzviskositätszahl bestimmt und dann $\log [\eta]$ gegen $\log M_2$ aufträgt (Abb. 37), wobei für M_2 nach Möglichkeit der dem Viskositätsmittel $\overline{M}_\eta$ nahekommende Gewichtsmittelwert $\overline{M}_w$ verwendet werden sollte. Die so erhaltenen Eichgeraden sollten grundsätzlich nur zur Interpolation, nicht aber zur Extrapolation über die äußersten Meßpunkte hinaus verwendet werden, da vor allem in Richtung sehr niedriger Molmassen mit einer Änderung der Molekülgestalt und damit des Exponenten a gerechnet werden muß. Der Anwendungsbereich der viskosimetrischen Molmassebestimmung ist damit in erster Linie durch die Spannweite der jeweiligen Eichproben gegeben; eine von der Meßmethodik her bedingte untere Grenze liegt bei etwa $\overline{M} = 500$. Werden zur Aufstellung der $[\eta]-M$-Beziehung unfraktionierte Proben breiter Molmasseverteilung verwendet und von $\overline{M}_\eta$ stark abweichende Mittelwerte, z. B. $\overline{M}_n$ zugrundegelegt, so gilt die erhaltene Eichbeziehung natürlich nur für Proben mit ähnlicher Verteilung.

Auch die Kuhn-Mark-Houwink-Gleichung $[\eta] = K \cdot M^a$ stellt ein Grenzgesetz für $c_2 \to 0$ dar und erfordert damit eine Extrapolation der bei endlicher Konzentration gemessenen spezifischen Viskositäten nach $c_2 \to 0$. Da gerade bei der viskosimetrischen Molmassebestimmung im Hinblick auf die routinemäßige Durchführung von Serienmessungen an einem Polymer-Lösungsmittel-System großes Interesse an der Entwicklung von Einpunktmethoden besteht und der funktionelle Zusammenhang zwischen

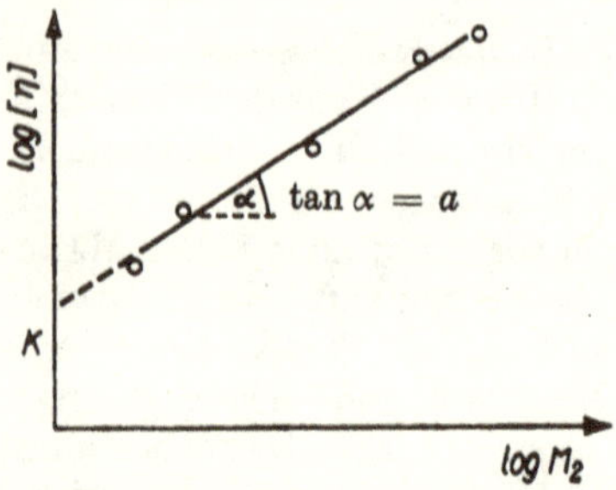

Abb. 37. Ermittlung einer Viskositäts-Molmassen-Beziehung (schematisch)

η_{spez} und c_2 auch für die Weiterentwicklung der Modellvorstellungen für verdünnte Polymerlösungen eine gewisse Bedeutung hat, ist es verständlich, daß im Laufe der Zeit eine große Anzahl (rund 100!) verschiedene Gleichungen zur Erfassung dieses Zusammenhangs vorgeschlagen wurden [141]. Diese Gleichungen gehen meist von einer nach dem zweiten Glied abgebrochenen Reihenentwicklung für η_{spez} aus und weisen daher jeweils eine systemspezifische Konstante auf. Breitere Anwendung finden jedoch nur wenige dieser Formeln, so vor allem

die Gleichung nach Schulz-Blaschke

$$\eta_{spez}/c = [\eta] + k_{SB} \cdot [\eta] \cdot \eta_{spez} \cdot c_2$$

die Gleichung nach Huggins

$$\eta_{spez}/c = [\eta] + k_M[\eta]^2 \cdot c_2$$

die Gleichung nach MARTIN

$$\ln(\eta_{spez}/c) = \ln[\eta] + k_M \cdot [\eta] \cdot c_2$$

und die Gleichung nach KRAEMER

$$\ln(\eta_{rel}/c) = [\eta] - k_K[\eta]^2 \cdot c_2$$

wobei die verschiedenen Gleichungen mit den gleichen Meßdaten oft deutlich unterschiedliche Werte für $[\eta]$ liefern [141]. Die MARTIN-Gleichung und eine große Zahl hier nicht aufgeführter $\eta_{spez} - c$-Beziehungen lassen sich auf die SCHULZ-BLASCHKE- und die HUGGINS-Gleichung zurückführen. Letztere wiederum kann als Näherung der SCHULZ-BLASCHKE-Gleichung angesehen werden, für die auch bereits eine theoretische Interpretation auf Basis des „undurchspülbaren Knäuels“ erfolgte [142].

4.2.2.3. Optische Methoden

Eine unmittelbare Abbildung von Makromolekülen und eine Abschätzung ihrer Größe auf elektronenmikroskopischen Wege ist unter günstigen Voraussetzungen möglich, wobei vor allem auf die Aufnahmen von Nucleinsäuremolekülen hingewiesen sei [143]. Prinzipiell könnte man für ausreichend hochmolekulare Präparate $(\overline{M} = 10^6)$ auf dieser Basis eine Methode zur Bestimmung des Zahlenmittels $\overline{M}_n$ entwickeln, wenn es gelingt, die noch sehr großen Präparationsschwierigkeiten zu überwinden. Praktisch-analytische Bedeutung hat dieser Weg der Molmassebestimmung trotz einiger interessanter Ansätze vorerst nicht.

Schon routinemäßig lassen sich hingegen Form und Größe gelöster Makromoleküle aus einer Messung der sekundären Streustrahlung bestimmen, die bei der Wechselwirkung zwischen einem Primärstrahl und den gelösten Molekülen auftritt. Ist bei einem solchen Streuvorgang die Größe der streuenden Teilchen kleiner als etwa 1/20 der verwendeten Wellenlänge λ, so erfolgt die Streuung symmetrisch, d.h., die relative Intensität des

Streulichtes ist unabhängig vom Streuwinkel ϑ zwischen Primärstrahl und Beobachtungsrichtung, ändert sich aber mit der Teilchengröße (Raleigh-Streuung). Haben dagegen Teilchendimension r und Wellenlänge λ gleiche Größenordnung, so tritt eine bevorzugte Streuung in Richtung des Primärstrahls und damit eine Winkelabhängigkeit der Streustrahlungsintensität auf, die Aussagen über die Gestalt des Teilchens ermöglicht.

Praktische Bedeutung hat für gelöste Makromoleküle vor allem der zweite Fall: Bei der Lichtstreuung im sichtsichtbaren Bereich wirken als Streuzentren die gelösten Knäuelmoleküle, deren Ausdehnung $\left(\text{Endpunktsabstand } \sqrt{\overline{h^2}}\right)$ etwa der Lichtwellenlänge entspricht ($\lambda \sim 5000$ Å); mit der Röntgenkleinwinkelstreuung läßt sich dagegen auf Grund der um drei Zehnerpotenzen kleineren Wellenlängen vor allem das einzelne Glied der Knäuelkette erfassen.

Ohne auf die von DEBYE entwickelte Theorie der Lichtstreuung näher einzugehen, soll hier die zur Auswertung von Streulichtmessungen verwendete Formel angegeben werden:

$$\frac{K \cdot c_g}{I_{\text{red}}} = \frac{1}{M_2 f(\vartheta, \lambda)} + \frac{2B^*}{RT} c_2$$

$$K = \frac{2\pi^2 n_0^2}{N_L \lambda^4} \cdot \left(\frac{dn}{dc}\right)^2$$

$$I_{\text{red}} = \frac{I(\vartheta) \cdot R^2}{I_0 \cdot V_0} \cdot \frac{1}{1 + \cos\vartheta}$$

n_0 = Brechungsindex des Lösungsmittels
B^* = 2. Virialkoeffizient des osmotischen Drucks
λ = Lichtwellenlänge im Vacuum
I_{red} = reduzierte Streuintensität
I = gemessene Streuintensität unter Winkel ϑ
I_0 = Primärstrahlintensität
R = Abstand Fotozelle — streuendes Volumen
V_0 = streuendes Volumen (von der Fotozelle bei der Messung erfaßte Lösungsmenge)
c_2 = Konzentration des Polymeren in der Lösung

Die Streufunktion $f(\vartheta, \lambda)$ nimmt nur dann den Wert 1 an, wenn $\vartheta = 0$ ist, also eine reine Vorwärtsstreuung vorliegt. Da sich diese wegen der um Zehnerpotenzen höhere Intensität des Primärstrahls nicht zuverlässig messen läßt, ist zur Ermittlung von M eine doppelte Extrapolation erforderlich, nämlich sowohl auf die Konzentration $c \to 0$, wie auf den Streuwinkel $\vartheta \to 0$:

$$\lim_{\substack{c \to 0 \\ \vartheta \to 0}} \frac{K \cdot c_g}{I_{\text{red}}} = \frac{1}{M}$$

Diese Extrapolation wird meist graphisch in Form eines sog. ZIMM-Diagramms (Abb. 38) vorgenommen, indem man $\frac{K \cdot c_g}{I_{\text{red}}}$ gegen $\sin^2 \frac{\vartheta}{2} + \text{const} \cdot c_g$ aufträgt. Aus der Anfangsneigung der Kurve $\lim\limits_{c \to 0} \frac{K \cdot c_g}{I_{\text{red}}}$ als Funktion von $\sin^2 \frac{\vartheta}{\lambda}$ läßt sich der mittlere Endpunktsabstand $\sqrt{\overline{h^2}}$ ermitteln, während der Richtungsfaktor der Geraden $\lim\limits_{\vartheta \to 0} \frac{K \cdot c_g}{I_{\text{red}}}$ als Funktion von c den zweiten Virialkoeffizienten B^* ergibt. Grundsätzlich liefert die Lichtstreuung stets das Gewichtsmittel der Molmasse $\overline{M}_w$. Die untere Grenze des Anwendungsbereiches liegt bei $\overline{M}_w \sim 5000$, da die Streulichtintensität bei kleineren Molmassen zu gering wird. Eine obere Grenze existiert bei dieser Methode verständlicherweise nicht, da der zu messende Effekt mit M wächst. Wegen dieser starken Streuwirkung schon einer verhältnismäßig geringen Anzahl großer Teilchen ist die Entfernung von Staubteilchen und sonstigen Verunreinigungen aus den zu messenden Lösungen unbedingt notwendig. Eine Vorstellung von der heute meist verwendeten Anordnung vermittelt Abb. 39.

Hinsichtlich weitererer methodischer Einzelheiten sei ebenso wie für die nur kurz zu erwähnende Röntgenkleinwinkelstreuung [144] auf die Originalliteratur [145] verwiesen. Bei der Kleinwinkelstreuung an Polymerlösungen wird gleichfalls eine Messung der mit zunehmendem Streuwinkel stark abfallenden Streulichtintensität vorgenommen, und zwar im Gebiet kleiner Winkel (1—10°) bei Durchstrahlung der Probe mit monochromatischer Röntgenstrahlung. Trägt man nach KRATKY und POROD

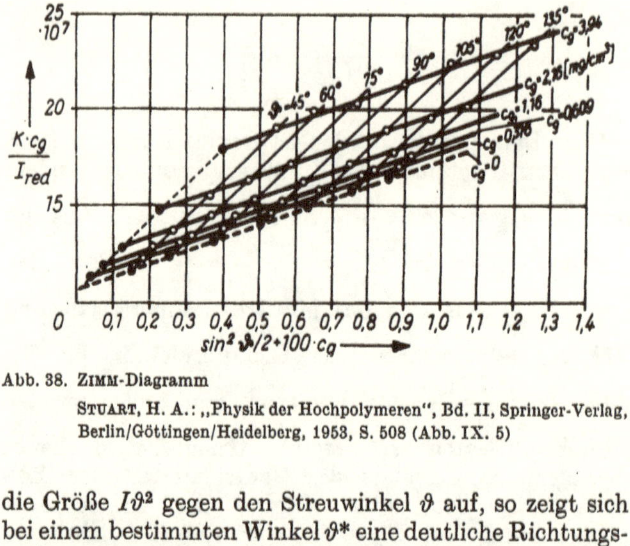

Abb. 38. ZIMM-Diagramm

STUART, H. A.: „Physik der Hochpolymeren", Bd. II, Springer-Verlag, Berlin/Göttingen/Heidelberg, 1953, S. 508 (Abb. IX. 5)

die Größe $I\vartheta^2$ gegen den Streuwinkel ϑ auf, so zeigt sich bei einem bestimmten Winkel ϑ^* eine deutliche Richtungsänderung der Kurve, indem für $\vartheta < \vartheta^*$ die Intensität I proportional $1/\vartheta^2$ abfällt, für $\vartheta > \vartheta^*$ dagegen mit $1/\vartheta$ (vgl. Abb. 40). Da nach einer von POROD entwickelten Theorie ein Intensitätsabfall mit $1/\vartheta$ der Streuung an geraden, eindimensionalen Teilchen entspricht, während der $1/\vartheta^2$-Bereich von einer Streuwirkung des Gesamtknäuels herrührt, gibt die dem Streuwinkel ϑ^* zuzuordnende Länge q (sog. „Persistenzlänge" vgl. S. 270) an, wie groß die Strecke entlang des Molekülfadens ist, die man noch als Gerade bezeichnen kann, so daß hiermit eine unabhängige Methode zur Bestimmung der Länge des statistischen Fadenelements $A_m = 2q$ vorliegt.

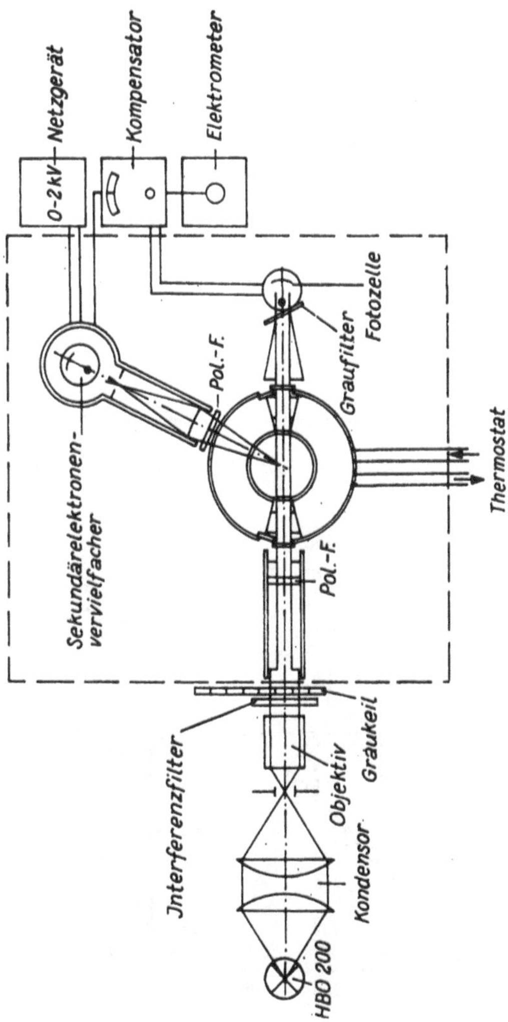

Abb. 39. Meßanordnung zur Streulichtphotometrie
vgl. RUSCHER, CH., DAUTZENBERG, H., DECHANT, J., Faserforsch. Textiltechn. **16** (1965), S. 560

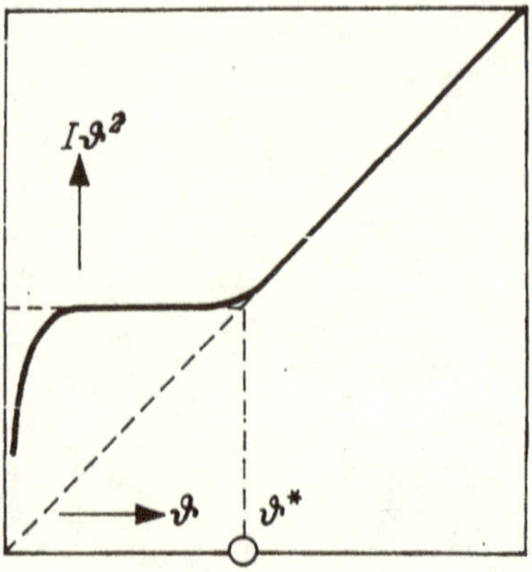

Abb. 40. Zur Auswertung von Röntgenkleinwinkelaufnahmen an Polymerlösungen
KRATKY, O.: Makromolekulare Chemie, 35 A (1959), S. 39

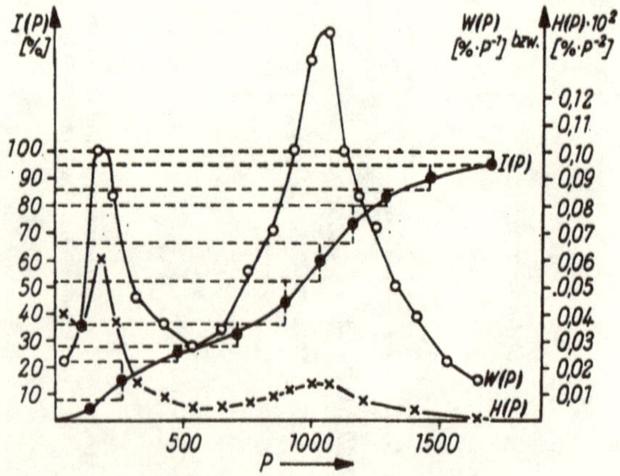

Abb. 41. Integrale und differentiale Verteilungsfunktion

4.2.3. Bestimmung der Molmasseverteilung („Fraktionierung")

Nur wenige Hochpolymere, z. B. manche Proteine mit verhältnismäßig kompakter Struktur, sind aus Makromolekülen einheitlicher Größe aufgebaut bzw. bestehen aus einem Gemisch weniger, diskreter Molekülsorten unterschiedlicher Größe. Im allgemeinen liegt bei organischen Polymeren eine mehr oder weniger breite *Molmasseverteilung* („*Polydispersität*") vor. Der jedem Polymerisationsgrad P zuzuordnende Massenanteil m_P ändert sich dabei nicht willkürlich und unregelmäßig mit wachsendem P, sondern gehorcht einer bestimmten Verteilungsfunktion $m_P = W(P)$ bzw. $dm = W(P)\,dP$, die in den meisten Fällen ein, manchmal auch zwei oder mehr Maxima bei bestimmten Polymerisationsgraden aufweist. Integration zwischen 1 und einem beliebig hohen Polymerisationsgrad P ergibt die integrale Massenverteilungsfunktion $I(P) = \int_1^P W(P)\,dP$, die sich durch Fraktionierung experimentell bestimmen läßt und nach graphischer oder rechnerischer Differentiation die gesuchte Massenverteilungsfunktion $W(P)$ liefert (Abb. 41). Aus dieser differentiellen Massenverteilungskurve läßt sich durch Division der Ordinatenwerte durch den entsprechenden Polymerisationsgrad (zugehöriger Abszissenwert) die differentielle Molzahlverteilungskurve $H(P)$ erhalten (s. Abb. 41). Wenn auch ein Vergleich der verschiedenen Mittelwerte $\overline{M}_w$ und $\overline{M}_n$ schon gewisse Aussagen über die molekulare Uneinheitlichkeit gestattet, so ist doch für viele Fragestellungen der Polymerenchemie eine genauere Kenntnis der Molmasseverteilung erforderlich, z. B. für kinetische Untersuchungen von Kettenaufbau und Abbauvorgängen oder für die Beurteilung und Interpretation des Verarbeitungsverhaltens und der Werkstoffeigenschaften von Polymeren.

Zur Ermittlung einer Molmassenverteilung stehen heute

verschiedene methodische Prinzipien zur Verfügung, nämlich

- die Auswertung von „Effekten zweiter Ordnung" bei Anwendung physikalischer Methoden zur Molmassebestimmung, wofür als Beispiel bereits erwähnt wurde (S. 293), daß aus der Verbreiterung der Gradientenkurve bei der Sedimentation Rückschlüsse auf die Molmasseverteilung möglich sind;
- die Ausnutzung des über die Knäueldimensionen von $\bar{M}$ abhängigen Diffusionsverhaltens der Makromoleküle in einem Gel als Messeffekt (Gelchromatographie);
- die Fällungs- und Lösefraktionierung von Makromolekülen nach ihrer Molmasse durch Änderung der thermodynamischen Güte des Lösungsmittels (Variation von χ_i über T °C oder über eine Zweitkomponente)

Bei der heute eine rasch durchführbare und weitgehend automatisierbare Routinemethode darstellenden *Gelchromatographie* wird eine ca. 0,5%ige Polymerlösung auf eine mit vernetztem und gequollenem Polystyrol- oder Dextrangel gefüllte Trennsäule gegeben und mit dem gleichen Lösungsmittel eluiert. Hierbei zeigen die Moleküle mit der höchsten Molmasse die geringste Verweilzeit in der Säule, haben also das kleinste Elutionsvolumen v_E, da sie nicht oder weniger gut in die Poren der Gelkörner eindringen können, während kleinere Knäuel durch dieses Eindringen in die Gelkörner in ihrem Durchlauf gehemmt werden. Innerhalb gewisser, durch die Porenstruktur des Gels bestimmter „Ausschlußgrenzen" ergibt sich entsprechend dem Schema in Abb. 42 ein linearer Zusammenhang zwischen v_E und $\log M$, der bisher noch meist empirisch ermittelt wird. Die Polymerkonzentration im Eluat wird heute in Abhängigkeit von v_E meist automatisch über den Brechungsindex registriert.

Trotz ihres erheblichen Zeit- und Arbeitsaufwandes wird unter den auf einer Phasentrennung beruhenden Methoden zur Bestimmung der Verteilungsfunktion die sog. *Fällungsfraktionierung* einer verdünnten (0,1 bis 0,5%igen) Polymerlösung auch heute noch am häufigsten angewandt, wobei durch stufenweisen Zusatz eines

Nichtlösers die thermodynamische Güte des Lösungsmittels allmählich verschlechtert wird und bei jedem Schritt eine Phasentrennung in eine als „Fraktion" abzutrennende, bevorzugt die jeweils längsten Ketten enthaltende polymerreiche Gelphase und in eine lösungsmittelreiche Solphase stattfindet, die dann als Ausgangslösung für den nächsten Schritt der Fraktionierung dient.

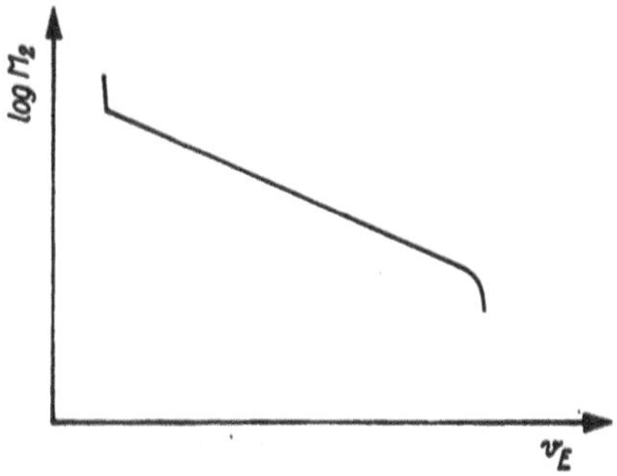

Abb. 42. Schema zur Auswertung von Gelchromatogrammen

Zur begrifflichen Erfassung der phasentrennenden Fraktionierung ging G. V. SCHULZ [146] von einem NERNSTschen Verteilungssatz $\frac{c_1}{c_2} = e^{-\Delta E/RT}$ mit einer von der Molmasse M abhängigen Energiegröße $\Delta E = M \cdot \varepsilon$ aus. Das Massenverhältnis ϑ des Anteils der Molmasse M in Solphase ('') und Gelphase (') ist nach Einführung einiger Anpassungsglieder vom Volumenverhältnis φ der beiden Phasen, von der Fällmittelkonzentration γ und von M selbst abhängig:

$$\vartheta = \frac{m_M'}{m_M''} = \frac{1}{\lambda \cdot \varphi} e^{-M \cdot \varepsilon_T} \qquad \varepsilon_T = \alpha + \beta \cdot \gamma$$

Obwohl diese Überlegungen ausschließlich von enthalpischen Größen ausgingen, ließen sich damit eine

Reihe auch heute noch gültiger experimenteller Regeln für die Fraktionierung ableiten. Zur weiteren theoretischen Fundierung erwies sich das Modell nach FLORY-HUGGINS als tragfähig, das von vornherein entropische Faktoren berücksichtigt und mit Hilfe des HUGGINSschen Wechselwirkungsparameters χ zu einer fundierteren physikalischen Interpretation der Größe ε_T führt (vgl. S. 278).

In enger Wechselbeziehung zu der auch heute noch nicht abgeschlossenen theoretischen Fundierung der Fällfraktionierung vollzog sich deren methodische Optimierung. Die Selektivität einer Fällfraktionierung wird in erster Linie durch das Volumenverhältnis φ, die Lösungsmittelgüte, die Schrittbreite (Anzahl und Größe der Fraktionen) und die Ausgangs-Polymerkonzentration bestimmt. Im allgemeinen werden befriedigende Ergebnisse bei erträglichem Zeitaufwand erhalten, wenn man mit einer Ausgangskonzentration von 1—2 g/l arbeitet und 12—15 Fraktionen möglichst vergleichbarer Größe gewinnt, wobei es zur Abtrennung der ersten, die längsten Ketten enthaltenden Fraktionen oft zweckmäßig ist, nicht mit reinem Fällungsmittel, sondern mit einem Löser-Nichtlöser-Gemisch „weich" zu fällen, wobei weiter zwischen den einzelnen Schritten die zur Gleichgewichtseinstellung notwendige Zeit gewährleistet sein muß, und wobei schließlich das Löser-Nichtlöser-System nach Möglichkeit so gewählt werden sollte, daß als Gelphase ein flüssiges „Koazervat" und keine kristalline Fällung entsteht. Erhebliche Störungen können bei einer Fällfraktionierung durch Abweichungen vom molekularen Lösungszustand des Ausgangspolymeren eintreten, so z. B. durch Gelanteile oder Sekundärassoziationen [147]. Außerdem müssen natürlich bei der Vorbereitung der Probe für die Fraktionierung Abbau- und Vernetzungsvorgänge soweit als möglich ausgeschlossen werden.

Zur Aufstellung einer integralen Verteilungskurve werden der Massenanteil m_i (durch Trocknen und Wägen) und der Polymerisationsgrad P_i (meist viskosimetrisch) für jede Fraktion F_i bestimmt und tabellarisch zusammengefaßt. Die Darstellung der integralen Verteilungsfunktion aus diesen experimentellen Wertepaaren geht davon aus, daß zwar die einzelne Fraktion keineswegs monodispers ist, ihre relativ enge Verteilung jedoch annähernd symmetrisch um den gemessenen Polymerisationsgrad liegt, und man kann dann ansetzen:

$$\int_1^{P_1} dm = \frac{m_1}{2} \qquad \int_1^{P_2} dm = m_1 + \frac{m_2}{2}$$

(vgl. Abb. 41)

wobei F_1 die Fraktion mit dem niedrigsten Polymerisationsgrad ist. Lediglich bei der obersten Fraktion F_n wird der ganze Massenanteil von 1 abgezogen und so der zugehörige $I(P)$-Wert erhalten. Vor einer routinemäßigen Anwendung der Fällfraktionierung auf ein bestimmtes System empfiehlt sich auf jeden Fall eine Prüfung der Reproduzierbarkeit, vor allem, wenn aus der Integralkurve durch graphische Differentiation die differenzielle Massenverteilungskurve abgeleitet werden soll, da eine unvermeidliche Streuung der Einzelpunkte der Integralkurve sehr leicht kleinere Maxima in der Differentialkurve vortäuschen kann. Besonders bei Cellulosederivaten kann dies zu erheblichen Fehlschlüssen führen, da hier im Gegensatz zu vielen synthetischen Polymeren von vornherein mit dem Auftreten mehrerer Maxima zu rechnen ist.

Zur Verringerung des mit einer klassischen Fällungsfraktionierung verbundenen großen Zeit- und Arbeitsaufwandes, der eine serienmäßige Anwendung auf an sich lohnende Fragestellungen vielfach bisher verhinderte, wurden eine ganze Anzahl methodischer Varianten vorgeschlagen. Von diesen konnte sich jedoch bis jetzt keine allgemein einführen, vor allem infolge prinzipieller Einschränkungen hinsichtlich Anwendbarkeit und Aussagekraft. Unter Beibehaltung des Prinzips der „franktionierten Fällung aus verdünnter Lösung" läßt sich das zeitraubende Abtrennen der einzelnen Fraktionen stark abkürzen durch eine sog. „summative Fraktionierung" [148], d. h. durch gleichzeitige Fällung von 10—20 Lösungsproben mit unterschiedlicher, von Probe zu Probe steigender Fällmittelmenge und Gewinnung dieser zwischen $< 10\%$ und $> 90\%$ der Probenmenge liegenden summarischen Fraktionen. Ein Abtrennen der Fraktionen läßt sich vermeiden durch Anwendung der sog. „Trübungstitration", bei der unter festgelegten Versuchsbedingungen aus dem Verlaufe der nephelometrisch gemessenen Trübungskurve in Abhängigkeit vom Fällmittelzusatz auf die integrale Verteilungsfunktion geschlossen wird, wobei allerdings infolge einer ganzen Reihe zusätzlicher und nicht völlig gesicherter Annahmen meist nur qualitative Aussagen möglich sind, sodaß die Methode heute überwiegend zur Charakterisierung bereits abgetrennter Fraktionen dient [149]. Andere Schnellmethoden verwenden Gemische ansteigender Lösekraft zu einer fraktionierten Auflösung des Polymeren. Diese ist jedoch der fraktionierten Fällung prinzipiell unterlegen, da hier die Einstellung eines thermodynamischen Gleichgewichts für die einzelnen Schritte nicht gewährleistet ist und kürzere Ketten in beträchtlichem Umfange von dem hochgequollenen längerkettigen Rückstand zurückgehalten werden können. Für Proben geringerer Molmasse scheint diese Methode nach Ausbreitung des Polymeren auf eine möglichst große Oberfläche brauchbar zu sein [150]. Bei der auf diesem Prinzip beruhenden *Elutionschromatographie* wird das Polymere aus einer Lösung in dünner Schicht auf einen inerten Träger, z. B. Quarzsand, aufgebracht und dann in einer Säule mit einem Löser-Nichtlöser-Gemisch, dessen Lösungsmittelanteil kontinuierlich ansteigt, langsam eluiert, wobei die kurzkettigen Anteile zuerst aus der Säule austreten. Wegen der Möglichkeit einer Automatisierung des ganzen Fraktioniervorganges von gewissem Interesse, wenn auch heute durch die Gelchromatographie etwas zurückgedrängt ist eine von BAKER und WILLIAMS [151] unter der Bezeichnung „Gradientelutionsverfahren“ beschriebene Kombination von fraktionierter Lösung und Fällung: Die auf einem Trägermaterial niedergeschlagene Polymerprobe wird in einer Säule durch ein kontinuierlich an Lösungsmittel reicher werdendes Gemisch fraktioniert gelöst. Die gelösten Anteile werden jedoch nicht einfach durch die Säule hindurchgewaschen, sondern durch einen dem Lösungsmittelgradienten entgegenwirkenden Temperaturgradienten längs der Säule einer mehrfachen Fällung und Wiederauflösung unterworfen, was die Trennwirkung wesentlich verbessert.

Ein experimentell wie theoretisch noch weitgehend offenes Problem ist die *Überlagerung verschiedener Verteilungsspektren* bei einer Fraktionierung. Nur für Homopolymere völlig einheitlicher Primärstruktur läßt sich, zumindest unter Modellbedingungen, eine eindeutige Zuordnung zwischen Fällparametern einerseits, $\bar{P}$ und Molmassenanteil der Fraktionen andererseits vornehmen. Liegen dagegen Gemische verschiedener Polymerer oder Copolymere mit unterschiedlichem Anteil der Monomerkomponenten in den einzelnen Ketten vor, so überlagern sich bei der Fraktionierung grundsätzlich eine Auftrennung nach der Molmasse und eine Auftrennung nach der chemischen Zusammensetzung. Wie sowohl für unvollständig substituierte Cellulosederivate als auch für Vinylpolymere gezeigt wurde, kann man durch Wahl geeigneter Löser-Nichtlöser-Systeme ein Copolymeres einmal vorwiegend nach der Molmasse, zum anderen vorwiegend nach der chemischen Zusammensetzung auftrennen, wobei in den so erhaltenen Verteilungskurven im Idealfall bei einer die chemische Zusammensetzung, bei der anderen die Molmasse konstant bleibt. Selbst dann reichen allerdings diese beiden Verteilungskurven zur vollständigen Charakterisierung eines Copolymeren nicht aus, da sie lediglich 2 im Idealfall senkrecht aufeinanderstehende Schnitte durch eine Hyperfläche in einem dreidimensionalen Raum darstellen, welche die

Häufigkeit der Copolymermoleküle mit verschiedenen Molmassen und verschiedenen chemischen Zusammensetzungen wiedergibt. Dieses Konzept der Verteilungsfläche [152], zu deren Charakterisierung auf jeden Fall mehr als 2 derartiger Schnitte notwendig sind, erscheint für die weitere Klärung des Gesamtproblems aussichtsreich, erfordert jedoch zur praktischen Anwendung unbedingt die Weiterentwicklung möglichst produktiver Analysenverfahren ausreichender Genauigkeit.

4.3. Konzentrierte Systeme

Abb. 43 veranschaulicht in stark schematisierter Form die in diesem Abschnitt zu behandelnden Übergänge zwischen Polymerfestkörper, hochverdünnter Lösung und verdünnter Polymerdispersion. Sowohl durch die Verbindungslinie zwischen den Eckpunkten dieses Dreiecks als auch durch das Innere der Dreiecksfläche werden Strukturzustände dargestellt, zwischen denen oft fließende Übergänge bestehen, wobei diese Strukturzustände trotz ihrer großen technischen Bedeutung für Verarbeitung und Formgebung von Polymeren und trotz einer jahrzehntelangen wissenschaftlich-technischen Bearbeitung auch heute noch von einer quantitativen theoretischen Interpretation wesentlich weiter entfernt sind als die bisher behandelten Eckpunkte C und A („Festkörper", „verdünnte Lösung").

4.3.1. Konzentrierte Polymerlösungen

Entsprechend Abb. 43 bezeichnet die Verbindungslinie $A-C$ das Gebiet homogener, molekulardisperser Polymerlösungen zunehmender Konzentration. Während bei den im vorigen Abschnitt besprochenen Methoden zur Bestimmung von Form und Größe des gelösten Einzelmoleküls stets versucht wird, durch Arbeiten bei niedriger Konzentration und durch eine geeignete Extrapolation nach c gegen 0 die Wechselwirkung zwischen den einzelnen Molekülketten soweit als möglich auszuschalten und den vom Einzelmolekül hervorgerufenen Effekt zu erfassen, muß sich ein Studium der unter anderem für die Verformung von Polymeren zu Fäden und Folien durch sogenannte Lösungsspinnprozesse technologisch wichtigen konzentrierten Polymerlösungen mit eben dieser

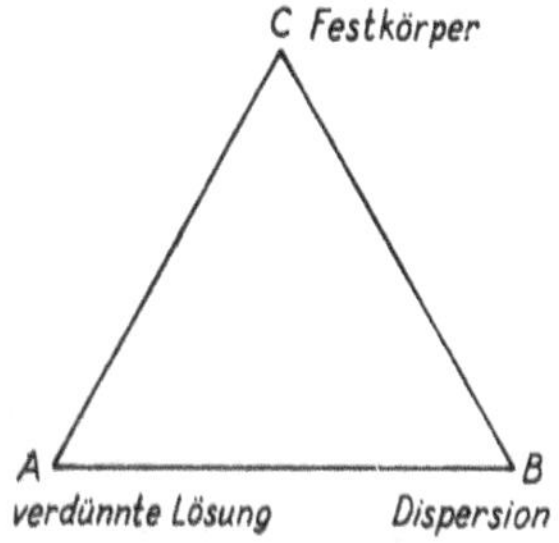

Abb. 43. Schema der möglichen Übergänge zwischen gelöstem und festem Polymeren

Wechselwirkung zwischen den Kettenmolekülen eingehend beschäftigen. Hierbei ist unter technologischen Aspekten der Konzentrationsbereich zwischen etwa 5 und etwa 30% von besonderem Interesse, während eine theoretische Erfassung und Modellierung des Lösungszustandes konzentrierter Lösungen bevorzugt von Ansätzen für die verdünnte Lösung ausgeht und daher hierbei vor allem der Konzentrationsbereich bis 5, höchstens 10% beim experimentellen Arbeiten herangezogen wird.

Einer modellmäßigen Erfassung dieser Wechselwirkung zwischen den Polymerketten wurde zunächst die Vorstellung eines dreidimensionalen Kettennetzes mit temporären fluktuierenden Haftpunkten zugrundegelegt [153]. Für die weitere Präzisierung dieses Modells ergab sich die auch heute noch aktuelle Frage, ob hierbei eine gegenseitige Durchdringung der einzelnen Knäuel erfolgt, oder ob diese bei zunehmender Polymerkonzentration viel mehr in ihrer Ausdehnung komprimiert werden unter Erhaltung ihrer Individualität und die gegenseitige Wechselwirkung sich ausschließlich an den sich berührenden Knäueloberflächen erfolgt. Neuere streulichtphotometrische Messungen [154] an mäßig konzentrierten Lösungen sprechen für eine teilweise Durchdringung und lassen damit die Möglichkeiten der „gegenseitigen Durchdringung" und der „Einzelknäuelkomprimierung" nicht als Alternativen, sondern als Grenzfälle erscheinen, zwischen denen das Verhalten realer Systeme liegt.

Thermodynamische Untersuchungen lassen sich an konzentrierten Polymerlösungen ebenso wie bei den verdünnten Systemen mit Hilfe der osmotischen Effekte vornehmen, wobei vor allem eine Messung der Dampfdruckerniedrigung des Lösungsmittels von Bedeutung ist. Wie aus dem umfangreichen Versuchsmaterial z. B. am System Nitrocellulose-Aceton hervorgeht, ist bei starker Wechselwirkung zwischen den beiden Komponenten (Solvatbildung) für höhere Konzentrationen die freie Mischungsenthalpie des Lösungsmittels $\Delta\overline{G}_1$ praktisch unabhängig vom Molekulargewicht des Polymeren und wird im wesentlichen durch die Mischungswärme bestimmt.

Für das theoretische Verständnis wie für die technische Anwendung konzentrierter Polymerlösungen gleichermaßen wichtig ist deren *Fließverhalten*. Neben dem rein viskosen Fließen, d. h. einer Relativbewegung der Fließeinheiten unter Dissipation mechanischer Energie als „Reibungswärme" tritt bei Fließvorgängen von konzentrierten Polymerlösungen grundsätzlich ein viskoelastischer Anteil, d. h. eine vorübergehende Speicherung von Energie durch elastische Deformation der Fließeinheiten auf (vgl. S. 247). Wichtigste Eingangsgrößen von seiten des Polymersystems sind Polymerkonzentration, mittlere Molmasse und Lösungsmittel, als wesentliche äußere Parameter sind zu berücksichtigen: Temperatur, Schubspannung τ und die Geometrie des Rohres bzw. der Kapillare. Nur im Falle sehr langer Kapillaren

$\left(\frac{\text{Länge } L}{\text{Radius } r} \to \infty\right)$ kann bei laminarer Strömung ein rein viskoses Fließen als Näherung angenommen werden. Auch in diesem Falle gilt jedoch normalerweise nicht das von niedermolekularen Flüssigkeiten und Lösungen her bekannte NEWTONsche Fließgesetz

$$\frac{dv}{dx} = \frac{1}{\eta} \cdot \tau$$

$\frac{dv}{dx}$ = Geschwindigkeitsgradient quer zur Strömungsrichtung

An seine Stelle tritt ein komplizierterer Zusammenhang $\frac{dv}{dx} = f(\tau)$ mit einer von τ abhängigen scheinbaren Viskosität η', den man meist als sogenannte Fließkurve durch Auftragen der experimentell mittels Kapillar- bzw. Rotationsviskosimetrie ermittelten Wertepaare von τ und $\frac{dv}{dx}$ in logarithmischem Maßstabe darstellt. Für Newtonsche Flüssigkeiten konstanter Viskosität ergeben sich bei dieser Auftragung Geraden mit einem Neigungswinkel von 45°, für strukturviskose Systeme dagegen Kurven, deren geradliniger Verlauf bei sehr niedriger bzw. sehr hoher Schubspannung einer konstanten Anfangsviskosität η_0 bzw. einem konstanten, um Zehnerpotenzen tieferen Wert η_∞ entspricht, während der S-förmige Teil bei mittlerer Schubspannung eine stetige Änderung der scheinbaren Viskosität mit der Schubspannung anzeigt, die auf eine durch den Fließvorgang hervorgerufene Änderung der Molekülgestalt bzw. auf ein Zerreißen der temporären Haftstellen des dreidimensionalen Kettenennetzes zurückzuführen ist. Aus den Wendepunktskoordinaten solcher Fließkurven und der Steilheit der Kurve im Wendepunkt sind unter gewissen Voraussetzungen Rückschlüsse auf mittlere Molmasse und Molmasseverteilung des Polymeren möglich (s. Abb. 44).

Im η_0-Bereich steigt die Viskosität konzentrierter Polymerlösungen mit einer hohen Potenz der Konzentration ($\sim c^5 - c^8$) und der Molmasse ($\sim M^6$) an, wobei die in der Literatur angegebenen Beziehungen meist nur als Interpolationsformeln für ein bestimmtes System in einem begrenzten Konzentrationsintervall anzusehen

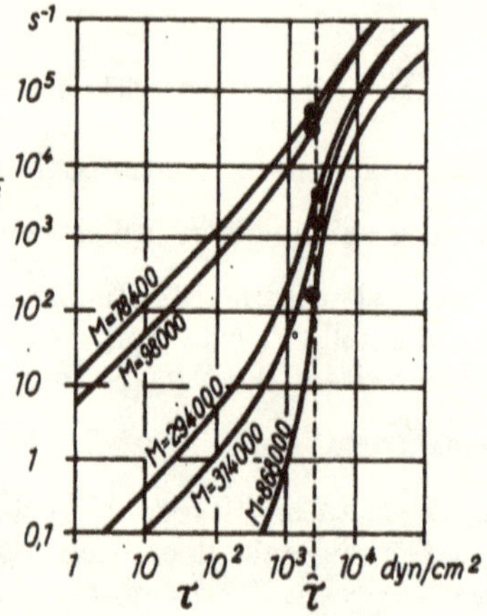

Abb. 44. Fließkurven von Cellulosenitrat in Butylacetat
EDELMANN, K.: Faserforsch. u. Textiltechn., 3 (1952), S. 348

sind. Auch die auf der Vorstellung der oberhalb einer kritischen Konzentration c_k ausgebildeten Netzlösung [153] beruhende Wiedergabe der Konzentrationsabhängigkeit durch 2 Geraden unterschiedlicher Neigung im (log η_0 — log c-Diagramm ($c < c_k$: Exponent 1,5 bis 4; $c > c_k$: Exponent 5—8) ist allenfalls als grobe Näherung zu betrachten. Eine Abschätzung der scheinbaren Viskosität konzentrierter Polymerlösungen aus den in verdünnter Lösung ermittelten Werten von η_{spcz} und $[\eta]$ läßt sich in einem breiten Konzentrationsbereich über eine reduzierte spezifische Viskosität mit der SCHULZ-BLASCHKE-

Konstante k_{SB} (vgl. S. 300) als systemspezifischer Anpassungsgröße vornehmen.

Bei hoher Schubspannung bleibt die Zunahme von η' mit einer hohen Potenz von c weitgehend erhalten, während der entsprechende Exponent für die Molmasseabhängigkeit von η' stark abnimmt [155]. Stellt man also die gleiche hohe Anfangsviskosität η_0 einmal über eine hohe Polymerkonzentration bei niedriger Molmasse, zum anderen über eine geringere Polymerkonzentration bei hoher Molmasse ein, so nimmt im zweiten Falle die scheinbare Viskosität η' mit steigender Schubspannung τ viel steiler ab als im ersten; eine für technische Spinnprozesse wichtige Feststellung, da die Viskositätsmessung der Lösung in der Praxis meist im η_0-Bereich, die Verspinnung dagegen bei hoher Schubspannung erfolgt.

Bei Kapillaren mit niedrigem Längen-Radien-Verhältnis, wie es z. B. in technischen Spinndüsen vorliegt, führt der hier recht erhebliche visko-elastische Anteil am Fließvorgang zu einer Veränderung von Lage und Form der Fließkurve (Abb. 45), in dem zum Erreichen eines bestimmten Geschwindigkeitsgefälles ein höheres τ-Wert erforderlich ist als beim rein viskosen Fließen, da ein Teil der aufgewandten Druckenergie elastisch gespeichert wird. Zur Bestimmung dieses Anteils dient entweder die Auswertung einer mit Kapillaren unterschiedlichen Längen-Radien-Verhältnisses aufgenommenen Serie von Fließkurven oder die Bestimmung der sogenannten Normalspannungen senkrecht zur Fließrichtung in einem speziellen Rotationsviskosimeter. Der als elastische Deformation gespeicherte Energieanteil beim kapillaren Fließen relaxiert z. T. bereits in, teils beim Verlassen der Kapillare und trägt dabei erheblich zu einer auch bei konzentrierten Polymerlösungen und nicht nur bei Schmelzen beobachteten Strahlaufweitung („Barus-Effekt“ vgl. S. 248) bei. Gerade die mit der Viskoelastizität verbundenen Phänomene führen heute in zunehmendem Maße in begrifflicher und methodischer Hinsicht zu einer gemeinsamen Behandlung der Fließvorgänge im

Polymerfestkörper, in der Polymerschmelze und in der Polymerlösung.

Eine rheologisch fundierte Interpretation des für alle Lösungsspinnprozesse wesentlichen, aber bisher nur einer empirisch-phänomenologischen Betrachtung zugänglichen

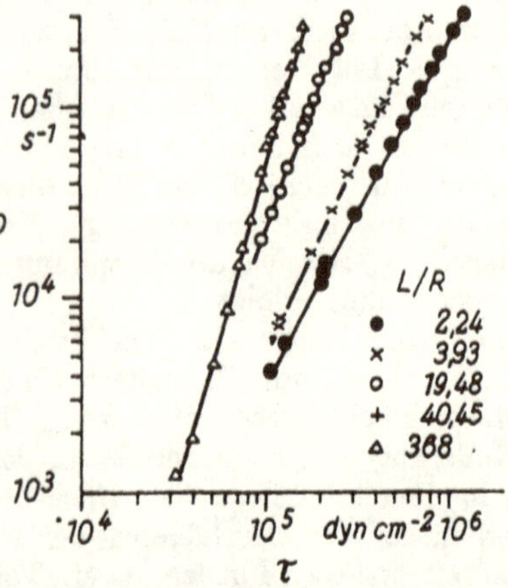

Abb. 45. Fließkurven einer Viskose-Spinnlösung bei unterschiedlichem Verhältnis von Länge L zu Radius R der Meßkapillaren
aus Wulf, K., Philipp, B., Mann, G., Kapelle, R., Faserforsch. Textiltechn. 23 (1972), S. 17

Begriffes der „Spinnigkeit" bzw. des „Fadenziehvermögens" einer Polymerlösung scheint möglich mit Hilfe des Begriffs der sogenannten Längsviskosität oder Spannviskosität λ:

$$\lambda = \sigma \Big/ \frac{dv}{dx}$$

σ = Zugspannung
$\frac{dv}{dx}$ = Dehnungsgradient
} in Fließrichtung

Bei den bisherigen Überlegungen wurde von linearen Polymeren ausgegangen, die in verdünnter Lösung lockere Kettenknäuel bilden. Bei kompakt gebauten, in verdünnter wie in konzentrierter Lösung durch das Modell der starren Kugel erfaßbaren Makromolekülen nimmt die Viskosität auch in konzentrierten Lösungen bei weitem nicht so steil mit der Konzentration zu. Hier gilt bis zu hohen Konzentrationen, z. B. für Glycogen noch für 5–10%ige Lösungen, das Einsteinsche Viskositätsgesetz $\eta_{spez} = \text{const.} \cdot c$.

Die Vorstellung der homogenen molekulardispersen Polymerlösung entspricht bei konzentrierten, technischen Polymerlösungen oft nur annähernd den wirklichen Verhalten, indem grundsätzlich damit zu rechnen ist, daß vom Löseprozeß her Kettenaggregate unterschiedlicher Form und Größe als sogenannte „Gelteilchen" in der Lösung verbleiben und als Inhomogenitäten die Verspinnung solcher Lösungen empfindlich stören können, wenn nicht durch eine oft mehrstufige Filtration für die Entfernung wenigstens der größeren Partikel gesorgt wird. Diese Abweichung vom Zustand der homogenen Lösung, die als ein beginnender Übergang zur Polymerdispersion entlang der Verbindungslinie $A-B$ in das Schema der Abb. 43 eingeordnet werden kann, ist besonders ausgeprägt bei konzentrierten technischen Lösungen von Cellulose und ihren Derivaten auf Grund der morphologischen und übermolekularen Struktur der Ausgangsfaser (vgl. S. 115). So liegt z. B. in unfiltrierten Viskoselösungen nach Treiber u. a. [156] ein kontinuierliches Partikelspektrum von gequollenen Faserbruchstücken (> 20 µm) über starkdeformierbare Gelteilchen (ca. 1 µm–20 µm) und kleinere Lamellenpakete aus wenigen Celluloseketten bis zur kinetisch freien Einzelkette mit nur temporären Haftpunkten zu den Nachbarketten vor. Da neben dem Fließverhalten einer konzentrierten Polymerlösung ihre Homogenität als wichtigstes Verarbeitungskriterium anzusehen ist, besteht ein erhebliches Interesse an der Messung und Registrierung solcher Partikelspektren, die heute für kleine Partikel (< 1 μm) streulichtphotometrisch, für größere lichtoptisch oder konduktometrisch vorgenommen wird. Bei der heute vor allem für Viskoselösungen eingeführten konduktometrischen Impulsteilchenzählung drückt man die Lösung durch eine enge Öffnung zwischen zwei Elektrodenräumen und registriert die durch Inhomogenitäten hervorgerufenen Leitfähigkeitsänderungen, die allerdings nicht nur von der Größe, sondern auch von der Form bzw. der Deformierbarkeit und von der Eigenleitfähigkeit der Partikel abhängen [157].

4.3.2. Polymerdispersionen

Dispersionen organischer Polymerer in zumeist Wasser als Dispersionsmedium haben Bedeutung sowohl als Zwischenstufe bei der großtechnischen Herstellung von Polymeren durch Emulsions- und Suspensionspolymerisation (vgl. S. 69), als auch als verkaufsfähige Produkte, die in Form von Polymerlatices vor allem für Beschichtungen und Überzüge sowie als Klebemassen dienen, aber auch als Hilfsmittel und Hilfsstoffe vielfältig eingesetzt werden, wie beispielsweise konzentrierte Dispersionen von mikrokristalliner Cellulose in der Nahrungsmittelindustrie und Kosmetik. Man unterscheidet zwischen *Primärdispersionen*, die unmittelbar beim Polymerisationsprozeß entstehen und *Sekundärdispersionen*, die durch geeignete Zerkleinerung eines in kompakter Form vorliegenden Polymeren, beispielsweise durch Kolloidvermahlung hydrolytisch abgebauter Cellulose erhalten werden. Stoffliche Grundlagen der Primärdispersionen sind vor allem Polyvinylverbindungen und Polydiene, wobei als verkaufsfähige Produkte vor allem Polyvinylacetat und Polyacrylate im Vordergrund stehen.

Wesentliche Kenngrößen zur Charakterisierung einer Polymerdispersion sind Partikelgröße und -Größenverteilung sowie Partikelform, Fließverhalten und Stabilität. Größe und Größenverteilung sind zugänglich durch

Streulichtfotometrie und durch Sedimentationsmessung sowie, verbunden mit Informationen über die Partikelform, durch präparationstechnisch oft recht aufwendige elektronenmikroskopische Untersuchungen. Lichtoptische Untersuchungen kommen auf Grund der geringen Partikelgröße (Schwerpunkt der Verteilungsspektren im allgemeinen bei ca. 0,1 μm) kaum in Betracht. Während verdünnte Dispersionen hinsichtlich der Konzentrationsabhängigkeit der Viskosität meist dem EINSTEINschen Gesetz folgen und kaum Strukturviskosität zeigen, ist das Fließverhalten konzentrierter Dispersionen oft recht kompliziert, da hier vor allem bei anisometrischen Partikeln bereits kohärente Gelnetzwerke mit einer erheblichen Steifigkeit vorliegen. Dies zeigt sich unter anderem in einer sogenannten Fließgrenze, d.h. dem Auftreten einer merklichen bleibenden Deformation erst oberhalb einer bestimmten Schubspannung (vgl. Abb. 46), im Gegensatz zu den schon bei beliebig kleiner Schubspannung verformbaren niedermolekularen Flüssigkeiten und homogenen strukturviskosen Polymerlösungen. Außerdem hängt der Verlauf der Fließkurve konzentrierter Dispersionen oft erheblich von der Vorgeschichte des Präparats ab, was unter anderem in einer Hysterese beim aufeinanderfolgenden „Aufwärts- und Abwärts-Fahren" der Fließkurve zum Ausdruck kommt (Abb. 46). Die Stabilität einer Polymerdispersion gegenüber einer Flockung bzw. Fällung hängt primär vom System Polymer-Dispersionsmittel, von der Teilchengröße und von der Polymerkonzentration ab, läßt sich aber sehr stark durch Zusatzmittel, wie unter anderem Polyvinylalkohol oder Carboxymethylcellulose erhöhen, wobei diese Zusätze zum Teil an der Oberfläche der Partikel sorbiert werden. Der aus phänomenologischen Beobachtungen entstandene Begriff der Stabilität einer Dispersion bedarf theoretisch und meßtechnisch einer physikalischen Objektivierung und sollte daher vorerst nur jeweils in Verbindung mit der angewandten Meßmethode benutzt werden. Als Beispiel solcher Meßmethoden seien hier die Bestimmung des unter gegebenen Bedingungen abschleuderbaren Wasservolumens oder die Verfolgung des Flockungsverlaufes bei Elektrolytzusatz genannt.

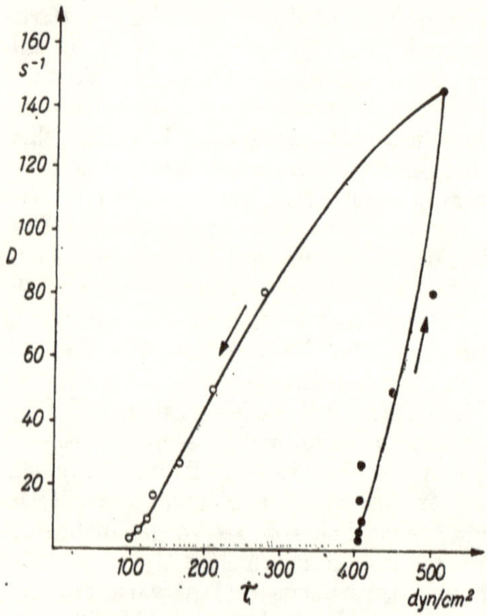

Abb. 46. Fließgrenze und Hysterese beim Fließvorgang einer wäßrigen Dispersion mikrokristalliner Cellulose (F. LOTH, Dissertation 1975)

4.3.3. *Gequollene Polymerfestkörper*

Vom polymeren Festkörper ausgehend, vollzieht sich der Löseprozeß stets über den Zustand der Quellung (entlang der Linie $C-A$ im Schema der Abb. 43). Unter Lösungsmittelaufnahme (bis zum mehrfachen Gewicht des Ausgangspolymeren) und Volumenzunahme (gegebenenfalls bis zu mehreren hundert Prozent) entsteht ein hochgequollenes Gel, das jedoch auf Grund seiner Starrheit und Formbeständigkeit noch als eine Art „Festkörper“ anzusprechen ist. Der Lösevorgang kann auf dieser Stufe einer begrenzten Quellung stehenbleiben, beispielsweise, wenn nur eine geringe Menge Lösungsmittel zur Verfügung steht, so daß die Polymerketten nicht in ausreichendem Maße solvatisiert werden können, oder wenn bei Gegenwart eines Lösungsmittelüberschusses einzelne stabile Querbindungen zwischen den Ketten bestehen bleiben. Für den Fall der Hauptvalenzvernetzung (vulkanisierter Kautschuk, dreidimensional vernetzte Polykondensate) läßt sich nach FLORY auf statistisch-thermodynamischen Wege ein maximaler Quellungsgrad $Q_{max} = \frac{\varPsi_1}{\varPsi_2}$ ($_1\varPsi$ = Volumenbruch des Lösungsmittels, $\varPsi_2$ = Volumenbruch des Polymeren im gequollenen Gel) ermitteln, bei dem Solvatationsbestreben der Ketten (Energiefaktor) und Entropieverminderung, also Ordnungszunahme infolge Streckung der Ketten, im Gleichgewicht stehen [158]. Der maximale Quellungsgrad Q_{max} wächst bei gegebener Temperatur einmal mit der „Maschenweite“ des dreidimensionalen Kettennetzes, die durch den mittleren Polymerisationsgrad der zwischen zwei Verknüpfungsstellen liegenden Kettenabschnitte charakterisiert ist, zum anderen mit der Wechselwirkungsenergie zwischen Polymeren und Lösungsmittel, also mit abnehmendem HUGGINSschen Wechselwirkungsparameter χ_1. Bei Polymeren mit einem dem „Zweiphasenmodell“ entsprechenden Aufbau aus geordneten und ungeordneten Bereichen können anstelle von Hauptvalenzbrücken einzelne stabile Haftpunkte in den hochgeordneten Bereichen den Zusammenhalt der Ketten und damit die Formbeständigkeit des Gels bewirken, wobei die Bindungskräfte in diesem Falle prinzipiell vom gleichen Typ sind wie diejenigen, die auch zwischen den Ketten in den ungeordneten Bereichen wirken, aber hier auf Grund ihrer geringeren Stärke bzw. Häufigkeit vom Quellmittel überwunden werden. Durch Erhöhung der Lösekraft des Quellmittels läßt sich in diesem Falle oftmals nicht nur der maximale

Quellungsgrad vergrößern, sondern ein Übergang von der begrenzten zur unbegrenzten Quellung, d. h. zur Auflösung erreichen. Der zeitliche Verlauf der Auflösung eines Polymeren wird normalerweise durch Diffusionsprozesse bestimmt, wobei nach Untersuchungen von ÜBERREITER und ASMUSSEN [159] an Polystyrol die Eindringgeschwindigkeit $\frac{dx}{dt}$ des Lösungsmittels in das Polymere einer Beziehung

$$\frac{dx}{dt} = \frac{D}{\delta}$$

D = gegenseitiger mittlerer Diffusionskoeffizient
δ = Dicke der adhärierenden Grenzschicht

folgt und über $\delta \propto \sqrt{M}$ von der Molmasse des Polymeren abhängt.

Wie bereits angedeutet stellen konzentrierte Polymerlösungen und Dispersionen in erster Linie Zwischenprodukte bei der Verformung von Polymeren zu Festkörpern mit großer spezifischer Grenzfläche, d. h. Fäden, Folien, Beschichtungen, Lacküberzügen und Klebeverbindungen dar, wobei dieser Übergang zum Festkörper entsprechend den Verbindungslinien CA bzw. CB im Schema der Abb. 43 ebenfalls über den Zustand eines gequollenen Festkörpers verläuft bzw. dieser Zustand z. B. bei Membranen für Trennzwecke oft bereits das einsatzfähige Endprodukt darstellt.

Während die *Koalescenzvorgänge* bei konzentrierten Dispersionen, d. h. die Vereinigung der einzelnen Partikeln zu einem makroskopisch homogenen Festkörper unter teilweiser oder vollständiger Entfernung des Dispersionsmediums, unter praxisnahen Bedingungen in ihren Grundlagen noch wenig untersucht wurden und daher hier eine wissenschaftliche Fundierung der Technologien vielfach noch aussteht, liegt zur Bildung von Fäden und Folien aus Polymerlösungen ein umfangreiches Versuchsmaterial vor, aus dem sich Zusammenhänge sowohl zwischen Herstellungsbedingungen und übermolekularer bzw. morphologischer Struktur als auch zwischen Struktur und makroskopischen Eigenschaften der Formgebilde ableiten lassen. Besonders eingehend untersucht wurde in dieser Hinsicht die Fadenbildung von Cellulose II durch Koagulation und Zersetzung von technischen Cellulosexanthogenatlösungen (vgl. S. 124), zuerst durch P. H. Hermanns, später durch H. Klare und Mitarbeiter. Die Bildung des festen Fadens oder der Folie aus der konzentrierten Polymerlösung kann einmal durch Verdampfen des Lösungsmittels während der Formgebung unter Aufkonzentration der Lösung bis zum Festkörper erfolgen (sog. Trockenspinnprozeß, z. B. von Celluloseacetatlösungen in Aceton im Heißluftstrom), zum anderen durch Ausfällen des Polymeren aus der Lösung durch ein nichtlösendes Spinnbad (sog. Naßspinnprozeß z. B. einer Dimethylformamidlösung von Polyacrylnitril in ein Dimethylformamid-Wassergemisch), wobei — wie im Falle des Viskosespinnens — dieser Prozeß noch von chemischen Umsetzungen begleitet sein kann. Wesentliche Eingangsgrößen für die Strukturbildung beim Naßspinnprozeß sind einmal die Komponenten des Systems Polymer-Lösungsmittel-Fällmittel, zum anderen Spinnbadtemperatur, Spinngeschwindigkeit, Fadendicke und Spinnverstreckung, indem hierdurch die zur Ausfällung des Polymeren führenden Diffusionsprozesse wie auch Ordnung und Orientierung der Polymermoleküle in der Fällungsstruktur beeinflußt werden. Grundsätzlich weisen die durch „Naßspinnprozesse" erhaltenen gequollenen Formgebilde eine ausgeprägte Porenstruktur auf, die beim anschließenden Trocknungsprozeß ganz oder teilweise kollabiert, während durch Abdampfen des Lösungsmittels gewonnene Fäden und Filme im allgemeinen merklich, aus der Schmelze hergestellte Formgebilde sehr viel dichtere Strukturen aufweisen. Einen Eindruck von der Variationsbreite der Porenstruktur von aus Xanthogenatlösungen erhaltenen Formgebilden von Cellulose II vermitteln die Aufnahmen

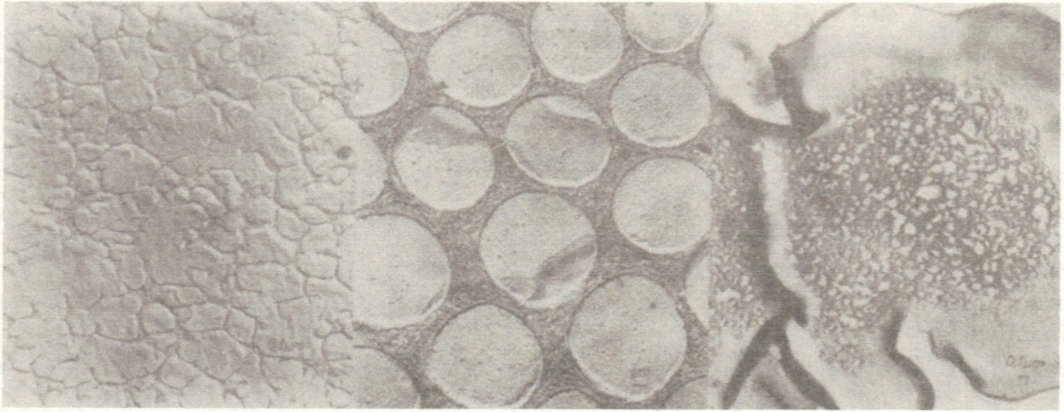

a b c

Abb. 47. Unterschiedliche morphologische Strukturen von Cellulose II

a) Isotropes Na, NH_4-Cellulosexanthogenat-Gel (Gefrierätz-Abdruck)
b) Anisotropes Zn-Cellulosexanthogenat-Gel (Gefrierätz-Abdruck; Gefrierbruch)
c) Zellwolle-Faser mit Kern-Mantel-Struktur (Ultradünnschnitt einer gefriergetrockneten Probe)
(H. J. PURZ Institut für Polymerenchemie, Teltow)

der Abb. 47, wobei allerdings beim Viskosespinnprozeß gegenüber einfachen Ausfällprozessen eine zusätzliche Variationsmöglichkeit über die Steuerung der Xanthogenatzersetzung besteht.

Zunächst wurden solche Porensysteme in Fällungsstrukturen vor allem hinsichtlich eines möglichen nachteiligen Einflusses auf die mechanischen Eigenschaften von Fäden, z. B. als Cellulose II oder Polyacrylnitril untersucht. Seit etwa zehn bis fünfzehn Jahren gewinnen jedoch die Porenstrukturen als solche zunehmend an Interesse im Zusammenhang mit der Herstellung von Membranen für Trennzwecke. Während die Gastrennung heute in erster Linie den sehr dichten aus der Schmelze hergestellten Folien (Polyäthylen, Polyäthylenterephthalat) vorbehalten ist, werden für Trennprobleme an flüssigen Systemen (Trennung organischer Flüssigkeiten, Dialyse, Reversosmose zur Meerwasserentsalzung, Ultrafiltration in der Biotechnologie) auch bereits in technischem Maßstabe bevorzugt sogenannte Porenmembranen eingesetzt, die durch Fällprozesse aus der entsprechenden konzentrierten Polymerlösung gewonnen wurden. Hierbei erweist sich vor allem Celluloseacetat als vielseitig einsetzbar, da einmal die Hydrophilie der Membran über den Acethylgehalt beeinflußt werden kann, zum anderen das für die Permeabilität maßgebende Porensystem über die Fällbedingungen in weiten Grenzen variiert werden kann.

4.4. *Eigenschaften und Anwendung von Polyelektrolyten*

4.4.1. *Begriffsabgrenzung und stoffliche Merkmale*

Als Polyelektrolyte bezeichnet man makromolekulare Substanzen mit einer solchen Häufung von in einem wäßrigen Medium ionisierbaren und zumeist regelmäßig über das Polymerskelett verteilten Gruppen, daß bei deren teilweiser oder vollständiger Ionisierung eine merkliche

Beeinflussung der thermodynamischen Größen und der Transportvorgänge in Lösung infolge der auftretenden elektrostatischen Ladungen erfolgt. Nicht in die Kategorie der Polyelektrolyte sind demnach Polymere mit einzelnen ionisierbaren Gruppen einzuordnen (z. B. Vinylpolymere mit SO_3H-Endgruppen, geschädigte Cellulosen mit einem geringen Carboxylgehalt, sogenannte lebende Polymere („Makroionen") mit anionischem Kettenende). Fließende Übergänge zwischen nichtionisierbarem Makromolekül und Polyelektrolyt sind möglich bei Copolymeren mit einer ionisierbaren Monomerkomponente (z. B. Copolymere von Styrol-Acrylsäure).

Als potentiell ionisierbare Gruppen kommen im wesentlichen nur eine relativ geringe Anzahl saurer (Bildung von Polyanionen) oder basischer (Bildung von Polykationen) Gruppen in Betracht:

$-COOH$	$-NH_2$	N-Heterocyclen vor allem
$-SO_3H$	$>NH$	
$-O-SO_3H$	$-N<$	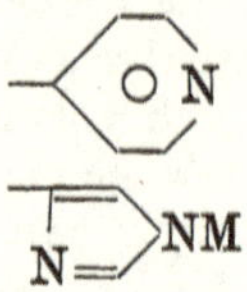
$-O-PO_3H$	$[-N(-R)<]^+$	
$-SH$	$-C(=NH)-NH_2$	

Polymere mit OH-Gruppen (Cellulose, Polyvinylalkohol) sind im allgemeinen nicht den Polyelektrolyten zuzuordnen, da eine merkliche Polyanionenbildung erst in sehr stark alkalischem Medium, also außerhalb des Bereiches der verdünnten wäßrigen Lösungen stattfindet; eine Ausnahme bilden schwach saure Phenolharzionenaustauscher mit dissoziierbaren phenolischen OH-Gruppen.

Die große Vielfalt, weite Verbreitung und außerordentliche Bedeutung der Stoffgruppe der Polyelektrolyte vor allem im biologischen Geschehen ergibt sich aus der Möglichkeit, diese wenigen verschiedenen Substituenten in unterschiedlicher Verteilung an praktisch jedem beliebigen Polymerskelett anzubringen und diesem dadurch bestimmte Eigenschaften aufzuprägen, wobei auch verschiedene ionisierbare Substituenten an einer Polymerkette kombiniert werden können. Trägt ein Polymermolekül saure und basische Gruppen, wie es z. B. bei vielen Proteinen der Fall ist, so kann ein solcher „*Polyampholyt*" je nach dem pH-Wert des Mediums positiv oder negativ geladen sein. Qualitativ weisen alle Polyelektrolyte in ihrem chemischen und physikalischen Verhalten gewisse gemeinsame und für die ganze Stoffgruppe typische Merkmale auf, wie Löslichkeit bzw. bei vernetzten Strukturen hohe Quellbarkeit in wäßrigem Medium, Wanderung der gelösten Makromoleküle im elektrischen Feld, starker Einfluß von pH-Wert, Ionenstärke und Art des niedermolekularen „Gegenions" auf Lösbarkeit bzw. Quellbarkeit sowie auf die Molekülform und auf alle Transportvorgänge in Lösung. Quantitativ werden allerdings alle diese Eigenschaften nicht nur vom umgebendem Medium und der Art und Zahl ionisierbarer Gruppen, sondern auch von der chemischen Primärstruktur der Rückgratkette bestimmt.

Zur Gewinnung bzw. Herstellung von Polyelektrolyten stehen entsprechend der stofflichen Vielfalt dieser Gruppe von Polymeren verschiedene Wege offen:

— Isolierung aus Naturstoffen, z. B. zur Gewinnung von Proteinen, Nukleinsäuren und Polysacchariden mit ionischen Gruppen (Alginsäure, Heparin u. a.; s. S. 113);
— polymeranaloge Umsetzungen an Polymerketten und Netzwerken (z. B. Carboxymethylierung von Cellulose, Sulfonierung vernetzter Polystyrole, Verseifung von Polyacrylnitril) einschließlich der Pfropfcopolymerisation z. B. von Acrylsäure auf Cellulose;
— Polymerisation und Copolymerisation von Vinylmonomeren mit einer ionisierbaren Gruppe z. B. von Acrylsäure oder Vinylpyridin

— Anwendung spezieller Kettenaufbaumethoden, z. B.

Polyäthylenimin durch Polyadditionsreaktion eines cyklischen Monomeren

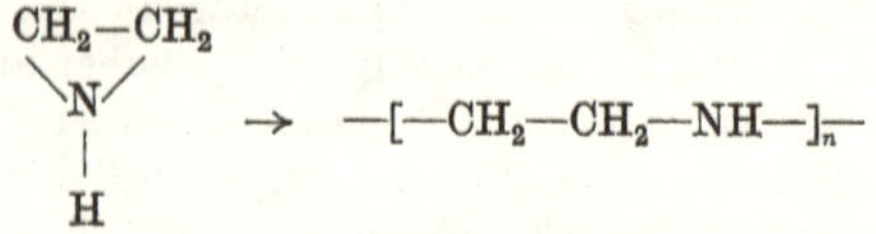

„Ionene" durch quaternisierende Polykondensation

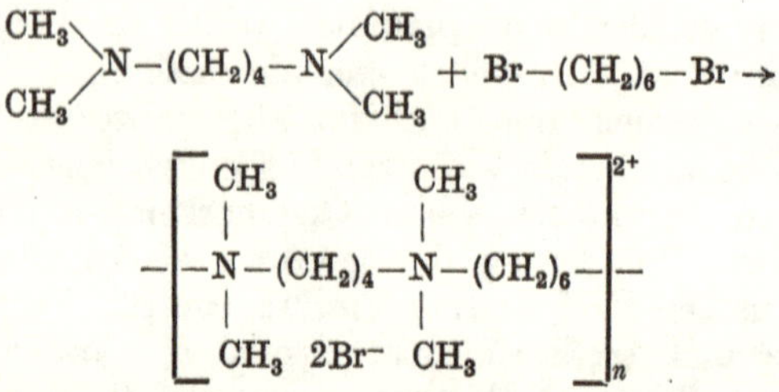

Poly-Piperidiniumsalze durch radikalische Cyclopolymerisation von Bis-allylverbindungen mit quaternärem Stickstoff (vgl. S. 67).

Zur Reinigung von Polyelektrolyten, vor allem bei ihrer Gewinnung aus Naturstoffen, ergeben sich durch die elektrische Ladung der Polyionen zusätzliche Möglichkeiten, wie z. B. eine Nutzung der Wanderung im elektrischen Feld bei der präparativen Elektrophorese oder eine Fällbarkeit durch bestimmte, meist mehrwertige Gegenionen aus wäßriger Lösung.

4.4.2. *Physikochemisches Verhalten gelöster Polyelektrolyte*

Grundprobleme der physikochemischen Charakterisierung gelöster Polyelektrolyte (*PEL*) sind

— die Frage nach der Änderung der Moleküldimensionen durch die Ladung des Makroions mit ihren Konsequenzen für davon abhängige Parameter wie z. B. die Grenzviskosität

– die Frage nach der Wechselwirkung zwischen Makroion und den stets vorhandenen „Gegenionen" mit ihren Konsequenzen für die thermodynamischen Parameter der Polymerlösung, z. B. die freie Mischungsenthalpie ΔG, und davon abgeleitete Größen.

Beide Fragen stehen in enger Beziehung zueinander und erfordern zu ihrer Beantwortung vereinfachende Modellvorstellungen, die in dieser Einführung allerdings nur qualitativ beschrieben werden können. Die heute gebräuchlichen Modelle für ein System „Wasser-Makroion – äquivalente Anzahl niedermolekularer Gegenionen" gehen von einer Zweiphasen-Näherung aus, wobei eine Phase das hydratisierte Makroion und die sog. „gebundenen" Gegenionen, die andere die „freien" Gegenionen in dem außerhalb der ersten Phase befindlichen Wasservolumen umfaßt und nun Aussagen über die Potentialdifferenz $\delta\psi$ an dieser fiktiven Phasengrenze getroffen werden. $\delta\psi$ hängt von der effektiven Ladung des Makroions n, aber auch von seiner Form und Größe ab. Als Gestalt des Makromoleküls wird nun entweder eine starre undurchspülbare Kugel oder ein zylindrisches Stäbchen zugrundegelegt. Das Verhalten kompakt gebauter *PEL* (verschiedene Proteine, carboxymethyliertes Glycogen) läßt sich dabei am besten durch ein Kugelmodell, das von Helices und von Linearpolymeren mit hoher Ladungsdichte (z. B. Carboxymethylcellulose) dagegen besser durch ein *Zylindermodell* erfassen; denn durch die Abstoßungswirkung der gleichnamigen, an der Kette covalent fixierten Ladungen des Makroions erfolgt mit zunehmender Ladungsdichte bei Knäuelmolekülen eine zunehmende Streckung der Knäuelgestalt, die dann schließlich mehr dem „starren Stäbchen" als dem „statistischen Knäuel" entspricht.

Die theoretischen Arbeiten der vergangenen zwei Jahrzehnte, die vor allem von Katchalski und seiner Schule vorangetrieben wurden, befaßten sich daher vorrangig mit einer Quantifizierung des Zylindermodells, vor allem im Hinblick auf die Bindung der Gegenionen. Ausgehend von der Potentialdifferenz

$$\delta\psi = -2(n^* e_0/\varepsilon_0 l) \ln \frac{R}{a} \quad \text{(vgl. Abb. 48)}$$

und der Beziehung $d = \frac{1}{n}$ wird hier eine dimensionslose Größe

$$Q = e_0^2/\varepsilon kTd$$

definiert, die ein Maß für die Intensität der Gegenionenbindung darstellt. Nach den heutigen Vorstellungen tritt

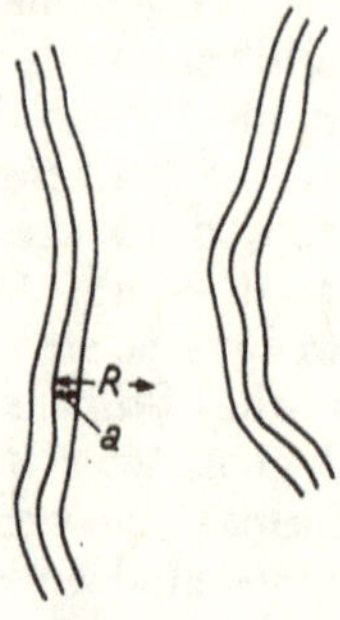

Abb. 48. Zylindermodell gelöster Makroionen aus OOSAWA, F., „Polyelectrolytes", Marcel Dekker Inc., New York 1971, S. 18

beim Überschreiten eines gewissen kritischen Wertes von Q eine sog. „Kondensation" der Gegenionen ein, d. h. eine Bindung in der dem Makroion zugeordneten Phase, so daß die Anzahl freier Gegenionen und damit die scheinbare Ladungsdichte des Makroions konstant bleibt. Mit diesen Vorstellungen, ergänzt durch Überlegungen zur gegenseitigen Beeinflussung der Hydrathüllen von Makroion und Gegenionen, läßt sich der Bindungszustand der Gegenionen in Abhängigkeit von ihrer Größe und Wertigkeit weitgehend interpretieren und beispielsweise die „festere Bindung" mehrwertiger Kationen am Makroion durch eine Abnahme des kritischen Wertes von Q für die Gegenionenkondensation verstehen. Experimentelle Daten zum Bindungszustand der Gegenionen werden in erster Linie durch spektroskopische Untersuchungen und durch Aktivitätsmessungen bei bekannter analytischer Konzentration erhalten. Besonderes Interesse findet hierbei seit langem der Zusammenhang zwischen H-Ionenaktivität und Neutralisationsgrad bzw. Protonisierungsgrad polymerer Säuren bzw. Basen, der experimentell meist in Form einer potentiometrischen Titrationskurve ermittelt wird. Während bei niedermolekularen Elektrolyten aus der potentiometrischen Titrationskurve die Säure- oder Basenstärke nach

$$\mathrm{p}_H = p_K - \log \frac{1-\alpha}{\alpha}$$

$p_K = -\log K_{\mathrm{Diss}}$
α = Ionisierungsgrad der Säure

eindeutig bestimmt werden kann, liefert die Anwendung dieser Formel auf Polyelektrolyte einen von der Verdünnung und dem Ionisierungsgrad α bzw. der Gesamtionenstärke abhängigen Wert für p_K, wenn man nicht die elektrostatische Aufladung des Makroions berücksichtigt:

$$\mathrm{p}_H = p_K - \log \frac{1-\alpha}{\alpha} + \mathrm{A}\left(\frac{\partial G_e}{\partial \nu}\right)$$

A = temperaturabhängige Konstante

Hierbei ist $\frac{\partial G_e}{\partial \nu}$, also die Änderung des elektrostatischen Anteils der freien Enthalpie G_e des Polyions mit der Zahl der von diesem getragenen Ladungen ν, abhängig vom Neutralisationsgrad α, vom Endpunktabstand $\sqrt{\overline{h}^2}$ des geladenen wie des entsprechenden ungeladenen Knäuels und vom DEBYEschen Ionenradius $\varkappa$. Unter bestimmten Voraussetzungen läßt sich aus dem Zusammenhang zwischen pH-Wert und α nach

$$\mathrm{pH} = \log K - \log \frac{1-\alpha}{\alpha} + 0{,}43\, e_0 \frac{\delta\psi}{kT}$$

die oben definierte Potentialdifferenz $\delta\psi$ ermitteln. Zur Auswertung potentiometrischer Titrationskurven von PEL wird oft eine Beziehung

$$\mathrm{p}_H = \log K' - m \log \frac{1-\alpha}{\alpha}$$

mit K' und m als empirisch zu ermittelnden Größen herangezogen. Die Form und Lage der Titrationskurve wird u. a. durch die Verteilung der ionischen Gruppen und durch die Taktizität der Kette mit bestimmt, wobei über die Größen K' und m solche Einflüsse zahlenmäßig erfaßt werden können. Wie Abb. 49 zeigt, verläuft die Titrationskurve eines *PEL* zu Beginn steiler, im Äquivalenzpunkt dagegen flacher als die des entsprechenden Monomeren, und zwar um so ausgeprägter, je kleiner die Gesamtionenstärke und damit je höher die elektrostatische Aufladung des Makroions ist. Bei *PEL*, die in Lösung als Helix vorliegen, insbesondere bei Nucleinsäuren, wurden im Verlaufe der potentiometrischen Titrationskurven bei „Vor- und Rückwärtstitration" in den letzten Jahren interessante Hysterese-Erscheinungen infolge von pH-abhängigen Änderungen der Molekülkonformation beobachtet und thermodynamisch interpretiert [160], die möglicherweise zur Modellierung von wahrscheinlich ebenfalls auf Konformationsänderungen von *PEL* zurückzuführenden Prozesse des sog. „Kurzzeitgedächtnisses" geeignet sind.

Die Konzentrationsabhängigkeit der bei *PEL* recht niedrigen Äquivalentleitfähigkeit folgt grundsätzlich nicht dem Kohlrauschschen Quadratwurzelgesetz, sondern nimmt mit der Verdünnung viel stärker zu, ähnlich wie bei schwachen Elektrolyten. Vor allem bei kompakt gebauten *PEL* (globuläre Proteine) wird zur Charakterisierung vielfach die Wanderungsgeschwindigkeit im elektrischen Feld (Elektrophorese in ihren verschiedenen

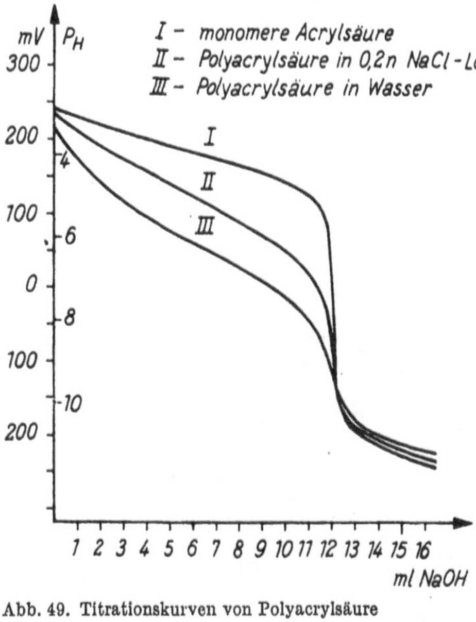

Abb. 49. Titrationskurven von Polyacrylsäure

Ausführungsformen wie Grenzflächenelektrophorese nach Tiselius, Papierelektrophorese oder Dünnschichtelektrophorese) herangezogen. Für Polyampholyte ist dabei der sog. „isoelektrische Punkt“ ein wichtiges Kriterium, d. h. derjenige pH-Wert, bei dem keine Wanderung im Feld erfolgt, während bei höherem bzw. tieferem pH-Wert die Moleküle zur Anode bzw. Kathode wandern.

Bei den Methoden zur Molmassebestimmung in verdünnter Lösung führt die elektrostatische Aufladung des

Polyions zu Komplikationen, die oft durch einen ausreichend hohen Fremdsalzzusatz weitgehend vermieden werden können, so z. B. bei der Osmometrie (Salzzusatz

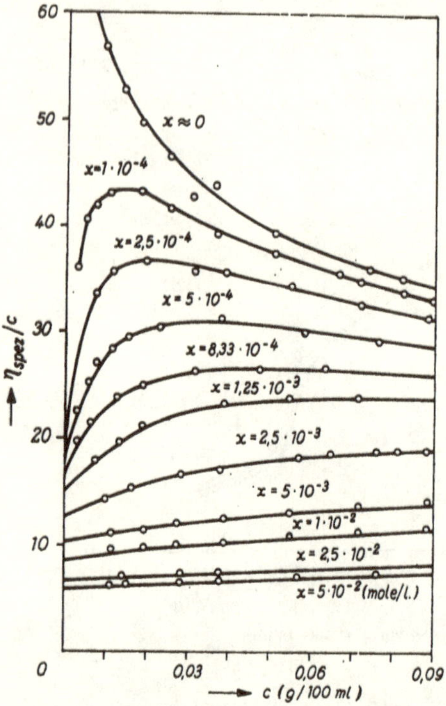

Abb. 50. $\eta_{spez}/c/c$-Diagramm einer wäßrigen Na-Carboximethylcellulose-Lösung in Gegenwart unterschiedlicher NaCl-Mengen (x = Mol/l NaCl) nach FUJITA, H., HOMMA, T., J. Polymer Sci. **15** (1955), S. 277

zu Lösung und Lösungsmittel) oder der Streulichtfotometrie. Bei Viskositätsmessungen kommt die mit der Aufladung sich ändernde Molekülgestalt zum Ausdruck: In Abwesenheit eines Fremdelektrolyten steigt η_{spez}/c mit fallender Konzentration entsprechend einer

Beziehung

$$\frac{\eta_{\text{spez}}}{c} = \frac{A}{\left(1 + B\sqrt{c}\right)}.$$

Für $c \to 0$ ergibt sich

$$\lim_{c \to 0} \frac{\eta_{\text{spez}}}{c} = A = [\eta] = KM^a,$$

wobei im Grenzfalle bei weitgehender Ionisierung des Makromoleküls a den für das „starre Stäbchen" gültigen Wert von 2 annimmt. Bei ausreichend hohem Elektrolytzusatz verschwindet auch hier das anormale Verhalten weitgehend und $\frac{\eta_{\text{spez}}}{c}$ läßt sich in bekannter Weise linear nach $c \to 0$ extrapolieren (Abb. 50), wobei allerdings der Knäueldurchmesser des *PEL* durch einen solchen Salzzusatz über eine Art „Abschirmwirkung" gegenüber der Ladung des Polyions verringert wird und die so gefundene Grenzviskosität $[\eta]$ niedriger liegt als die nach der Gleichung

$$\frac{c}{\eta_{\text{spez}}} = \frac{1}{[\eta]} + B\sqrt{c}$$

durch Extrapolation erhaltenen Werte ohne Salzzusätze.

4.4.3. *Polyelektrolytgele*

Wasserunlösliche, aber begrenzt quellbare *PEL*-Gele entstehen

- durch Vernetzung von ionische Gruppen tragenden Polymerketten über covalente Brücken (Kunstharz-Ionenaustauscher);
- bei geringer und vorzugsweise an den Oberflächen einer Partikel oder eines Formkörpers vorgenommener chemischer Modifizierung eines wasserunlöslichen Polymeren mit ionischen Gruppen (z. B. austauschaktive Cellulosepulver);

— durch Ausfällung linearer Polyelektrolyte bei Zusatz bestimmter mehrwertiger niedermolekularer Gegenionen bzw. bei Zusatz entgegengesetzt geladener Polyionen („Salzbildung") aus Polykation und Polyanion).

Während bei covalenten Netzwerken aus ungeladenen Polymeren der maximale Quellungsgrad durch die „Maschenweite des Netzes" und durch den HUGGINSschen Wechselwirkungsparameter χ weitgehend bestimmt ist, müssen bei entsprechenden Polyelektrolytgelen zusätzlich elektrostatische Wechselwirkungen zwischen Polyion und Gegenion und damit zusammenhängende DONNAN-Gleichgewichte sowie die gegenseitige Beeinflussung der Hydrathüllen von Polyion und Gegenion und schließlich spezifische Wechselwirkungen zwischen Gegenion und Polymerskelett berücksichtigt werden. Hieraus resultiert eine starke Abhängigkeit des Quellungsgrades eines Ionenaustauscherkorns und des bis zu mehreren 100 atm betragenden Quellungsdruckes von der Art des Gegenions und erwartungsgemäß auch von der Gesamtionenstärke. Bei der Modellierung des Verhaltens von Ionenaustauschergelen ist es zweckmäßig, die „gebundenen Gegenionen" (s. Abschn. 4.4.2.) in „ortsfest" gebundene und im Feld des Makroions „bewegliche" Gegenionen zu unterteilen. Neben der vor allem durch Besetzungsdichte und Zugänglichkeit der ionischen Gruppen bestimmten und für die Raum-Zeit-Ausbeute eines Ionenaustauschprozesses maßgebenden Austauschkapazität und der verfahrenstechnisch interessierenden Quellbarkeit unter den gegebenen Arbeitsbedingungen ist die Selektivität des Austausches die wichtigste, durch die Beziehung

$$R^-X^+ + Y^+_{aq.} \rightleftharpoons R^-Y^+ + X^+_{aq.} \qquad K = \frac{[RY]\,[X]}{[RX]\,[Y]}$$

in einfacher Form erfaßbare Kenngröße eines Austauschprozesses, in diesem Falle zwischen den Kationen X^+ und Y^+. Die „Selektivität" des Austauschers nimmt in der Regel mit wachsender Vernetzung und „Kapazität"

(Zahl der wirksamen Festionen pro Volumeneinheit) des Austauschers und mit abnehmender Konzentration der Lösung zu. Bevorzugt ist im allgemeinen das Gegenion mit der höheren Wertigkeit bzw. bei gleicher Wertigkeit dasjenige mit der stärkeren spezifischen Wechselwirkung mit den polymeren Festionen oder oftmals auch das in solvatisiertem Zustande kleinere Ion. Bei geeigneter chemischer Struktur der austauschaktiven Gruppen (Beispiel: Iminodiacetatgruppierung $\left\{-N\begin{matrix} CH_2COO^- \\ CH_2COO^- \end{matrix}\right)$ überwiegen solche spezifischen Wechselwirkungen gegenüber der unspezifischeren elektrostatischen Bindung der Gegenionen und werden zur Erzielung spezieller Trenneffekte genutzt. Geschwindigkeitsbestimmend für den Austauschvorgang sind Diffusionsprozesse (Filmdiffusion in der ein Austauscherkorn umgebenden Lösungsschicht, Partikeldiffusion der Ionen in den Poren der Polymermatrix) und nicht der sehr rasch verlaufende chemische Reaktionsschritt. Die Kinetik der Austauschvorgänge auch in Ionenaustauschermembranen ist heute mit Hilfe der Thermodynamik irreversibler Prozesse weitgehend quantitativ interpretierbar.

Die Fällbarkeit anionischer *PEL* wie Na-Alginat oder Na-polymethacrylat durch mehrwertige Kationen wie Ca^{++} oberhalb einer gewissen Grenzkonzentration ist seit langem bekannt, wobei allerdings z. T auch heute noch die Frage offenbleibt, ob bevorzugt eine Vernetzung benachbarter Ketten über ionische Brücken oder eine intramolekulare Absättigung benachbarter anionischer Gruppen stattfindet. Letztere könnte formal eine durch die Ionenpaarbildung bewirkten „Verschlechterung der thermodynamischen Lösungsgüte" gleich gesetzt werden. Mit beiden Vorstellungen im Einklang steht die experimentelle Tatsache, daß beim Zusammengeben äquivalenter Mengen an Polyanion und zweiwertigem niedermolekularem Kation der Anteil an „osmotisch freien Kationen" hier meist nur wenige Prozent beträgt im Gegensatz zu etwa 30–50% bei einwertigen Kationen (hoher Anteil an „ortsfest“ gebundenen Gegenionen bei Ca^{++} im Vergleich zu Na^{+}). Ähnliche Erscheinungen beobachtet man beim Zusammengeben von Polyanionen und Polykationen

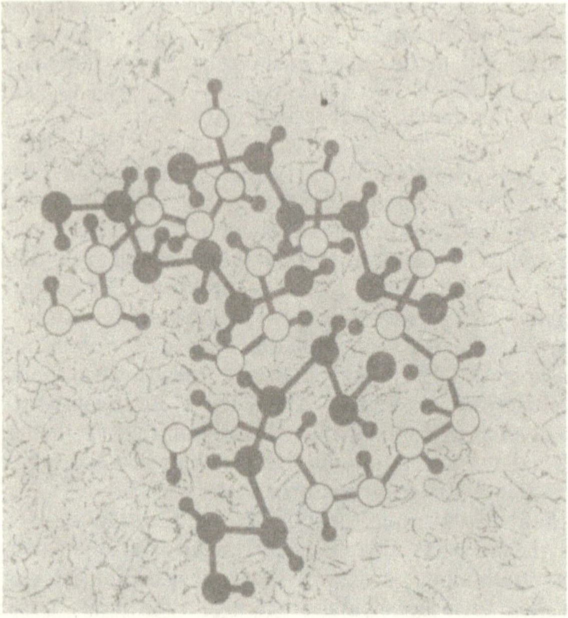

Abb. 51. Symplex-Strukturen
aus Philipp, B., Reinisch, G., Rafler, G., Plaste u. Kautschuk 19 (1972), S. 195

in geeigneten pH-Bereichen, indem „makromolekulare Salze“ sog. „*Symplexe*“ ausgefällt werden. Unabhängig vom vorgegebenen molaren Konzentrationsverhältnis tritt dabei auch bei recht unterschiedlicher Struktur der Rückgratkette (beispielsweise einem System aus einem anionischem Cellulosederivat und einem Polykation mit durchlaufender Kohlenstoffkette) eine stöchiometrische 1:1-Verbindung auf, vorausgesetzt, daß mindestens eine der beiden Komponenten stark saure oder stark basische Gruppen aufweist [161]. Hinsichtlich ihrer Morphologie im molekularem Bereich muß man sich solche Symplexe offenbar eher als „Lockere Haufwerke" mit statistischem Ladungsausgleich über größere Strukturbereiche bzw. mit fluktuierenden ionischen Brücken und nicht als geordnete Strukturen mit Ionenpaarbindungen zwischen jeweils 2 entgegengesetzt geladenen Gruppen vorstellen (vgl. Abb. 51).

4.4.4. Verwendung von Polyelektrolyten

Auf die große Bedeutung verschiedener Klassen von Polymerelektrolyten (Proteine, Nucleinsäuren, Polysaccharide mit sauren Gruppen) für den Aufbau von Strukturen von lebenden Organismen und für den Ablauf biologischer Prozesse (z. B. Speicherung der genetischen Information, biologische Regelkreise, Stofftransport durch biologische Membranen) kann hier nur nochmals hingewiesen werden. Einzelheiten hierzu würden den Rahmen dieses Buches sprengen und werden in anderen Bänden dieser Serie [69] behandelt. Der folgende Überblick beschränkt sich daher bewußt auf einen „technologischen Einsatz" der *PEL* im weitesten Sinne. Im Gegensatz zu den meisten der in Abschnitt 2. behandelten Polymerklassen steht bei den *PEL* nicht der Einsatz als Konstruktionswerkstoff, sondern vielmehr einerseits als Hilfsstoff und Hilfsmittel u. a. zur Verbesserung der Eigenschaften von Werkstoffen und Werkstoffkombinationen, andererseits als Medium zur Durchführung von Prozessen der Stofftrennung und Stoffwandlung im Vordergrund. Die Anwendung der *PEL* erfolgt dabei vorwiegend in Form von — meist wäßrigen — Lösungen, von Überzügen und Grenzschichten auf und zwischen Formkörpern sowie von gequollenen Strukturen (Gele, Membranen), wobei gerade für letztere ein wachsendes Interesse an *PEL*-

Komplexen („Symplexe" vgl. Abschn. 4.4.3) festzustellen ist.

Eine begrenzte Anwendung als Konstruktionswerkstoff finden *PEL* in Form der sog. Ionomeren, d. h. Copolymeren aus Äthylen und z. B. Acrylsäure, wobei die Carboxylatgruppen mit zweiwertigen Kationen (Mg^{++}, Zn^{++}) ionisch vernetzt werden und innerhalb der Gesamtstruktur „polare Domänen" bilden, die die Festigkeits- und Elastizitätseigenschaften des Plastwerkstoffes vor allem hinsichtlich seiner Temperaturabhängigkeit maßgebend beeinflussen [162].

Die Verwendung von *PEL* in Lösung geht von dem Eigenschaftsbild „Wasserlöslichkeit, z. T. unter Herabsetzung der Grenzflächenspannung des Wassers — hohe Viskosität — elektrische Ladung am Makromolekül" aus, woraus u. a. folgende technisch wichtige Einsatzrichtungen resultieren:

- Anwendung als Verdickungsmittel für flüssige Systeme, z. B. in der Nahrungsgüterwirtschaft und der Pharmazie, sowie als Bohrhilfsmittel;
- Anwendung als Schutzkolloid (z. B. Carboxymethylcellulose zur Stabilisierung von Dispersionen) bzw. als Flockungshilfsmittel z. B. in der Wasserwirtschaft
- Verwendung als „flüssige Ionenaustauscher"
- Wasserlöslichmachung von Zwischenprodukten chemisch-technischer Prozesse (Beispiel: Rolle des Cellulosexanthogenats im Viskoseprozeß, Ligninsulfosäure).

Interessante Laborforschungsergebnisse liegen vor zur Homogenkatalyse an gelösten Polyelektrolyten unter Nutzung der Möglichkeiten

- einer inhomogenen Aktivitätsverteilung durch das elektrische Feld des Polyions, indem beispielsweise eine Redoxreaktion

$$Fe^{++} + Co^{+++} \rightarrow Fe^{+++} + Co^{++}$$

durch das Polyanion der Polystryolsulfosäure stark beschleunigt wird oder indem die Polymerisationsgeschwindigkeit von Acrylsäure in Anwesenheit eines kationischen *PEL* wie z. B.

des Polyäthylenimins um mehrere Zehnerpotenzen erhöht wird [163];

- einer kooperativen Wechselwirkung verschiedenartiger ionischer Gruppen am gleichen Makromolekül, beispielsweise bei der beschleunigten Spaltung aromatischer Ester in Gegenwart von Copolymeren aus Acrylsäure und Vinylimidazol [164].

Zur Herstellung von Überzügen und Grenzschichten aus *PEL* geht man vielfach auch von *PEL*-Lösungen aus und nutzt in solchen Beschichtungen vor allem die Eigenschaftskombination „Hydrophilie — elektrische Leitfähigkeit — Adhäsion über ionische Wechselwirkung". Als Beispiele seien hier aufgeführt:

- die Veredelung von Fäden und Flächengebilden durch *PEL*-Beschichtung, u. a. zur Erhöhung der Hydrophilie und zur Verrinserung einer elektrostatischen Aufladung;
- der Einsatz als Haftvermittler bei Verbunden aus organischen und anorganischen Werkstoffen
- die Verwendung als Klebstoff oder Klebstoffkomponente, sowie als „verleimendes" Hilfsmittel der Papierindustrie und der Vließherstellung.

Die Verwendung von *PEL* in Form gequollener Festkörper (Membranen, Gelkörner, Pulver) beruht vor allem auf der auch nach Vernetzung noch vorhandenen Hydrophilie und der reversiblen Bindung von Gegenionen am Polyion. Klassisches Beispiel sind hier die Ionenaustauscher, deren großtechnische Anwendung zur Zeit vorwiegend auf Basis divinylbenzol-vernetzter und mit entsprechenden ionischen Gruppen versehener Polystyrolharze erfolgt und deren Weiterentwicklung sich u. a. vollzieht durch die Herstellung selektivwirkender „Chelat"-Austauscher sowie schwacher anionischer und kationischer Austauscher auf Polysaccharidbasis, vor allem zur Lösung von biochemischen Trennproblemen. Das Prinzip der Polyanion-Polykation Wechselwirkung wird u. a. präparativ angewandt bei der Herstellung von sog. Snake-Cage-Austauschern die durch Einpolymerisation eines ionischen Monomeren in eine *PEL*-Matrix entgegengesetzter Ladung entstehen und die dann in der Lage sind, gleichzeitig niedermolekulare Anionen und Kationen zu binden. Das gleiche Prinzip spielt auch oft eine Rolle bei der sogenannten „Affinitätschromatographie", d. h. einer spezifischen chemischen Bindung von Biopolymeren an geeignete chromatographische Träger, indem z. B. ein Trägermaterial auf Basis von Cellulose oder auf Basis eines Vinylpolymeren mit ionischen Gruppen versehen wird und dann ein entgegengesetzt geladenes Protein reversibel bindet. Sowohl Gegenstand der Grundlagenforschung als auch bereits einer beginnenden technischen Nutzung ist der Einsatz von Ionenaustauschern in der heterogenen Katalyse.

Auf die Bedeutung von Membranen aus organischen Polymeren als vielfältig einsetzbare Trennmedien wurde bereits im Abschnitt 4.3. hingewiesen. Die besonderen Eigenschaften der *PEL* lassen sich hierbei in verschiedener Weise nutzen. Beispiele hierfür sind der Einbau austauschaktiver Gruppen in ein solches Membrangerüst und eine dadurch mögliche Koppelung von Transport- und Austauschprozeß in einer solchen Ionenaustauschermembran oder der Aufbau wasserunlöslicher, aber besonders stark wasserdurchlässiger Membranstrukturen aus Polyanionen und Polykationen („Symplexmembranen"). Interessante Effekte wurden auf Basis der pH-abhängigen Konformation und Quellung von PEL-Molekülen beobachtet: So zeigt eine vernetzte Folie aus einem Polymergemisch von Polyacrylsäure und Polyvinylalkohol eine pH-abhängige, reversible Kontraktion bzw. Längung und kann damit als „Muskelmodell" zur Direktumwandlung von chemischer Energie in mechanische Arbeit dienen („pH-Muskel" nach KUHN [165]), und die pH-abhängige bzw. durch bestimmte Ionen beeinflußbare Durchlässigkeit spezielle ionische Gruppen enthaltender Membranen läßt sich zur Erzielung chemischer Schalteffekte und damit zur „in vitro-Modellierung" biologischer Membranvorgänge heranziehen [166].

Literatur

[1] HINZ, W.: „Silikate. Grundlagen der Silikatwissenschaft und der Silikattechnik." Berlin, Verlag f. Bauwesen, 1970.

[1a] vgl. z. B. THILO, E.: Angew. Chem. **77** (1965), 1056; Z. Chem. **7** (1967), 67; Z. Chem. **12** (1972), 169

[1b] STONE, F. G. A., GRAHAM, W. A. G.: „Inorganic Polymers", Academic Press, New York 1962
ANDRIANOV, K. A.: „Metalorganic Polymers". Polymer Reviews, Vol. 8, Interscience Publ., New York 1965
FRITZ, G.: Angew. Chem. **80** (1968), 2

[2] DALL'ASTA, G., MOTROM, G.: Angew. Makromol. Chem. **16/17** (1971), 51

[3] LENZ, R. W.: „Organic Chemistry of Synthetic High Polymers", Interscience Publ., New York 1967

[4] BRANDRUP, J., IMMERGUT, E. H.: „Polymer Handbook", Interscience Publ., New York 1966

[5] JENKINS, A. D., LEDWITH, A.: „Reactivity, Mechanism and Structure in Polymer Chemistry", J. Wiley and Sons, New York 1974. Beitrag von WEALE, K. F.: S. 159, 170

[6] EHRLICH, P., PITILLO, R. N.: J. Polymer Sci. **43** (1960), 389; EHRLICH, P., MORTIMER, G. A.: Fortschr. Hochpolym. Forsch. **7** (1970), 386

[7] RÄTZSCH, M., BORMANN, G.: Plaste u. Kautschuk **20** (1973), 600

[8] NORTH, A. M.: in [5], S. 155; NORTH, A. M., POSTLETHWAITE, D.: in [14], S. 112

[9] vgl. PALIT, S. R., CHATTERJEE, S. R., MUKHERJEE, L. R.: „Chain transfer" in Encyclopedia Polymer Sci. Technol. **3** (1965), 584

[10] LIPATOV, J. U., NESTEROV, A. A., GRICENKO, T. M., VESELOVSKIJ, R. A.: „Sprawočnik po chimii polimerov" (russ.), Kiew, Nauka dumka 1971

[11] JOSHI, R. M.: J. Macromol Sci. — Chem. **A 7** (1973), 1231

[12] TOSI, C.: Forschr. Hochpolym. Forsch. **5** (1968), 451

[13] vgl. KÜCHLER, L.: „Polymerisationskinetik", Springer-Verlag, Berlin—Göttingen—Heidelberg 1951

[14] TSURUTA, T., O'DRISCOLL, K. F.: „Structure and Mechanism in Vinyl Polymerization", M. Dekker, New York 1969. Beitrag von IMOTO, M.: S. 14

[15] HOYLAND, J. R.: J. Polymer Sci. **A-1** 8 (1970), 885

[16] FISCHER, H.: Fortschr. Hochpolym. Forsch. **5** (1967/68), 514

[17] OTSU, T.: Progress Polymer Sci. Japan **1** (1971), 20; IWATSUKI, S., YAMASHITA, Y.: a. a. O. **2** (1971), 1

[18] BAMFORD, C. H., JENKINS, A. D., JOHNSTON, R.: Proc. Roy. Soc. **A 241** (1957), 346

[19] TAZUKE, S.: Progr. Polymer Sci. Japan **1** (1971), 69

[20] KARGIN, V. A.: Adv. Chem. Series **91** (1969), 465

[21] BERLIN, AL. AN.: Plaste u. Kautschuk **18** (1971), 563

[22] vgl. ZAFAR, M. M., MAHMUD, R., SYED, A. M.: Makromol. Chem. **175** (1974), 1531

[23] ISE, N.: Fortschr. Hochpolym. Forsch. **6** (1969), 347

[24] EASTMOND, G. C.: Progress in Polymer Sci. **2** (1970), 1, Pergamon, Press Oxford

[25] FARBER, E.: „Suspension Polymerization" in Encyclopedia of Polymer Sci. Technol. **13** (1970), 552

[26] DUCK, E. W.: „Emulsion Polymerization" in Encyclopedia of Polymer Sci. Technol. **5** (1966), 801; COOPER, W.: in [5], S. 175; VANDERHOFF, J. W.: „The mechanism of emulsion polymerization" in „Kinetics and mechanisms of polymerization", Vol. 1, Part II, S. 1. Marcel Dekker, New York 1969

[27] PLESCH, P. H.: „The Chemistry of Cationic Polymerization", Pergamon Press Ltd., 1963; PLESCH, P. H.: Fortschr. Hochpolym. Forsch. **8** (1971), 137; HEUBLEIN, G., ADELT, B.: Z. Chem. **11** (1971), 321

[28] DREYFUSS, P. M., DREYFUSS, M. P.: „Tetrahydrofurane Polymers" in Encyclopedia of Polymer Sci. Technol. **13** (1970), 670

[29] HIGASHIMURA, T.: in [14], S. 327; SMID, J.: in [14], S. 345; DART, E. C.: in [5], S. 310; PARRY, A.: in [5], S. 350; BÖHM, L. L., CHMELIR, M., LOHR, G., SCHMITT, B. J., SCHULZ, G. V.: Fortschr. Hochpolym. Forsch. **9** (1972), 1
GEHRKE, K.: Plaste u. Kautschuk **19** (1972), 184

[30] BOOR, J.: Macromol. Reviews **2** (1967), 115; HENRICI-OLIVIÉ, G., OLIVÉ, S.: Forsch. Hochpolym. Forsch. **6** (1969) 421; Angew. Chem. **83** (1971), 121; ULBRICHT, J.: Plaste u. Kautschuk **19** (1972), 162

[31] vgl. Cotton, F. A., Wilkinson, G.: „Anorganische Chemie", Deutscher Verlag der Wissenschaften, Berlin 1968. S. 614ff. u. 724

[32] Witt, D. R.: in [5], S. 431.

[33] Buls, V. W., Higgins, T. L.: J. Polymer Sci. 8 (1970), 1025

[34] Solomon, D. H.: „Step growth polymerization", Marcel Dekker Inc., New York 1972

[35] Koršak, V. V., Frunze, T. M.: „Sintetičeskie geterocepnye polyamidy", Izd. Akademii Nauk SSSR, Moskau 1962.

[36] Koršak, V. V., Vinogradova, S. V.: „Ravnovesnaja polikondensacija", Izd. Nauka, Moskau 1968; Koršak, V. V., Vinogradova, S. V.: „Neravnovesnaja polikondensacija", Izd. Nauka, Moskau 1972

[37] Sokolov, L. B.: Vys. soedinenija **7** (1965), 601 u. **A 13** (1971), 1425; vgl. Sowjet. Beitr. Faserforsch. Textiltechn. 8 (1971), 489

[38] Kunststoff-Handbuch, Band VIII. „Polyurethane" (Vieweg, K. u. Höchtlen, A.), Carl Hanser Verl., München 1966

[39] Fettes, E. M.: „Chemical Reaction of Polymers", Interscience Publ., New York 1964; Philipp, B., Reinisch, G., Rafler, G.: Plaste u. Kautschuk **19** (1972), 190

[40] Rümens, W., Burkhard, G., Petersen, H., Rüttiger, W.: Textilveredlung **5** (1970), 334

[41] Rogovin, Z. A.: „New Methods of chemical modification of cellulose" in Plenary and Main lectures of IUPAC Symposium on Macromol. Chem. 1969, S. 677, Akademiai kiado, Budapest 1971

[42] Overberger, Ch. G., Sannes, K. N.: Internat. J. polymeric Materials **2** (1973), 271

[43] vgl. z. B. Klöpfer, W.: Kunststoffe **61** (1971), 533; Mylnikov, V. N.: Usp. Chimii **37** (1968), 78; Rembaum, A.: J. Polymer Sci. **C 29** (1970), 157; Ehrlich, P.: „Photoconductive Polymers" in: Encyclopedia Polymer Sci. Technol. **11** (1969), 338.

[44] vgl. z. B. Ringsdorf, H., u. Mitarb.: Makromol. Chem. **172** (1973), 27

[45] Friedlaender, H. N. Peebles, L. H., Brandrup, J., Kirby, J. R.: Macromolecules **1** (1968), 79; Ulbricht, J., Makschin, W.: European Polymer J.-Suppl. **1969**, 395; Faserforsch. Textiltechn. **22** (1971), 381

[46] Smets, G.: Angew. Chem. **74** (1962), 337

[47] vgl. z. B. FUCHS, O.: Dt. Farben-Ztschr. **1970**, 211, 261, 311, 378
[48] MATTHES, A.: Kolloid-Z. **98** (1942), 319
[49] THINIUS, K.: „Stabilisierung und Alterung von Plastwerkstoffen“, Akademie-Verlag, Berlin 1969
[50] LYNEN, F.: Angew. Chem. **72** (1960), 826
[51] HAWORTH, W. N.: Helv. chim. acta **11** (1928)
[52] vgl. PHILIPP, B.: Faserforsch. Textiltechn. **24** (1973), 437
[53] PHILIPP, B., SCHLEICHER, H., WAGENKNECHT, W.: Zellstoff u. Papier **22** (1973), 324
[54] SCHLEICHER, H., WAGENKNECHT, W., PHILIPP, B.: Zellstoff u. Papier **23** (1974), 100
[55] CORTE, H., SCHASCHEK, H.: Papier **9** (1955), 519
[56] vgl. PHILIPP, B., SCHLEICHER, H., WAGENKNECHT, W.: Cell. Chem. Technol. **9** (1975), im Druck
[57] JAYME, G.: Tappi **44** (1961), 299
[58] vgl. z. B. ROGOVIN, Z. A.: Z. chem. Allunions-Mendelejew-Ges. **7** (1962), 154
[59] vgl. z. B. STEEGE, H. H., PHILIPP, B.: Zellstoff u. Papier **23** (1974), 68
[60] HUSEMANN, E., MÜLLER, G. J. M.: Angew. Chem. **75** (1963), 377
[61] FREUDENBERG, K.: Holz als Roh- u. Werkstoff **18** (1960), 282
[62] KRATZL, K.: Holz als Roh- u. Werkstoff **19** (1961), 210
[63] nach FREUDENBERG, K., HARKIN, J. H.: Holzforschung **18** (1964), 166
[64] ALLAN, G. G. u. a.: J. Polymer. Sci. **A-1 11** (1973), 1759
[65] vgl. z. B. WOOD, R. J., AHLGREN, P. A., GORING, D. A. J.: Svensk Papperstidn. **76** (1973), 15
[66] vgl. z. B. SAMUELSON, O., SJÖBERG, L. A.: Svensk Papperstidn. **75** (1972), 583, 869
[67] vgl. z. B. JAKUBKE, H. D., JESCHKEIT, H.: „Aminosäuren, Peptide, Proteine“, Akademie-Verl., Berlin 1969; RAPOPORT, S. M.: „Medizinische Biochemie“, Verlag Volk u. Gesundheit, 5. Aufl., Berlin 1969; SCHREIBER, G.: Angew. Chem. **83** (1971), 645
[68] BIELKA, H.: „Molekulare Biologie der Zelle“, Gustaf Fischer Verlag, Jena 1969; GEISSLER, E.: „DNS, Schlüssel des Lebens“, Akademie-Verlag, Berlin 1970
[69] HOFMANN, E.: „Dynamische Biochemie“. Wissenschaftliche Taschenbücher, Reihe Biologie; Bd. I (Nr. 33), II (Nr. 37), III (Nr. 91), IV (Nr. 110). Akademie-Verl., Berlin 1972

[70] vgl. Kunststoff-Handbuch, Band IV. „Polyolefine“ (VIEWEG, R., SCHLEY, A., SCHWARZ, A.), Carl Hanser Verl., München 1969
[71] vgl. z. B. RÄTZSCH, M.: Plaste u. Kautschuk **16** (1969), 815 u. **17** (1970), 6
[72] vgl. Kunststoff-Handbuch, Band II/1. „Polyvinylchlorid“ (KREKELER, K., WICK, G.), Carl Hanser Verl., München 1963
[73] ULBRICHT, J.: Abh. dt. Akad. Wiss., Kl. Chem. Biol. Geol. **1963**, Nr. 1, S. 337; BÜRGER, H., GRÖBE, V., PETER, E., SCHÖNHERR, H.: Faserforsch. Textiltechn. **18** (1967), 502; DOHRN, W.: Faserfrosch. Textiltechn./Z. Polymerforsch. **25** (1974), 28
[74] vgl. KERN, W. u. a.: Angew. Chem. **73** (1961), 177
[75] vgl. z. B. WEISSERMEL, K. u. a.: Kunststoffe **54** (1964), 410
[76] GRIESSBACH, R.: „Austauschadsorption in Theorie und Praxis“. Akademie-Verlag, Berlin 1957
[77] KORŠAK, V. V., VINOGRADOVA, S. V.: „Geterocepnyje poliefirny“ Izd. Akademii Nauk SSSR, Moskau 1958
[78] LUDEWIG, H.: „Polyesterfasern. Chemie und Technologie“, Akademie-Verl., Berlin 1965
[79] ZIMMERMANN, H.: Faserforsch. Textiltechn. **13** (1962) 481 u. **19** (1968), 372; ZIMMERMANN, H.: Lenzinger Berichte **1974**, Nr. 36, 64
[80] KLARE, H., FRITZSCHE, E., GRÖBE, V.: „Synthetische Fasern aus Polyamiden. Technologie und Chemie“. Akademie-Verl., Berlin 1964
[81] JAEGER, W., JAKOB, W., REINISCH, G.: Faserforsch. Textiltechn. **21** (1970), 529; JAEGER, W., SCHNEIDER, M.: Faserforsch. Textiltechn./Z. Polymerforsch. **25** (1974), 429
[82] SAUNDERS, J. H., FRISCH, K. C.: „Polyurethanes. Chemistry and Technology. „Bd. I, II. Interscience Publ., New York 1962 u. 1964; OERTEL, H.: „Polyurethane“ in Ullmanns Encyclopedie der technischen Chemie, 3. Aufl., Bd. 14, S. 338. Urban u. Schwarzenberg, München—Berlin 1963; EISENMANN, K.-H.: Kunststoffe **62** 1972), 638; BECKER, R.: „Polyurethane“. VEB Fachbuchverlag, Leipzig 1973
[83] KORŠAK, V. V.: „Thermostoikie polimery“. Izd. Nauka, Moskau 1969; KORŠAK, V. V.: „Chimiceskoe stroenie i temperaturnye charakteristiki polimerov“. Izd. Nauka, Moskau 1970
[84] REUTHER, H.: „Silikone, ihre Eigenschaften und ihre Anwendungsmöglichkeiten“. Steinkopff, Dresden 1959

[85] vgl. z. B. Holzmüller, W., Altenburg, K.: „Physik der Kunststoffe", Akademie-Verl., Berlin 1961
[86] Mark, H., Tobolski, A. V.: Physical Chemistry of High Polymeric Systems" Interscience New York 1950, S. 144
[87] Schwarz, G., Engel, J.: Angew. Chem. **84** (1972), 615
[88] Keller, A.: Makromol. Chem. **34** (1959), 1
[89] Fischer, E. W.: Zeitschr. f. Naturforsch. **12a** (1957), 753
[90] Lauritzen, J. J., Hoffmann, I. D.: Journ. Res. National Bureau of Standards, **64A** (1960), 73
[91] Wunderlich, B., Arakawa, T.: J. Polymer Sci. **2A** (1964), 3697
[92] Zusammenfassende Darstellung s. Hermans, P. H.: „Physics and Chemistry of Cellulose Fibres, Elsevier Amsterdam 1949
[93] Bonart, R., Hosemann, R.: Makromol. Chem. **39** (1960), 105
[94] vgl. Elias, H. G.: „Makromoleküle" Hüthig u. Wepf, Basel 1972
[95] Pechold, W., Liska, E., Baumgärtner, A.: Kolloid-Z/Z. Polymere **250** (1972). 1017
[96] Kargin, V. A., J. Polymer Sci. **30** (1958) 247; Vys. soedinenija **2** (1960), 466
[97] Ruscher, Ch. : Z. f. Chem. **3** (1963), 118
[98] Ruscher. Ch., Dechant, J.: Faserforsch. Textiltechn. **15** (1964), 481
[99] Marchessault, R. H., Howsmon, J. A.: Textile Res. J. **27** (1957), 30
[100] Roldan, L. G., Kaufman, H. S.: Polymer Letters **1** (1963), 603
[101] Jungnickel, B. J., Teichgräber, M., Ruscher, Ch.: Faserforsch. Textiltechn. **24** (1973), 423
[102] Walenta, E., Teichgräber, M.: Faserforsch. Textiltechn. **24** (1973), 360
[103] Hermans, P. H., Weidinger, A.: J. Amer. Chem. Soc. **78** (1946), 2547
[104] Ruland, W.: Acta Cryst. **14** (1961), 1180
[105] Teichgräber, M.: Faserforsch. Textiltechn. **18** (1967), 336
[106] Kast, W.: Forschungsber. des Wirtschafts- u. Verkehrsmin. Nordrhein-Westfalen, Nr. 261, Westdeutscher Verlag Köln-Opladen 1956
[107] vgl. Dechant, J.: „Ultrarotspektroskopische Untersuchungen an Polymeren", Akademie-Verl. Berlin 1972

[108] Korolkov, I. I., Sarkov, V. I., Krupnova, A. V.: Z. prikl. Chimii **31** (1958), 1560
[109] Philipp, B., Baudisch, J.: Faserforsch. Textiltechn. **16** (1965), 173
[110] Schönfeld, A., Wilke, W., Höhne, G., Hosemann, R.: Kolloid-Z/Z. Polymere **250** (1972), 102
[111] Dietl, J. J.: Kunststoffe **59** (1969), 792
[112] Plate, N. A.: Vys. soedinenija **A 10** (1968), 2650
[113] vgl. Philipp, B.: Faserforsch. Textiltechn. **24** (1973), 437
[114] Ruscher, Ch., Schmolke, R.: Faserforsch. Textiltechn. **14** (1963), 459
[115] Frigge, K.: Faserforsch. Textiltechn. **23** (1972), 163
[116] Dolmetsch, H., Franz, E., Correns, E.: J. makromol. Chemie **1** (1943), 167
[117] Baudisch, J., Philipp, B.: Faserforsch. Textiltechn. **16** (1965), 277
[118] Keller, A.: Phil. Mag. **2** (1957), 1171
[119] Till, P. H.: J. Polymer Sci. **24** (1957), 301
[120] Ruscher, Ch., Schulz, E.: Faserforsch. Textiltechn. **22** (1971), 260
[121] Back, E. L.: Papier **27** (1973), 475
[122] Illers, K. J.: Makromol. Chem. **127** (1969), 1
[123] Sogolova, T. J., Slonimski, O. L.: Z. chem. Allunions Mendelejew-Ges. **10** (1961), 297
[124] vgl. z. B. Lindenmeyer, P. H.: J. Polymer Sci. **C 20** (1967), 145
[125] Kausch, H. H., Becht, J.: Kolloid-Z/Z. Polymere **250** (1972), 1048
[126] Peterlin, A.: J. Macromol. Sci. **B6** (1972), 583
[127] Philipp, B., Wulf, F., Linow, K.-J., Kapelle, R.: Chemicke vlakna **12** (1972), 114
[128] Müller, F. H.: Kolloid-Z. **183** (1962), 120
[129] vgl. Ludewig, H.: „Polyesterfasern-Chemie und Technologie", Akademie-Verl., Berlin 1965
[130] Perepelkin, K. E.: Faserforsch. Textiltechn. **22** (1971), 171
[131] Zurkov, S. N., Absov, A. S.: Vys. soedinenija **3** (1961), 441
[132] Bobeth, W., Kithelmann, W.: Faserforsch. Textiltechn. **13** (1962), 293
[133] Naarmann, H.: Naturwissenschaften **56** (1969), 308
[134] Frommelt, H.: Plaste u. Kautschuk **20** (1973), 721

[135] Flory, P. J., Huggins, M. L., Stuart, A.: „Die Physik der Hochpolymeren", Band II, S. 113ff., Springer-Verl., Berlin 1953

[136] vgl. z. B. Reinisch, G.: Faserforsch. Textiltechn./Z. Polymerforsch. **25** (1974), 111

[137] Bevington, J. C.: Makromol. Chem. **34** (1959), 152

[138] Philipp, B., Wulf, K., Kapelle, R.: J. Polymer Sci. **C 16** (1967), 2681

[139] Mandelkern, L., Flory, P. J.: J. chem. Physics **20** (1952), 212

[140] Linow, K.-J., Philipp, B.: Faserforsch. Textiltechn. **19** (1968), 509

[141] vgl. Linow, K.-J., Philipp, B.: Plaste u. Kautschuk **18** (1971), 721

[142] Glöckner, G., Linow, K.-J., Philipp, B.: Faserforsch. Textiltechn. **19** (1968), 120

[143] vgl. Angew. Chem., Nachr. Chem. Techn. **17** (1969), 90

[144] Kratky, O.: Makromol. Chem. **35 A** (1959), 12

[145] vgl. Huglin, M. B.: „Light Scattering from Polymer Solutions", Academic Press, London 1972

[146] Schulz, G. V. in Stuart, A.: „Die Physik der Hochpolymeren" Band II, S. 726ff., Springer-Verl., Berlin 1953

[147] vgl. z. B. Linow, K.-J., Philipp, B.: Faserforsch. Textiltechn. **21** (1970), 255

[148] Coppick, S., Battista, O. A., Lytton, M. R.: Ind. Engng. Chem. **42** (1950), 2533

[149] Glöckner, G.: Z. phys. Chem. **229** (1965), 98

[150] Fuchs, O.: Z. Elektrochemie **60** (1956), 229

[151] Baker, C. A., Williams, R. J. P.: J. chem. Soc. **1956**, 2352

[152] Fritzsche, P., Klug, P., Gröbe, V.: Faserforsch. Textiltechn. **22** (1971), 250

[153] Schurz, J.: Paperi ja puu (finn) **42** (1960), 401

[154] Dautzenberg, H.: J. Polymer. Sci. **C 39** (1972), 123

[155] Wulf, K., Philipp, B.: Faserforsch. Textiltechn. **20** (1969), 417

[156] Treiber, E.: J. Polymer Sci. **51** (1961), 297

[157] Philipp, B., Schleicher, H.: Faserforsch. Textiltechn. **15** (1964), 451

[158] Flory, J. P.: J. chem. Physics **18** (1959), 108

[159] Überreiter, K., Asmussen, F.: J. Polymer Sci. **57** (1962), 187

[160] NEUMANN, E., KATCHALSKI, A.: Ber. Bunsenges. physik. Chem./Z. Elektrochemie **74** (1970), 868
[161] PHILIPP, B., ALSLEBEN, H.: Faserforsch. Textiltechn. **21** (1970), 141
[162] BONOTTO, S., BONNER, E. F.: Macromolecules **1** (1968), 510
[163] KABANOV, W. A., KARGINA, O. V., PETROVSKAJA, V. A.: Vys. soedinenija **A13** (1971), 348
[164] OVERBERGER, C. G., MAKI, H.: Macromolecules **3** (1970), 214
[165] KUHN, W. u. a.: Fortschr. Hochpolym.-Forsch. **1** (1960), 540
[166] FRANCK, U. F.: Chemie-Ing.-Technik **44** (1972), 228
[167] LUDEWIG. H.: Faserforsch. Textiltechn. **2** (1951), 341
[168] vgl. z. B. REINISCH, G., DIETRICH, K., BARA, H.: Faserforsch. Textiltechn. **18** (1967), 588

Sachwortverzeichnis

Der Verfasser

- **will dem Studierenden der Naturwissenschaften und dem in der Praxis stehenden Chemiker und Ingenieur die begrifflichen und methodischen Grundlagen der Polymerenchemie nahebringen**

- **stellt bei Behandlung des Stoffes eine physikochemische Betrachtungsweise in den Vordergrund**

- **gibt jedoch gleichzeitig unter chemischen Gesichtspunkten einen systematischen Überblick über die wichtigsten Substanzklassen der organischen Polymeren und erläutert die physikalisch-chemischen Gesetzmäßigkeiten an verschiedenen Beispielen**

WISSENSCHAFTLICHE TASCHENBÜCHER

www.ingramcontent.com/pod-product-compliance
Lightning Source LLC
La Vergne TN
LVHW092109300926
849161LV00002B/89
9783112567654